기본 상수

성질	기호	값	단위
광속도	c	$2.997\,925\,58 \times 10^{8}$	$m\ s^{-1}$
기본 전하	e	$1.602\,176 \times 10^{-19}$	C
패러데이 상수	$F = N_A e$	$9.648\,53 \times 10^{4}$	$C\ mol^{-1}$
볼츠만 상수	k	$1.380\,65 \times 10^{-23}$	$J\ K^{-1}$
기체 상수	$R = N_A k$	$8.314\,47$	$J\ K^{-1}\ mol^{-1}$
		$8.314\,47 \times 10^{-2}$	$L\ bar\ K^{-1}\ mol^{-1}$
		$8.205\,74 \times 10^{-2}$	$L\ atm\ K^{-1}\ mol^{-1}$
		$6.236\,37 \times 10$	$L\ Torr\ K^{-1}\ mol^{-1}$
		$1.987\,21$	$cal\ K^{-1}\ mol^{-1}$
플랑크 상수	h	$6.626\,08 \times 10^{-34}$	J s
	$\hbar = h/2\pi$	$1.054\,57 \times 10^{-34}$	J s
아보가드로 상수	N_A	$6.022\,14 \times 10^{23}$	mol^{-1}
원자 질량 단위	m_u	$1.660\,54 \times 10^{-27}$	kg
질량			
전자	m_e	$9.109\,38 \times 10^{-31}$	kg
양성자	m_p	$1.672\,62 \times 10^{-27}$	kg
중성자	m_n	$1.674\,93 \times 10^{-27}$	kg
진공 유전율	ε_0	$8.854\,19 \times 10^{-12}$	$J^{-1}\ C^{2}\ m^{-1}$
	$4\pi\varepsilon_0$	$1.112\,65 \times 10^{-10}$	$J^{-1}\ C^{2}\ m^{-1}$
진공 투과도	μ_0	$4\pi \times 10^{-7}$	$J\ s^{2}\ C^{-2}\ m^{-1} (= T^{2}\ J^{-1}\ m^{3})$
마그네톤			
보어	μ_B	$9.274\,01 \times 10^{-24}$	$J\ T^{-1}$
핵	μ_N	$5.050\,78 \times 10^{-27}$	$J\ T^{-1}$
g 값	g_e	$2.002\,32$	
보어 반지름	a_0	$5.291\,77 \times 10^{-11}$	m
미세 구조 상수	α	$7.297\,35 \times 10^{-3}$	
스테판–볼츠만 상수	σ	$5.670\,51 \times 10^{-8}$	$W\ m^{-2}\ K^{-1}$
리드베리 상수	R	$1.097\,37 \times 10^{5}$	cm^{-1}
표준 자유 낙하 가속도	g	$9.806\,65$	$m\ s^{-2}$
중력 상수	G	6.673×10^{-11}	$N\ m^{2}\ kg^{-2}$

단위 관계

SI 유도 단위	SI 기본 단위	SI 유도 단위	SI 기본 단위
N (뉴턴)	kg m s^{-2}	J (주울)	kg m^2 s^{-2}
Pa (파스칼)	kg m^{-1} s^{-2}	W (와트)	J s^{-1} = kg m^2 s^{-1}
V (볼트)	J C^{-1}	A (암페어)	C s^{-1}
S (지멘스)	Ω^{-1} = A V^{-1}	C (쿨롱)	A s

환산 인자

단위	환산 값
1 eV (전자 볼트)	$1.602\ 18 \times 10^{-19}$ J 96.485 kJ mol^{-1} 8065.5 cm^{-1}
1 cal (칼로리)	4.184 J
1 atm (기압)	101.325 kPa 760 Torr
1 cm^{-1} (파수)	1.9864×10^{-23} J
1 Å (옹스트롬)	10^{-10} m

희랍 철자

철자	명칭	철자	명칭	철자	명칭	철자	명칭	철자	명칭
A, α	알파	B, β	베타	Γ, γ	감마	Δ, δ	델타	E, ε	엡실런
Z, ζ	제타	H, η	에타	Θ, θ	세타	I, ι	이오타	K, κ	캐퍼
Λ, λ	람다	M, μ	뮤	N, ν	뉴	Ξ, ξ	자이/크사이	Π, π	파이(pi)
P, ρ	로	Σ, σ	시그마	T, τ	타우	Y, υ	웝실론	Φ, φ	파이(phi)
X, χ	카이	Ψ, ψ	프사이	Ω, ω	오메가				

접두어

P	T	G	M	k	d	c	m	μ	n	p	f	a
10^{15}	10^{12}	10^{9}	10^{6}	10^{3}	10^{-1}	10^{-2}	10^{-3}	10^{-6}	10^{-9}	10^{-12}	10^{-15}	10^{-18}
페타	테라	기가	메가	킬로	데시	센티	밀리	마이크로	나노	피코	펨토	아토

화학 열역학과 반응 속도론

물리화학 연습

이민주 지음

자유아카데미

서문

이 책의 집필 동기

이 책은 저자가 펴낸 교재 '물리화학: 화학 열역학과 반응 속도론(자유아카데미, 2015)'에서 다룬 핵심적인 내용들을 정리 요약해 놓음은 물론 교재에 매 강마다 실린 예제와 연습문제들을 자세히 풀어 놓았다. 교재의 예제와 연습문제들은 물리화학을 이해하는 데 꼭 필요한 문제들만을 엄선하여 실은 것이다.

물리화학은 물리학과 수학을 이용하여 화학적 현상을 예측하고 해석한다. 따라서 물리화학의 기본 개념과 원리를 숙지하고 그와 관련된 문제들을 풀어보는 것은 물리화학을 공부하는 데 있어서 대단히 중요하다. 그럼에도 불구하고 물리화학은 심오하면서도 방대한 내용을 다루는 학문으로 대부분의 대학에서 강의 시간의 제약으로 인하여 학생들에게 연습문제까지 풀어주기에는 거의 불가능한 실정이다.

따라서 물리화학을 공부하는 모든 학생들에게 절대적으로 필요한 문제를 푸는 데 도움이 될 수 있는 책이 필요하겠다는 생각에서 이 책을 쓰게 되었다. 이 책은 기존의 문제풀이집과는 성격이 다르다. 기존의 문제풀이집들은 단순히 문제의 풀이(대부분은 교재에 실린 문제의 일부분)만을 풀어 놓은 책으로 교재와 함께 보아야만 하였다. 그러나 이 책은 비록 저자의 교재를 바탕으로 하였으나, 물리화학에 대한 핵심 원리들과 문제를 함께 담아 놓아 이 책만을 가지고도 물리화학의 핵심 내용을 복습하고, 문제를 풀어보며 공부를 할 수 있도록 하나의 독립적인 체제를 갖추고 있다.

이 책의 문제들은 기존의 외국 번역서들과 달리 과다하게 많은 문제들을 나열해 놓는 것을 지양하였다. 저자가 대학에서 20여 년을 강의해 본 경험에 의하면 대부분의 학생들은 그렇게 많은 문제를 제시하면 시간적인 제약 등으로 인하여 극히 일부만을 풀어보거나 아예 문제 풀기를 포기(어떤 문제를 풀어보아야 할지 학생 스스로 선택하는 것은 매우 힘든 일이므로)하는 경향을 보인다. 따라서 물리화학을 공부하는 데 있어서 꼭 풀어보아야만 하는 문제들을 엄선하여 많은 시간을 들여 꼼꼼하고 철저하게 풀어보았으며, 물리화학을 처음 공부하는 학생들의 입장에서 풀이 과정을 이해하기 쉽게 기술하려고 노력하였다.

끝으로 이 책이 물리화학을 공부하는 많은 학생들에게 도움이 될 수 있기를 바란다.

감사의 글

이 책의 출판을 기꺼이 맡아 준 자유아카데미의 주정희 사장님과 임철석 부사장님에게 감사드리며, 완성도 높은 책으로 세심히 편집을 해 주신 자유아카데미 편집부 직원들에게 감사드린다.

저자 이민주

차례

I부 화학 열역학

1강 에너지와 열역학 기본 변수
2강 이상 기체
3강 실제 기체
4강 열역학 제1법칙
5강 엔탈피와 열화학
6강 열역학 제2법칙과 엔트로피
7강 자유 에너지와 변화의 방향
8강 순물질의 물리적 변화
9강 혼합물의 물리적 변화
10강 화학 반응과 화학 평형

1강 에너지와 열역학 기본 변수

핵심 정리

1 에너지의 정의와 종류

에너지(E): 일을 할 수 있는 능력(SI 단위: J)

에너지의 종류

운동 에너지(E_k 또는 T): 물체의 운동에 의한 에너지

$$E_k = \frac{1}{2}mv^2$$

퍼텐셜 에너지(potential energy, E_p 또는 V): 물체가 그 위치 때문에 갖는 에너지, 물체에 작용하는 상호작용의 종류에 의존

중력 퍼텐셜: $E_P = mgh$ (m: 질량, g: 자유 낙하 가속도, h: 높이)

쿨롱 퍼텐셜: $E_P = \dfrac{Q_1 Q_2}{4\pi\varepsilon_0 r}$ (Q_1, Q_2: 입자의 전하, ε_0: 진공 유전율, r: 입자간 거리)

에너지 보존: 에너지는 소멸되지도 생성되지도 않음. 즉 에너지는 한 곳에서 다른 곳으로 이동할 수 있고, 한 형태에서 다른 형태로 바뀔 수는 있어도 전체 에너지의 양은 일정

에너지 변화량(ΔE): 일 또는 열(또는 일과 열 모두)의 방식으로 나타남

2 일(w)

일의 정의: 대립하는 힘에 맞선 운동

$$w = -F \cdot \mathrm{d}z$$

팽창 일: 외부 압력(P_{ex})에 맞서는 부피 변화에 의한 일

$$w = -P_{ex} \cdot \Delta V$$

3 열(q)

열의 정의: 온도 차이에 의한 에너지 이전

$$q = C\Delta T$$

열용량(C): 물질이 열을 담을 수 있는 능력, 어떤 물질을 1°C 올리는 데 필요한 에너지

비열용량(또는 비열, C_s): 열용량을 물질의 질량 m으로 나눈 값, 어떤 물질 1 g을 1°C 올리는 데 필요한 에너지(단위: $J\,K^{-1}\,g^{-1}$)

$$C_s = \frac{C}{m} \quad (m\text{: 질량})$$

몰열용량(C_m): 열용량을 물질의 몰수 n으로 나눈 값, 어떤 물질 1 mol을 1°C 올리는 데 필요한 에너지(단위: $J\,K^{-1}\,mol^{-1}$)

$$C_m = \frac{C}{n} \quad (n\text{: 몰수})$$

4 열역학 기본 변수

열역학 기본 변수: 압력(P), 부피(V), 온도(T)

기본 변수의 SI 단위

압력: Pa(파스칼), 10^5 Pa = 1 bar

부피: m^3

온도: K(절대 온도)

예제

1.1 0°C 1 bar에서 어떤 수용액 반응에서 1.0 mol의 H_2 기체가 발생하였다. 이 반응 계가 한 일은 얼마인가? (0°C 1 bar에서 기체 1 mol의 부피는 22.4 L, 1 J = 1 Pa m^3을 사용하시오.)

풀이 팽창 일은 $w = -P_{ex}\cdot\Delta V$ 식을 적용하여 계산하면 다음과 같이 w 값을 구할 수 있다.

$$\boldsymbol{w} = -P_{ex}\cdot\Delta V = -(1\times10^5\ \text{Pa})(22.4\times10^{-3}\ \text{m}^3) = -2.24\times10^3\ \text{Pa m}^3$$
$$= \mathbf{-2.24\ kJ}$$

여기에서 음(−)의 부호는 계가 외부에 일을 하고 계의 내부 에너지는 감소하였음을 의미한다.

답 $w = -2.24$ kJ

1.2 증류수가 담긴 어떤 비커의 열용량이 0.75 kJ K^{-1}이다. 이 비커에 열을 가하였더니 온도가 5.5 K 상승하였다. 이 비커에 전달된 열은 얼마인가?

풀이 열량을 구하는 $q = C\Delta T$ 식을 적용하여 다음과 같이 q 값을 구한다.

$$\boldsymbol{q} = C\Delta T$$
$$= (0.75\ \text{kJ K}^{-1})(5.5\ \text{K})$$
$$= \mathbf{4.1\ kJ}$$

양(+)의 값이므로 비커의 에너지가 **4.1 kJ** 만큼 증가하였다.

답 $q = 4.1$ kJ

연습 문제

1.1 다음 용어를 정의하시오.

(1) 에너지 (2) 팽창 일 (3) 열

1.2 상온에서 1.0 L의 부피 플라스크에 1.0 g의 드라이아이스를 넣고 마개를 닫은 후 완전히 기화될 때까지 기다렸다. 이 부피 플라스크에 갇힌 CO_2 기체의 평균 속력이 450 m s^{-1}이라고 가정할 때, 이 CO_2 기체의 운동 에너지는 얼마인가?

1.3 수소 원자의 반지름 $a_0 = 5.29 \times 10^{-11}$ m이다. 수소 원자의 양성자와 전자 간에 작용하는 쿨롱 퍼텐셜 에너지는 얼마인가? (전자의 전하는 -1.6022×10^{-19} C이다.)

1.4 공기가 표준 압력 1.0 bar에서 1.0 L만큼 팽창하였다. 행해진 일은 얼마인가?

1.5 15.3 L의 기체를 50.0 kPa의 외부 압력에서 50.8 L까지 팽창하였다. 이 팽창에서 행해진 일은 얼마인가?

1.6 1.25 mol 150 g의 용액이 들어 있는 반응조에 1.25 kJ의 열을 공급하였더니 4.5°C의 온도 상승이 일어났다. 다음을 구하시오. (용기로부터의 열 손실은 무시하시오.)

(1) 열용량 (2) 비열용량 (3) 몰열용량

1.7 18.61 kg의 철(C_m = 25.1 J K^{-1} mol^{-1})을 상온에서 100°C까지 가열하였다. 이 철에 들어간 에너지양은 얼마인가?

2강 이상 기체

핵심 정리

1 기체의 성질

기체: 물질이 가장 단순한 상태로 존재하는 집합체로 분자들이 거의 완전하게 독립적이며, 기체, 액체, 고체 중에 가장 큰 운동 에너지를 가지고 빠르게 연속적이고 무질서한 운동을 함. 온도가 상승하면 속력 증가

이상 기체: 분자 간에 상호작용이 없다고 가정한 기체

2 기체 법칙들과 이상 기체 상태식

보일 법칙: 기체의 부피는 온도가 일정할 때 압력에 반비례

샤를 법칙: 기체의 부피(압력)는 압력(부피)이 일정할 때 온도에 비례

아보가드로의 원리: 같은 압력과 같은 온도에서 같은 부피를 가진 기체는 같은 수의 분자가 존재

이상 기체 상태식: 기체에 관한 세 법칙(보일 법칙, 샤를 법칙, 아보가드로의 원리)을 합하여 기체의 상태를 총괄적으로 나타낸 식

$$PV = nRT$$

3 혼합 기체의 성질

몰분율(x_J): 전체 몰수 중에 각 성분이 차지하는 몰수 비

$$x_J = \frac{n_J}{n_{tot}}$$

(x_J: J 성분의 몰분율, n_J: J 성분의 몰수, n_{tot}: 성분 전체의 몰수)

$$n_{tot} = n_A + n_B + \cdots$$

$$x_{tot} = x_A + x_B + \cdots = 1$$

분압 법칙: 전체 압력은 각 성분 기체들의 부분 압력의 합

$$P_J = x_J P_{tot}$$

$$P_J = \frac{n_J RT}{V} \quad (P_J: \text{J 성분의 압력})$$

$$P_{tot} = P_A + P_B + \cdots = n_{tot}\frac{RT}{V} = (x_A + x_B + \cdots)P_{tot} \quad (P_{tot}: \text{전체 압력})$$

4 등온 팽창 일

온도가 일정하게 유지될 때 부피 변화에 의하여 일어나는 일

$$w = -nRT\ln\frac{V_f}{V_i} \qquad (V_i: \text{초기 부피}, V_f: \text{나중 부피})$$

가역 팽창 일 = 최대 일

5 몰부피와 일

몰부피(V_m): 1 mol의 분자가 차지하는 부피

$$V_m = \frac{V}{n}$$

$$V_m(0°C, 1\ atm) = 22.414\ L\ mol^{-1}$$

$$V_m^{o}\ (25°C, 1\ bar) = 24.789\ L\ mol^{-1}$$

기체 몰수 변화에 의한 일

$$w = -P_{ex}V_m\Delta n$$

예제

2.1 초기 부피가 1500 m^3인 기체를 0°C에서 25°C까지 가열하면서 압력은 1.0 bar에서 10.0 bar로 증가시켰다. 이 기체의 최종 부피는 얼마가 되겠는가?

풀이 온도와 압력이 모두 변할 때, 기체의 최종 부피를 구하는 문제이다. 이상 기체 상태식에서 변하지 않는 값인 R과 n을 소거하면 식은 다음과 같이 된다.

$$PV = \text{상수} \times T$$

우변의 변수들을 좌변으로 넘기면 $\frac{PV}{T} = \text{상수}$이므로 $\frac{P_iV_i}{T_i} = \frac{P_fV_f}{T_f}$ 의 관계가 성립된다.

여기에서 아래 첨자 i는 초기(initial), f는 나중(final)을 의미한다. V_f에 대하여 정리하여 계산하면

$$V_f = \frac{P_iV_iT_f}{T_iP_f} = \frac{(1.0\times10^5\ \text{Pa})(1500\ \text{m}^3)(273.15+25\ \text{K})}{(273.15\ \text{K})(10.0\times10^5\ \text{Pa})}$$
$$= \mathbf{160\ m^3}$$

답 $V_f = 160\ \text{m}^3$

2.2 어떤 천연가스 135 g 중에 CH_4가 15 g, C_2H_6가 40 g, C_3H_8이 80 g으로 구성되어 있다. 각 구성 성분의 몰분율은 얼마인가?

풀이 혼합물에서 각 성분의 몰분율을 구하는 문제이다.
몰분율을 구하기 위해서는 먼저 각 성분 물질의 몰수를 구한다.
각 성분의 몰수

$$n(CH_4) = 15\ \text{g}/(16\ \text{g mol}^{-1}) = 0.9375\ \text{mol}$$
$$n(C_2H_6) = 40\ \text{g}/(30\ \text{g mol}^{-1}) = 1.333\ \text{mol}$$
$$n(C_3H_8) = 80\ \text{g}/(44\ \text{g mol}^{-1}) = 1.818\ \text{mol}$$

전체 몰수

$$n_{tot} = 0.9375\ \text{mol} + 1.333\ \text{mol} + 1.818\ \text{mol} = 4.089\ \text{mol}$$

몰분율을 구하는 $x_J = \frac{n_J}{n_{tot}}$ 을 적용하면 각 성분의 몰분율은 다음과 같이 구해진다.

$$x(\mathbf{CH_4}) = 0.9375\ \text{mol}/4.089\ \text{mol} = \mathbf{0.229}$$

$$x(\mathbf{C_2H_6}) = 1.333\ \text{mol}/4.089\ \text{mol} = \mathbf{0.326}$$

$$x(\mathbf{C_3H_8}) = 1.818\ \text{mol}/4.089\ \text{mol} = \mathbf{0.445}$$

답 $x(CH_4) = 0.229, x(C_2H_6) = 0.326, x(C_3H_8) = 0.445$

2.3 예제 2.2의 천연가스를 이상 기체로 가정하였을 때 이 기체들이 595 mL의 용기에 들어 있다. 다음을 구하시오.

(1) 상온에서 각 성분 기체의 분압

(2) 전체 압력

풀이 혼합 기체의 분압과 전체 압력을 구하는 문제이다.

각 성분 기체들의 상온에서의 압력을 이상 기체 상태식을 사용하여 구하고, 전체 압력은 분압 법칙을 사용하여 구한다.

이상 기체 상태식을 압력에 대하여 정리하면 다음과 같다.

$$P = nRT/V$$

(1) 각 성분 기체의 압력은 다음과 같이 구해진다.

$$\mathbf{P(CH_4)} = (0.9375\ \text{mol})(8.314 \times 10^{-2}\ \text{L bar K}^{-1}\ \text{mol}^{-1})(298.15\ \text{K})/(595 \times 10^{-3}\ \text{L})$$
$$= \mathbf{39.1\ bar}$$

$$\mathbf{P(C_2H_6)} = (1.333\ \text{mol})(8.314 \times 10^{-2}\ \text{L bar K}^{-1}\ \text{mol}^{-1})(298.15\ \text{K})/(595 \times 10^{-3}\ \text{L})$$
$$= \mathbf{55.5\ bar}$$

$$\mathbf{P(C_3H_8)} = (1.818\ \text{mol})(8.314 \times 10^{-2}\ \text{L bar K}^{-1}\ \text{mol}^{-1})(298.15\ \text{K})/(595 \times 10^{-3}\ \text{L})$$
$$= \mathbf{75.7\ bar}$$

(2) 전체 압력은 분압 법칙에 의하여 다음과 같이 얻어진다.

$$\mathbf{P_{tot}} = P(CH_4) + P(C_2H_6) + P(C_2H_6) = (39.1 + 55.5 + 75.7)\ \text{bar}$$
$$= \mathbf{170\ bar}$$

답 (1) $P(CH_4) = 39.1$ bar, $P(C_2H_6) = 55.5$ bar, $P(C_3H_8) = 75.7$ bar

(2) $P_{tot} = 170$ bar

2.4 질소 기체 3.0 mol이 50 L 용기에 들어 있다. 이 기체를 100 L로 팽창시켰다. 다음을 구하시오.

(1) 일정 압력 1 bar에서 팽창시켰을 때 일어난 일

(2) 온도를 25°C로 유지하며 팽창시켰을 때 일어난 일

풀이 등압 팽창 일과 등온 팽창 일을 구하는 문제이다.

(1) 일정 압력 조건이므로 $w = -P_{ex}\Delta V$를 사용하여 일을 구하면 다음과 같다.

$$\begin{aligned} \boldsymbol{w} &= -P_{ex}\Delta V \\ &= -(1 \times 10^5\ \mathrm{Pa})\{(100-50) \times 10^{-3}\ \mathrm{m^3}\} \\ &= -5.0 \times 10^3\ \mathrm{J} = \mathbf{-5.0\ kJ} \end{aligned}$$

(2) 일정 온도 조건이므로 $w = -nRT\ln\frac{V_f}{V_i}$ 을 사용하여 일을 구하면 다음과 같다.

$$\begin{aligned} \boldsymbol{w} &= -nRT\ln\frac{V_f}{V_i} \\ &= -(3.0\ \mathrm{mol})(8.314\ \mathrm{J\ K^{-1}mol^{-1}})(298.15\ \mathrm{K})\ln\left(\frac{100\ \mathrm{L}}{50\ \mathrm{L}}\right) \\ &= -5.2 \times 10^3\ \mathrm{J} = \mathbf{-5.2\ kJ} \end{aligned}$$

답 (1) $w = -5.0$ kJ (2) $w = -5.2$ kJ

2.5 산화 질소를 연소하는 반응은 다음과 같다. 상온 표준 상태에서 이 반응이 진행되었을 때, 산화 질소 2.0 mol이 완전히 연소되었다면 이때 일어난 일은 얼마인가?

$$2\mathrm{NO}(g) + \mathrm{O_2}(g) \rightarrow 2\mathrm{NO_2}(g)$$

풀이 기체가 관여되는 반응에서 반응의 결과에 의하여 기체 부피 변화에 따라 일어나는 일을 구하는 문제이다.

몰부피 정의를 이용하여 구한다.

변화한 부피에 대하여 식을 고쳐 쓰면 다음과 같다.

$$\Delta V = V_m^o \Delta n$$

위의 반응식으로부터 Δn과 ΔV를 계산하면 다음과 같다.

$$\begin{aligned} \Delta n &= (\text{생성물의 몰수}) - (\text{반응물의 몰수}) \\ &= (2.0\ \mathrm{mol}) - (2.0 + 1.0)\ \mathrm{mol} = -1.0\ \mathrm{mol} \\ \Delta V &= (24.789\ \mathrm{L\ mol^{-1}})(-1.0\ \mathrm{mol}) = -24.789\ \mathrm{L} \end{aligned}$$

그러므로 일어난 일은 다음과 같이 구해진다.

$$\begin{aligned} \boldsymbol{w} &= -P_{ex}\Delta V \\ &= -(1 \times 10^5\ \text{Pa})(-24.789 \times 10^{-3}\ \text{m}^3) \\ &= \mathbf{2.5 \times 10^3\ J} \end{aligned}$$

이 반응에서 생성물은 2.5×10^3 J 만큼의 일을 받았다.

답 $w = 2.5 \times 10^3$ J

연습 문제

(아래의 문제를 푸는 데 특별히 언급하지 않으면 표준 상태의 이상 기체로 가정하시오.)

2.1 이상 기체 상태식 $PV = nRT$에서 다음 변수들 간의 관계를 설명하고, 그에 관한 법칙 이름을 말하시오.

(1) P와 T (2) P와 n (3) P와 V

2.2 분압의 개념을 정의하고 돌턴의 분압 법칙을 설명하시오.

2.3 기체 상수 $R = 8.314\ 47 \times 10^{-2}$ L bar K^{-1} mol^{-1}은 0°C, 1 bar에 대한 기체 상수 값이다. 25°C에서 3.0 mol의 기체가 7.3 bar에서 5.0 L의 용기에 들어 있을 때의 기체 상수를 구하시오.

2.4 남극 대륙에 파견되어 있던 대원이 –45°C의 남극 대륙 기지에서 출발하여 인천 공항에 도착하였더니 35°C의 찌는 듯이 더운 날씨였다. 이 대원이 남극 대륙을 출발하기 전에 350 mL의 유리병을 가져왔다. 다음을 구하시오.

(1) 이 대원이 가져온 유리병 속에 들어 있는 공기의 압력은 얼마가 되었겠는가?

(2) 이때 공기가 한 일은 얼마인가?

(3) 이 유리병 속의 공기의 열량 변화는 얼마인가? ($C_m = \frac{3}{2}R$ 을 사용하시오.)

2.5 문제 2.4의 대원이 유리 병과 함께 1500 mL 고무공을 가져왔을 때 다음을 구하시오.

(1) 이 공의 부피는 얼마가 되었겠는가? (남극 대륙과 한반도의 대기압은 1 bar로 동일한 것으로 가정하시오.)

(2) 공에 들어 있는 공기가 한 일은 얼마인가?

2.6 자동차가 15°C에서 출발하여 485 km를 달렸다. 출발할 때 타이어 공기 압력을 측정하였더니 2.3 bar이었고, 도착 후 다시 측정하니 2.5 bar이었다. 도착하였을 때의 타이어 내부 공기의 온도는 얼마가 되었겠는가? (타이어의 부피 팽창은 무시하시오.)

2.7 25°C 표준 상태에서 기체 상수 R을 구하시오.

2.8 미지의 기체 시료의 몰질량(M)을 측정하기 위하여 500 mL의 부피 플라스크에 담았다. 상온에서 이 기체의 압력이 235 Torr이고, 질량이 257 mg이었다. 이 기체의 몰질량은 얼마인가?

2.9 0°C에서 50 L의 용기에 2.0 mol의 N_2 기체와 3.0 mol의 O_2 기체가 들어 있다. 다음을 구하시오.

(1) 각 기체의 분압 (2) 전체 압력

2.10 어떤 혼합 기체가 725 mg의 메테인, 121 mg의 질소, 30 mg의 산소로 구성되어 있다. 다음을 구하시오.

(1) 각 기체의 몰분율

(2) 전체 압력이 756 Torr일 때 각 기체의 분압

2.11 0.908 bar 26°C에서 어떤 지역의 공기 밀도가 1.138 kg m^{-3}으로 측정되었다. 이 공기가 N_2 80%와 O_2 20%만으로 구성되어 있다고 가정하고 다음을 구하시오.

(1) 각 기체의 몰분율 (2) 각 기체의 분압

2.12 25°C 표준 상태에서 100.0 L 용기에 들어 있는 질소 기체에 200.0 L의 산소 기체를 넣어 혼합하였다. 혼합 후 온도가 26.00°C로 올랐다. 다음을 구하시오.

(1) 혼합 기체의 전체 압력

(2) 혼합 기체에서 각 기체의 분압

2.13 문제 2.12의 과정에 대하여 온도가 25°C로 불변일 때, 다음 질문에 답하시오.

(1) 각 기체에 행해진 일은 얼마인가?

(2) 전체적으로 일어난 일은 얼마인가?

2.14 25°C 표준 상태에서 지름이 10.0 cm인 원통형 실린더에 있는 공기를 높이 10.0 cm에서 25.0 cm로 팽창시켰다. 다음 질문에 답하시오.

(1) 표준 압력 상태에서 일어난 일은 얼마인가?

(2) 온도를 일정하게 유지시키며 팽창시켰을 때 일어난 일은 얼마인가?

2.15 물의 전기 분해 반응은 다음과 같다. 25°C 표준 상태에서 물 100.0 g를 완전히 전기 분해하였을 때 일어나는 일은 얼마인가?

$$2H_2O(l) \rightarrow 2H_2(g) + O_2(g)$$

3강 실제 기체

핵심 정리

1 실제 기체

실제 기체: 질량과 부피를 가지고 있으며 분자 간에 상호작용이 존재

분자 간 상호작용: 인력과 반발력이라는 두 종류의 힘에 기인

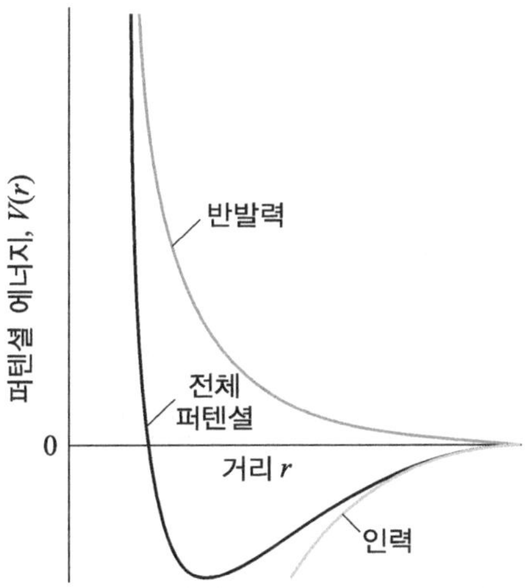

그림 분자 간 인력과 반발력 및 전체 퍼텐셜 에너지 곡선

압축 인자(Z): 기체의 몰부피 V_m을 동일 압력, 동일 온도 조건에서의 이상 기체의 몰부피 V_m^i로 나눈 값

$$Z = \frac{V_m}{V_m^i} = \frac{PV_m}{RT}$$

2 실제 기체 상태식

비리알 상태식: $PV_m = RTZ$에서 압축 인자 Z를 멱급수로 전개하여 보정한 식

$$PV_m = RT\left(1+\frac{B}{V_m}+\frac{C}{V_m^2}+\cdots\right)$$

반데르발스 식: 분자 자체의 부피와 분자간 인력과 반발력을 고려하여 이상 기체 상태식을 보정한 근사식

$$P = \frac{RT}{V_m - b} - \frac{a}{V_m^2} \qquad \text{(반데르발스 식)}$$

(a, b: 반데르발스 매개변수)

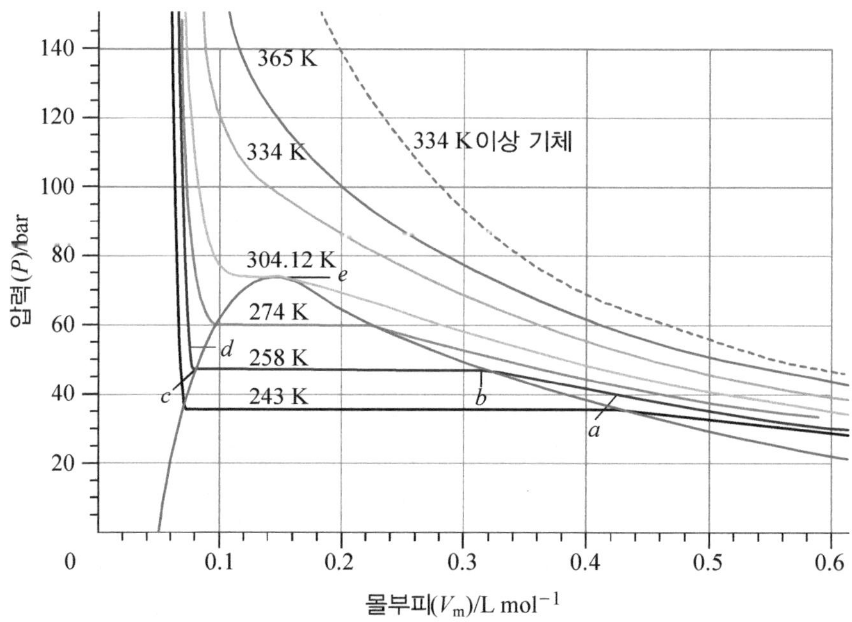

그림 여러 온도에서의 CO_2의 등온선(실선들)과 이상 기체의 등온선(점선). 304.12 K에서의 등온선은 임계 온도에서의 등온선으로 임계 등온선

3 임계 상태

임계점: 기체와 액체를 구분할 수 없는 상태

임계 온도(T_c): 보일 법칙을 벗어나기 시작하는 온도

임계 압력(P_c): 임계점에서의 압력

임계 몰부피($V_{m,c}$): 임계점에서의 몰부피

4 대응 상태 원리

다른 기체에 대하여 얻어진 환산 변수들이 서로 동일한 값으로 대응하는 성질

$$P_r = \frac{8T_r}{3V_r - 1} - \frac{3}{V_r^2} \quad \text{(환산 반데르발스 식)}$$

$$P_r = \frac{P}{P_c} \quad V_r = \frac{V_m}{V_{m,c}} \quad T_r = \frac{T}{T_c}$$

예제

3.1 0°C에서 1 mol의 공기가 나타내는 압력은 얼마인가? 부록의 표 3.1의 비리알 계수를 사용하여 구하시오. (공기 입자의 자체 부피는 무시하시오.)

풀이 비리알 상태식을 사용하여 실제 기체에 대하여 주어진 온도와 몰수에서의 압력을 구하는 문제이다.

비리알 상태식 $PV_m = RT\left(1 + \frac{B}{V_m} + \frac{C}{V_m^2} + \cdots\right)$에서 셋째 항 이하를 삭제한 식을 사용하여 구한다.

비리알 상태식을 둘째 항까지 나타내면 다음과 같다.

$$PV_m = RT\left(1 + \frac{B}{V_m}\right)$$

이 식을 P에 대하여 정리하여 계산하면 다음과 같이 된다.

$$\begin{aligned} P &= RT\left(1 + \frac{B}{V_m}\right)/V_m \\ &= (0.083\,144\,7\ \text{L bar K}^{-1}\ \text{mol}^{-1})(273\ \text{K}) \\ &\quad \times\left(1 + \frac{-13.5\times10^{-3}\ \text{L mol}^{-1}}{22.4\ \text{L mol}^{-1}}\right)/22.4\ \text{L mol}^{-1} \\ &= \mathbf{1.01\ bar} \end{aligned}$$

(이상 기체 1 mol의 0°C에서의 압력은 1.01 bar이다.)

또 다른 방법으로는 압축 인자 Z를 둘째 항까지 먼저 구한 후 비리알 상태

식을 사용하여 $P = RTZ/V_m$로 구할 수 있다.

답 $P = 1.01$ bar

3.2 반데르발스 식을 이용하여 500 K와 100 bar에서 CO_2의 몰부피를 구하시오.

풀이 반데르발스 상태식을 사용하여 실제 기체의 몰부피를 구하는 문제이다.

몰부피로 표현된 반데르발스 상태식 $V_m^{\ 3} - \left(\frac{RT + Pb}{P}\right)V_m^{\ 2} + \left(\frac{a}{P}\right)V_m - \frac{ab}{P} = 0$

을 사용하여 3차 방정식을 푼다.

부록의 표 3.2에서 CO_2의 반데르발스 매개변수는 다음과 같다.

$$a = 3.658\ \text{L}^2\,\text{bar mol}^{-2},\quad b = 4.29 \times 10^{-2}\ \text{L mol}^{-1}$$

위 식을 계산하기 위하여 계수와 절편 값을 먼저 계산한다.

$$RT/P = (0.08314\ \text{L bar K}^{-1}\,\text{mol}^{-1})(500\ \text{K})/(100\ \text{bar})$$
$$= 0.416\ \text{L mol}^{-1}$$
$$\frac{RT + Pb}{P} = (0.416 + 0.0429)\ \text{L mol}^{-1} = 0.4586\ \text{L mol}^{-1}$$
$$\frac{a}{P} = (3.658\ \text{L}^2\,\text{bar mol}^{-2})/100\ \text{bar} = 3.658 \times 10^{-2}\ (\text{L mol}^{-1})^2$$
$$\frac{ab}{P} = (3.658\ \text{L}^2\,\text{bar mol}^{-2})(4.29 \times 10^{-2}\ \text{L mol}^{-1})/100\ \text{bar}$$
$$= 1.569 \times 10^{-3}(\text{L mol}^{-1})^3$$

이 값들을 위 식에서 $V_m = x$라 놓고 식을 다시 쓰면 다음과 같이 된다.

$$x^3 - 0.4586x^2 + 3.658 \times 10^{-2}x - 1.569 \times 10^{-3} = 0$$

이 식은 3차 방정식이며 인수분해가 되지 않으므로 수치해석법을 사용하여 근을 구해야 한다. (MS Excel 프로그램에서 [목표 값 찾기]를 하면 간단하게 해를 구할 수 있다.)

수치해석으로 얻은 실수 값 $x = 0.336$이므로 몰부피는 다음과 같다.

$$\mathbf{V_m = 0.336\ L\ mol^{-1}}$$

답 $V_m = 0.336\ \text{L mol}^{-1}$

3.3 500 K와 100 bar에서 CO_2 분자에 대하여 다음을 구하시오.

(1) 임계점에서의 압축 인자 Z_c

(2) 25°C에서 100.0 L의 환산 압력 P_r

풀이 대응 상태 원리를 적용하는 문제이다.

부록의 표 3.3에서 CO_2의 임계 상수를 사용하여 값을 구한다.

CO_2의 임계 상수

$$T_c = 304.13\text{ K},\ P_c = 73.75\text{ bar},\ V_{m,c} = 94.07 \times 10^{-3}\text{ L mol}^{-1}$$

(1) 임계 압축 인자 $Z_c = \dfrac{P_c V_{m,c}}{RT_c}$ 를 사용하여 계산하면 다음과 같다.

$$Z_c = \frac{P_c V_{m,c}}{RT_c} = \frac{(73.75\text{ bar})(94.07\times10^{-3}\text{ L mol}^{-1})}{(0.08314\text{ L bar K}^{-1}\text{ mol}^{-1})(304.13\text{ K})} = \mathbf{0.2744}$$

(2) 환산 변수의 정의와 예제 3.2에서 구한 V_m을 사용하여 환산 부피와 환산 온도를 구하면 다음과 같다.

$$V_r = \frac{V_m}{V_{m,c}} = \frac{0.336\text{ L mol}^{-1}}{94.07\times10^{-3}\text{ L mol}^{-1}} = 3.572$$

$$T_r = \frac{T}{T_c} = \frac{500\text{ K}}{304.13\text{ K}} = 1.644$$

환산 반데르빌스 상태식 $P_r = \dfrac{8T_r}{3V_r - 1} - \dfrac{3}{V_r^2}$ 을 사용하여 환산 압력을 구하면 다음과 같다.

$$P_r = \frac{8T_r}{3V_r - 1} - \frac{3}{V_r^2} = \frac{8(1.644)}{3(3.572) - 1} - \frac{3}{(3.572)^2} = \mathbf{1.119}$$

답 (1) $Z_c = 0.2744$ (2) $P_r = 1.119$

연습 문제

3.1 실제 기체에 대하여 다음에 답하시오.

(1) 분자 간 상호작용의 종류는 어떤 것들이 있는가?

(2) 분자 간 상호작용 결과 퍼텐셜 곡선은 어떠한 모양을 나타내는가?

3.2 압축 인자에 대하여 다음에 답하시오.

(1) 압축 인자를 정의하는 식을 쓰고, 압력과 온도에 따라 어떻게 변하는지 말하시오.

(2) 압축 인자는 실체 기체의 분자 간 상호 작용의 정도를 어떻게 나타내는가?

3.3 반데르발스 상태식의 유도 과정을 설명하시오.

3.4 반데르발스 상태식의 의의를 말하시오.

3.5 낮은 압력에서 반데르발스 기체의 압축 인자 Z가 다음과 같음을 보이시오.

$$Z = 1 + \left(b - \frac{a}{RT}\right)\frac{P}{RT}$$

3.6 임계 온도보다 낮은 온도에서 영역별로 등온 팽창 일을 구하는 식을 쓰시오.

3.7 반데르발스 상태식 $P = \dfrac{RT}{V_\mathrm{m} - b} - \dfrac{a}{V_\mathrm{m}^2}$ 로부터 임계 상수 $P_\mathrm{c} = \dfrac{a}{27b^2}$, $V_\mathrm{m,c} = 3b$, $T_\mathrm{c} = \dfrac{8a}{27Rb}$ 가 됨을 유도하시오.

3.8 부피가 25.00 L인 용기에 Ar 기체 1 mol이 들어 있다. 0°C에서 다음을 구하시오.

(1) 이 기체를 이상 기체로 가정하였을 때 나타나는 압력

(2) 둘째 비리알 계수까지 사용하여 비리알 상태식으로 계산하였을 때의 압력

(3) 이 기체를 반데르발스 기체로 가정하였을 때 나타나는 압력

3.9 25.00 L 용기에 들어 있는 수소 기체의 압력이 0°C에서 1.360 bar를 나타내었다. 이 기체가 100.0°C가 되었을 때 압력이 얼마가 되겠는가?

(1) 이상 기체로 가정하였을 때

(2) 둘째 비리알 계수까지 사용하여 비리알 상태식으로 계산할 때(몰부피는 이상 기체로 가정하였을 때 얻은 값을 사용하시오.)

(3) 반데르발스 기체로 가정하였을 때(몰부피는 이상 기체로 가정하였을 때 얻은 값을 사용하시오.)

3.10 위의 문제 3.8에서 구한 P(비리알)과 P(반데르발스)를 사용하여 다음 두 경우에서 100°C에서의 몰부피와 압축 인자를 구하시오.

(1) 둘째 비리알 계수까지 사용하여 비리알 상태식으로 계산할 때

(2) 반데르발스 기체로 가정하였을 때(몰부피는 MS Excel 프로그램을 사용하여 구한다.)

3.11 CO_2를 반데르발스 기체로 취급할 때 243 K, 35.0 bar에서 다음을 구하시오.

(1) 응축이 시작될 때와 응축이 완료될 때의 몰부피

(2) 초기 몰부피 0.50 L mol^{-1}에서부터 등온 압축시켰다면, CO_2 기체 1 mol이 완전히 응축되었을 때까지 일어난 일

3.12 구형 분자의 부피는 $V = b/4N_A$로 추정된다. 여기에서 b는 반데르발스 매개변수이고, N_A는 아보가드로 수이다. 메테인 분자의 반지름이 얼마가 될 것으로 예측되는가?

3.13 부록의 표 3.3의 임계 상수를 사용하여 다음을 구하시오.

(1) CH_3OH의 반데르발스 매개변수 a, b

(2) 임계 상태에서의 기체 상수 R

4강 열역학 제1법칙

핵심 정리

1 상태 함수와 경로 함수

상태 함수: 계의 현재 상태에만 의존하는 함수(P, V, T, U)

경로 함수: 경로에 의존하는 함수(w, q)

2 완전 미분과 불완전 미분

완전 미분: 적분 값이 경로에 무관한 미분

불완전 미분: 적분 값이 경로에 의존하는 미분

3 내부 에너지(U)

계의 전체 에너지, $U = U(P, V, T)$

$$U = E_k + E_p$$

4 열역학 제1법칙

고립계의 내부 에너지는 일정하다.

$$\Delta U = w + q$$

5 자유 팽창

맞서는 압력이 없는 상황에서의 팽창

$$w = 0 \quad (\text{자유 팽창})$$

6 가역 과정과 비가역 과정

가역 과정: 계와 주위가 역학적 평형을 이루며 역방향으로 변화가 일어날 수 있는 과정

비가역 과정: 계가 주위와 역학적 평형을 이루지 않은 채 변화하는 과정

가역 팽창: 계의 내부 압력이 외부 압력과 평형을 유지하며 가역적으로 팽창하는 것. 최소의 일을 하며, $w_{rev} \leq w_{irrev}$

7 열평형

두 고립계의 온도가 동일하여 열적인 변화가 일어나지 않는 상태

열역학 제0법칙: $T_A = T_B$이고 $T_B = T_C$이면, $T_A = T_C$이다.

8 등온 팽창

계가 주위와 열평형($T_{sys} = T_{surr}$)을 유지하며 부피가 팽창하는 것

$$w_{rev} = -nRT \ln \frac{V_f}{V_i} \qquad \text{(이상 기체)}$$

$$w_{rev} = -nRT \ln \frac{V_f - nb}{V_i - nb} - an^2\left(\frac{1}{V_f} - \frac{1}{V_i}\right) \qquad \text{(반데르발스 기체)}$$

9 열량과 열용량

열량(q)

$$\mathrm{d}q - C\mathrm{d}T \qquad \text{(미소 열량의 정의)}$$

열용량(C): 계가 열을 얼마나 효과적으로 저장할 수 있는가의 척도

$$C = \frac{\mathrm{d}q}{\mathrm{d}T} \qquad \text{(정의)}$$

$$C_V = \left(\frac{\partial U}{\partial T}\right)_V$$

$$C_P = \left(\frac{\partial U}{\partial T}\right)_P$$

10 압력의 열역학적 의미

외부 압력: $P_{ex} = -\left(\frac{\partial U}{\partial V}\right)_T$

내부 압력: $\pi_T = \left(\frac{\partial U}{\partial V}\right)_T$

예제

4.1 함수 $z = f(x, y)$가 완전 미분이려면 교차 편미분이 다음의 조건을 만족하여야 한다. 이상 기체의 부피에 대한 미분 dV_m이 완전 미분임을 보이시오.

$$\left[\frac{\partial}{\partial y}\left(\frac{\partial z}{\partial x}\right)_y\right]_x = \left[\frac{\partial}{\partial x}\left(\frac{\partial z}{\partial y}\right)_x\right]_y \quad \text{(오일러의 완전 미분 기준)}$$

풀이 오일러의 완전 미분 기준을 적용하여 이상 기체에 대한 dV_m이 완전 미분인을 증명히는 문제이다.

이상 기체 상태식을 V에 대하여 정리하여 미분하면 다음과 같다.

$$V_m = \frac{RT}{P}$$

$$\begin{aligned} dV_m &= \left(\frac{\partial V_m}{\partial P}\right)_T dP + \left(\frac{\partial V_m}{\partial T}\right)_P dT \\ &= \left[\frac{\partial}{\partial P}\left(\frac{RT}{P}\right)\right]_T dP + \left[\frac{\partial}{\partial T}\left(\frac{RT}{P}\right)\right]_P dT \\ &= -\frac{RT}{P^2} dP + \frac{R}{P} dT \end{aligned}$$

V_m의 P에 대한 편미분 $-\frac{RT}{P^2}$와 V_m의 T에 대한 편미분 $\frac{R}{P}$에 대하여 교차 편미분을 구하면 다음과 같아진다.

$$\left[\frac{\partial}{\partial T}\left(-\frac{RT}{P^2}\right)\right]_P = -\frac{R}{P^2}$$

$$\left[\frac{\partial}{\partial P}\left(\frac{R}{P}\right)\right]_T = -\frac{R}{P^2}$$

그러므로 $\left[\frac{\partial}{\partial T}\left(\frac{\partial V_m}{\partial P}\right)_T\right]_P = \left[\frac{\partial}{\partial P}\left(\frac{\partial V_m}{\partial T}\right)_P\right]_T$ 이다.

따라서 이상 기체의 부피에 대한 미분 dV_m이 완전 미분이다.

답 풀이 참조

4.2 1.50 mol의 완전 기체가 초기 압력 P_i = 15.0 bar, 초기 부피 V_i = 4.50 L에서 나중 압력 P_f = 10.0 bar로 가역 등온 팽창하였다. 이 과정에서 이 기체가 한 일은 얼마인가?

풀이 가역 과정에서 등온 팽창 일을 구하는 문제이다.

가역 등온 팽창 일을 구하려면 등온의 온도 T와 나중 부피 V_f를 알아야 한다. 이상 기체 상태식을 사용하여 온도 T와 V_f를 계산하면 다음과 같다.

$$T = \frac{P_i V_i}{nR}$$
$$= \frac{(15.0\,\text{bar})(4.50\,\text{L})}{(1.50\,\text{mol})(0.08314\,\text{L bar K}^{-1}\,\text{mol}^{-1})} = 541\,\text{K}$$

$$V_f = \frac{nRT}{P_f}$$
$$= \frac{(1.50\,\text{mol})(0.08314\,\text{L bar K}^{-1}\,\text{mol}^{-1})(541\,\text{K})}{(10.0\,\text{bar})} = 6.75\,\text{L}$$

그러므로 가역 등온 팽창 일은 다음과 같이 구해진다.

$$w_{\mathbf{rev}} = -nRT\ln\frac{V_f}{V_i}$$
$$= -(1.50\,\text{mol})(0.08314\,\text{J K}^{-1}\,\text{mol}^{-1})(541\,\text{K})\ln\frac{6.75}{4.50}$$
$$= \mathbf{-2740\,J = -2.74\,kJ}$$

답 $w_{rev} = -2740\,\text{J} = -2.74\,\text{kJ}$

4.3 1.00 mol의 이상 기체($C_{V,m}$ = 12.47 J K^{-1} mol^{-1})가 일정 압력 P_{ex} = 15.0 bar에서 부피가 V_i = 4.50 L에서 6.75 L로 팽창되었다. 다음을 구하시오.

(1) 내부 에너지의 변화량 ΔU

(2) 일 w

(3) 열량 q

풀이 일정 압력 조건에서 부피 팽창에 따른 열역학 함수들의 변화량을 구하는 문제이다.

(1) $\Delta U = q = C_V \Delta T$이므로 ΔU는 다음과 같이 구해진다.

$$\boldsymbol{\Delta U} = C_{V,m}(T_f - T_i) = C_{V,m}\frac{1}{R}(P_f V_f - P_i V_i)$$
$$= (12.47\ \text{J K}^{-1}\ \text{mol}^{-1})(1/0.08314\ \text{L bar K}^{-1}\ \text{mol}^{-1})$$
$$\times (15.0\ \text{bar} \times 6.75\ \text{L} - 15.0\ \text{bar} \times 4.50\ \text{L})$$
$$= \mathbf{5.06\ kJ}$$

(2) 일정한 압력에서의 일

$$\boldsymbol{w} = -P_{ex}\Delta V$$
$$= -(15.0 \times 10^5\ \text{Pa})[(6.75 - 4.50) \times 10^{-3}\ \text{m}^3] = \mathbf{-3.38\ kJ}$$

(3) 내부 에너지의 변화량 $\Delta U = w + q$이므로 q는 다음과 같다.

$$\boldsymbol{q} = \Delta U - w$$
$$= 5.06\ \text{kJ} - (-3.38\ \text{kJ}) = \mathbf{8.44\ kJ}$$

답 (1) $\Delta U = 5.06$ kJ (2) $w = -3.38$ kJ (3) $q = 8.44$ kJ

연습 문제

4.1 내부 에너지 U를 정의하고 설명하시오.

4.2 다음의 관계를 설명하시오.
(1) 불완전 미분과 경로 함수
(2) 완전 미분과 상태 함수

4.3 열역학 제1법칙에 대한 수식적 표현을 쓰고, 그 의미를 설명하시오.

4.4 등압 팽창 일과 가역 등온 팽창 일 간의 차이를 도표를 그려 말하시오.

4.5 열용량 C의 개념을 설명하고, 열용량을 정의하시오.

4.6 이상 기체 상태식 $PV_m = RT$에서 다음이 상태 함수임을 보이시오. (오일러의 완전 미분 기준을 이용하시오.)[1]
(1) 압력 P (2) 온도 T

4.7 일정 부피 용기에 들어 있는 이상 기체 시료 1 mol을 1.00 bar, 0°C에서 가역적으로 100°C까지 가열하였다. 다음을 구하시오.(이상 기체의 등부피 열용량 $C_{V,m} = \frac{3}{2}R$ 이다.)
(1) 최종 압력 P_f (2) 일 w (3) 열량 q (4) ΔU

4.8 756 torr, 100°C에서 물 100.0 g을 모두 증발시키는 데 226.0 kJ의 열이 공급되었다. 100°C에서 물의 밀도 $d = 0.958\ \text{g mL}^{-1}$이고, 수증기를 이상 기체로 가정하였을 때 다음을 구하시오.
(1) 수증기가 한 일의 양 (2) 내부 에너지 변화량

4.9 상온에서 NH_3 기체 1.00 mol이 외부 압력 3.00 bar에 대하여 15.0 L에서 45.0 L로 팽창되었다. 이 과정에서 온도가 일정하게 유지되었고, 이상 기체로 가정하였을 때 다음을 구하시오.
(1) 출입한 열량 (2) 일어난 일의 양
(3) 내부 에너지 변화량

---

[1] 오일러의 완전 미분 기준: $z = f(x, y)$가 완전 미분이려면 $dz = \left(\frac{\partial z}{\partial x}\right)_y dx + \left(\frac{\partial z}{\partial x}\right)_x dy$에서 다음의 조건을 만족하여야 한다.

$$\left[\frac{\partial}{\partial y}\left(\frac{\partial z}{\partial x}\right)_y\right]_x = \left[\frac{\partial}{\partial x}\left(\frac{\partial z}{\partial y}\right)_x\right]_y$$

4.10 문제 4.9의 NH_3 기체를 반데르발스 기체로 취급할 때 다음을 구하고, 문제 9의 결과와 비교하시오. (부록의 표 3.2 자료를 이용하시오.)

(1) 출입한 열량 (2) 일어난 일의 양

(3) 내부 에너지 변화량

4.11 3강의 연습 문제 3.10에서 CO_2를 반데르발스 기체로 취급할 때 243 K, 35.0 bar에서 CO_2의 응축 시작 몰부피는 0.3710 L mol^{-1}, 응축 완료 몰부피는 0.06599 L mol^{-1}로 구해졌다. 1.00 mol의 CO_2 기체를 초기 몰부피 0.50 L mol^{-1}로부터 완전히 응축시켰을 때, 다음을 구하시오. (부록의 표 3.2 자료를 이용하시오.)

(1) 응축이 완료될 때까지 일어난 일

(2) 응축이 완료될 때까지 변화한 내부 에너지

4.12 내부 압력 $\left(\frac{\partial U}{\partial V}\right)_T = T\left(\frac{\partial P}{\partial T}\right)_V - P$ 의 관계에 있다. 이 관계식으로부터 이상 기체에서 $dU = C_V dT$ 임을 보이시오.

4.13 반데르발스 상태식 $P = \frac{nRT}{V - nb} - \frac{an^2}{V^2}$ 을 사용하여 반데르발스 기체에 대하여 $\left(\frac{\partial U}{\partial V}\right)_T = T\left(\frac{\partial P}{\partial T}\right)_V - P$ 의 관계로부터 다음을 구하시오.

(1) 내부 압력 π_T

(2) 등온 내부 에너지 변화량 ΔU_T

4.14 문제 4.13에서 구한 식과 부록의 표 3.2 자료를 사용하여 1.00 mol의 N_2 기체가 일정한 온도 200 K에서 3.28 L에서 0.788 L로 변하였을 때에 대하여 다음을 구하시오.

(1) 내부 압력 π_T

(2) 내부 에너지 변화량 ΔU_T

5강 엔탈피와 열화학

핵심 정리

1 엔탈피(H)

등압 조건에서 계에 출입하는 에너지 가운데 열의 형태로만 출입하는 에너지

$$H = U + PV \quad \text{(엔탈피의 정의)}$$

$$\Delta H = \Delta U + P\Delta V \quad \text{(엔탈피 변화량)}$$

2 등부피 변화와 등압 변화

등부피에서 열역학 함수들의 관계

$$C_{\mathrm{V}} = \frac{\mathrm{d}q_{\mathrm{V}}}{\mathrm{d}T} = \left(\frac{\partial U}{\partial T}\right)_{\mathrm{V}} \quad \text{(등부피 열용량의 정의)}$$

$$\Delta U = \int_{T_{\mathrm{i}}}^{T_{\mathrm{f}}} C_{\mathrm{V}}\mathrm{d}T = C_{\mathrm{V}}\Delta T = q_{\mathrm{V}} \quad \text{(등부피 열역학 함수 관계)}$$

등압에서 열역학 함수들의 관계

$$C_{\mathrm{P}} = \frac{\mathrm{d}q_{\mathrm{P}}}{\mathrm{d}T} = \left(\frac{\partial H}{\partial T}\right)_{\mathrm{P}} \quad \text{(등압 열용량의 정의)}$$

$$\Delta H = \int_{T_{\mathrm{i}}}^{T_{\mathrm{f}}} C_{\mathrm{P}}\mathrm{d}T = C_{\mathrm{P}}\Delta T = q_{\mathrm{P}} \quad \text{(등압 열역학 함수 관계)}$$

C_{P}와 C_{V}의 관계

$$C_{\mathrm{P}} - C_{\mathrm{V}} = nR \quad \text{또는} \quad C_{\mathrm{P,m}} - C_{\mathrm{V,m}} = R \quad \text{(이상 기체)}$$

$$C_{\mathrm{P}} - C_{\mathrm{V}} = \frac{\alpha^2 TV}{\kappa_{\mathrm{T}}} \quad \text{(모든 물질)}$$

$$\alpha = \frac{1}{V}\left(\frac{\partial V}{\partial T}\right)_{\mathrm{P}} \quad \text{(팽창 계수)}$$

$$\kappa_{\mathrm{T}} = -\frac{1}{V}\left(\frac{\partial V}{\partial P}\right)_{\mathrm{T}} \quad \text{(등온 압축률)}$$

등부피에서 엔탈피의 온도 의존

$$\left(\frac{\partial H}{\partial T}\right)_{\mathrm{V}} = \left[1 - \frac{\alpha\mu_{\mathrm{JT}}}{\kappa_{\mathrm{T}}}\right] C_{\mathrm{P}}$$

3 단열 변화

단열 변화에서의 $P-V$, $V-T$ 관계

$$V_{\mathrm{i}}T_{\mathrm{i}}^{c} = V_{\mathrm{f}}T_{\mathrm{f}}^{c} \quad c = C_{\mathrm{V,m}}/R \quad \text{(가역 단열 과정의 } V-T \text{ 관계)}$$

$$P_{\mathrm{i}}V_{\mathrm{i}}^{\gamma} = P_{\mathrm{f}}V_{\mathrm{f}}^{\gamma} \quad \gamma = C_{\mathrm{P,m}}/C_{\mathrm{V,m}} \quad \text{(가역 단열 과정의 } P-V \text{ 관계)}$$

주울-톰슨 계수

$$\mu_{\mathrm{JT}} = \left(\frac{\partial T}{\partial P}\right)_{\mathrm{H}} \quad \text{(주울-톰슨 계수의 정의)}$$

반전 온도: $\mu_{\mathrm{JT}} = 0$이 되는 온도

$\mu_{\mathrm{JT}} > 0$: $\mathrm{d}P < 0$이면 $\mathrm{d}T < 0$, 기체가 팽창할 때 온도 하락

$\mu_{\mathrm{JT}} < 0$: $\mathrm{d}P < 0$이면 $\mathrm{d}T > 0$, 기체가 팽창할 때 온도 상승

4 열화학

계의 에너지가 변화할 때 열로 이전되는 에너지를 다루는 분야

흡열 과정: $\Delta H > 0$

발열 과정: $\Delta H < 0$

물리적 변화에서의 ΔH

상전이: 물질이 한 상에서 다른 상으로 전환되는 것

상: 계 전체에 걸쳐 물리적 상태와 조성이 균일한 상태

표준 상태: 명시된 온도에서 1 bar 압력에서의 순수한 상태

표준 전이 엔탈피($\Delta_{trs}H^o$): 표준 상태에서 물리적 상태 변화에 수반되는 엔탈피 변화

표준 증발 엔탈피($\Delta_{vap}H^o$): 표준 상태에서 순수한 액체 1 mol이 1 bar의 압력에서 순수한 기체 1 mol로 증발될 때 수반되는 엔탈피 변화량

표준 용융 엔탈피($\Delta_{fus}H^o$): 표준 상태에서 순수한 고체 1 mol이 순수한 액체 1 mol로 녹을 때 수반되는 엔탈피 변화량

표준 승화 엔탈피($\Delta_{sub}H^o$)

$$\Delta_{sub}H^o = \Delta_{fus}H^o + \Delta_{vap}H^o$$

역전이에 대한 엔탈피 변화량

$$\Delta_{trs}H^o(\text{정방향}) = -\Delta_{trs}H^o(\text{역방향})$$

화학적 변화에서의 ΔH

표준 반응 엔탈피($\Delta_r H^o$): 반응에 대하여 표준 상태에서 측정되거나 계산된 엔탈피 변화량

$$\Delta_r H^o = \sum_{\text{생성물}} \nu H_m^o - \sum_{\text{반응물}} \nu H_m^o \quad (\text{표준 반응 엔탈피 정의})$$

표준 생성 엔탈피($\Delta_f H^o$): 기준 상태의 원소 물질로부터 그 물질을 형성하는 데 필요한 표준 반응 엔탈피

5 반응 엔탈피 계산과 반응 엔탈피의 온도 의존

$$\Delta_r H^o = \sum_{\text{생성물}} \nu H_f^o - \sum_{\text{반응물}} \nu H_f^o \quad (\text{표준 반응 엔탈피 계산})$$

헤스의 법칙: 어떤 전체 반응을 여러 반응으로 나누는 경우 그 전체 반응의 엔탈피는 각 반응의 엔탈피 합과 같다.

키르히호프의 법칙

$$\Delta_r H^o(T_f) = \Delta_r H^o(T_i) + \Delta_r C_P^o(T_f - T_i)$$

예제

5.1 298.15 K, 표준 상태에서 He(g)의 $C_{P,m}{}^{o}$는 20.79 J K^{-1} mol^{-1}이다. 다음을 구하시오. (He(g)를 이상 기체로 가정하시오.)

(1) 1.50 mol의 He 기체를 일정한 부피의 단단한 용기에 넣고 373.15 K로 가열했을 때의 내부 에너지 변화량 ΔU

(2) 이 기체를 일정한 압력에서 373.15 K로 가열했을 때의 엔탈피 변화량 ΔH와 일 w

풀이 등압 열용량 $C_{P,m}{}^{o}$로부터 열역학 함수들의 변화량을 구하는 문제이다.

(1) 등부피에서 $\Delta U = C_V \Delta T$를 사용하여 구한다.

이상 기체이므로 $C_P - C_V = R$이고, 따라서 $C_{V,m}{}^{o}$는 다음과 같이 된다.

$$C_{V,m}{}^{o} = C_{P,m}{}^{o} - R$$
$$= (20.79 - 8.341) \text{J K}^{-1} \text{mol}^{-1} = 12.48 \text{ J K}^{-1} \text{mol}^{-1}$$
$$\boldsymbol{\Delta U} = nC_{V,m}{}^{o}\Delta T$$
$$= (1.50 \text{ mol})(12.48 \text{ J K}^{-1} \text{mol}^{-1})\{(373.15 - 298.15) \text{ K}\}$$
$$= \mathbf{1.40 \text{ kJ}}$$

(2) 등압에서 $\Delta H = C_P \Delta T$와 $\Delta H = \Delta U - w$로 구한다.

$$\boldsymbol{\Delta H} = nC_{P,m}{}^{o}\Delta T$$
$$= (1.50 \text{ mol})(20.79 \text{ J K}^{-1} \text{mol}^{-1})\{(373.15 - 298.15) \text{ K}\}$$
$$= \mathbf{2.34 \text{ kJ}}$$
$$\boldsymbol{w} = \Delta U - \Delta H$$
$$= (1.40 - 2.34) = \mathbf{-0.94 \text{ kJ}}$$

답 (1) $\Delta U = 1.40$ kJ (2) $\Delta H = 2.34$ kJ, $w = -0.94$ kJ

5.2 298.15 K, 표준 상태에서 1.00 mol의 이상 기체를 가역 단열적으로 팽창시켜 그 부피를 두 배가 되게 하였다. 다음을 구하시오. 이 이상 기체의 $C_{V,m}{}^{o} = \frac{3}{2}R$이다.

(1) 최종 압력

(2) 최종 온도

풀이 단열 변화에서 열역학 기본 변수들의 관계를 이용하는 문제이다.

(1) 가역 단열 과정에서 $P-V$ 관계는 다음과 같다.

$$P_iV_i^{\gamma} = P_fV_f^{\gamma} \quad \gamma = C_{P,m}/C_{V,m}$$

여기에서 $C_{V,m}{}^{o} = \frac{3}{2}R$이므로 $C_{P,m}{}^{o} = \frac{3}{2}R + R = \frac{5}{2}R$이다. 따라서 γ는 다음과 같다.

$$\gamma = \frac{5}{2}R \div \frac{3}{2}R = \frac{5}{3}$$

위의 $P-V$ 관계식을 P_f에 대하여 정리하고 계산하면 다음과 같이 된다.

$$\boldsymbol{P_f} = P_i\left(\frac{V_i}{V_f}\right)^{\gamma} = (1.00\text{ bar})\left(\frac{V_i}{2.00V_i}\right)^{5/3}$$
$$= \mathbf{0.315\ bar}$$

(2) 가역 단열 과정에서 $V-T$ 관계는 다음과 같다.

$$V_iT_i^c = V_fT_f^c \qquad c = C_{V,m}/R$$

여기에서 $C_{V,m}{}^{o} = \frac{3}{2}R$이므로 c는 다음과 같다.

$$c = \frac{3}{2}R \div R = \frac{3}{2}$$

위의 $V-T$ 관계식을 T_f에 대하여 정리하고 계산하면 다음과 같이 된다.

$$\boldsymbol{T_f} = T_i\left(\frac{V_i}{V_f}\right)^{1/c} = (298.15\text{ K})\left(\frac{V_i}{2.00V_i}\right)^{2/3}$$
$$= \mathbf{187.82\ K}$$

답 (1) $P_f = \frac{1}{3}$ bar (2) $T_f = 187.82$ K

5.3 다음 반응에 대하여 아래 온도에서의 표준 반응 엔탈피 Δ_rH^o를 구하시오.

$$\frac{1}{2}H_2(g) + \frac{1}{2}Cl_2(g) \longrightarrow HCl(g)$$

(1) 375 K (2) 800 K

풀이 100 K 이내와 100 K 이상의 온도에서 표준 반응 엔탈피를 구하는 문제이다.

(1) 375 K는 100 K 이내의 온도 영역이므로 부록의 표 5.4의 298.15 K에서의 $C_{P,m}{}^{o}$ 값 사용하여 키르히호프의 법칙으로 $\Delta_r H^o$를 구하여도 무방하다.

$$\Delta_r H^o(298.15\text{ K}) = \sum_{\text{생성물}} \nu H_f^o - \sum_{\text{반응물}} \nu H_f^o$$

$$= \Delta_f H^o(\text{HCl}, g) - \left\{\frac{1}{2}\Delta_f H^o(\text{H}_2, g) + \frac{1}{2}\Delta_f H^o(\text{Cl}_2, g)\right\}$$

$$= \{-92.31 - (0+0)\}\text{ kJ mol}^{-1}$$

$$= -92.31\text{ kJ mol}^{-1}$$

$$\Delta_r C_P^o = \sum_{\text{생성물}} \nu C_{P,m}^o - \sum_{\text{반응물}} \nu C_{P,m}^o$$

$$= C_{P,m}^o(\text{HCl}, g) - \left\{\frac{1}{2}C_{P,m}^o(\text{H}_2, g) + \frac{1}{2}C_{P,m}^o(\text{Cl}_2, g)\right\}$$

$$= \{29.12 - \left\{\frac{1}{2}(28.82) + \frac{1}{2}(33.91)\right\}\text{ J K}^{-1}\text{ mol}^{-1}$$

$$= -2.245\text{ J K}^{-1}\text{ mol}^{-1}$$

$$\mathbf{\Delta_r H^o(T_f)} = \Delta_r H^o(T_i) + \Delta_r C_P^o(T_f - T_i)$$

$$= -92.31\text{ kJ mol}^{-1} + (-2.245\text{ J K}^{-1}\text{ mol}^{-1})(76.85\text{ K})$$

$$= -92.31\text{ kJ mol}^{-1} - 0.17\text{ kJ mol}^{-1} = \mathbf{-92.48\text{ kJ mol}^{-1}}$$

(2) 800 K는 100 K를 벗어나는 온도 영역이므로 $C_{P,m} = a + bT + cT^2$를 적용하여 $\Delta_r H^o$를 구한다.

$$\Delta_r H^o(T_f) = \Delta_r H^o(T_i) + \Delta a \cdot (T_f - T_i) + \frac{\Delta b}{2}(T_f^2 - T_i^2) + \frac{\Delta c}{3}(T_f^3 - T_i^3)$$

$$\Delta_r H^o(298.15\text{ K}) = -92.31\text{ kJ mol}^{-1}$$

$$\Delta a(T_f - T_i) = [\{29.81 - \frac{1}{2}(22.66 + 22.85)\}\text{J K}^{-1}\text{ mol}^{-1}\}]$$
$$\times (800 - 298.15)\text{K} = 3.553\text{ kJ mol}^{-1}$$

$$\frac{\Delta b}{2}(T_f^2 - T_i^2) = \frac{1}{2}[\{-4.12 - \frac{1}{2}(43.81 + 65.43)\} \times 10^{-3}\text{ J K}^{-2}\text{ mol}^{-1}]$$
$$\times (800^2 - 298.15^2)\text{K}^2 = -16.186\text{ kJ mol}^{-1}$$

$$\frac{\Delta c}{3}(T_f^3 - T_i^3) = \frac{1}{3}[\{6.22 - \frac{1}{2}(-10.84 - 12.52)\} \times 10^{-5}\ \mathrm{J\ K^{-3}\ mol^{-1}}]$$

$$\times (800^3 - 298.15^3)\mathrm{K}^3 = 28.968\ \mathrm{kJ\ mol^{-1}}$$

$$\boldsymbol{\Delta_r H^o(T_f)} = (-92.31 + 3.553 - 16.186 + 28.968)\ \mathrm{kJ\ mol^{-1}}$$

$$\mathbf{= -75.98\ kJ\ mol^{-1}}$$

답 (1) $\Delta_r H^o(375\ \mathrm{K}) = -92.48\ \mathrm{kJ\ mol^{-1}}$ (2) $\Delta_r H^o(800\ \mathrm{K}) = -75.98\ \mathrm{kJ\ mol^{-1}}$

연습 문제

(아래의 문제를 푸는 데 특별히 언급하지 않으면 표준 상태의 이상 기체로 가정하시오.)

5.1 엔탈피를 정의하는 식을 쓰고, 엔탈피 개념을 설명하시오.

5.2 주울-톰슨 효과와 주울-톰슨 계수에서 반전 온도 T_I의 의의를 설명하시오.

5.3 화학적 변화에서 표준 반응 엔탈피는 $\Delta_r H^o = \sum_{\text{생성물}} \nu H^o_m - \sum_{\text{반응물}} \nu H^o_m$로 정의된다.

그러나 각 물질들의 절대 엔탈피 H는 그 값을 알 수 없다. 이러한 문제점을 열역학에서는 어떻게 해결하는가?

5.4 압력과 온도 변화에 따른 엔탈피 변화는 다음과 같다.

$$dH = \left(\frac{\partial H}{\partial P}\right)_T dP + C_P dT$$

이 식으로부터 오일러 순환 관계식 $\left(\frac{\partial x}{\partial y}\right)_z \left(\frac{\partial y}{\partial z}\right)_x \left(\frac{\partial z}{\partial x}\right)_y = -1$과 팽창 계수 α, 등온 압축률 κ_T, 주울-톰슨 계수 μ_{JT}를 사용하여 등부피에서 온도 변화에 따른 엔탈피 변화가 다음과 같음을 보이시오.

$$\left(\frac{\partial H}{\partial T}\right)_V = \left[1 - \frac{\alpha \mu_{JT}}{\kappa_T}\right] C_P$$

5.5 열역학 제1법칙과 열역학 제2법칙을 결합하면 내부 압력 π_T는 다음과 같고,

$$\pi_T = \left(\frac{\partial U}{\partial V}\right)_T = T\left(\frac{\partial P}{\partial T}\right)_V - P$$

오일러 순환 관계식에 의하면 함수 $z = z(x, y)$에 대하여 다음과 같은 관계를 갖는다.

$$\left(\frac{\partial x}{\partial y}\right)_z \left(\frac{\partial y}{\partial z}\right)_x \left(\frac{\partial z}{\partial x}\right)_y = -1$$

이 관계식들을 이용하여 다음을 구하시오.

(1) 등온 상태에서 $\left(\frac{\partial H}{\partial P}\right)_T = V - T\left(\frac{\partial H}{\partial T}\right)_P$ 임을 보이시오.

(2) 이상 기체에서 $\left(\frac{\partial H}{\partial P}\right)_T = 0$ 임을 보이시오.

5.6 $C^{o}_{V,m} = \frac{5}{2}R$ 인 이상 기체 1.00 mol을 1.00 bar, 273.15 K에서 부피가 일정한 단단한 용기에 넣고 가역적으로 350 K까지 가열하였다. 다음을 구하시오.

(1) 내부 에너지 변화량 (2) 출입한 열량

5.7 메테인 기체 2.00 mol을 1.00 bar, 298.15 K에서 370 K까지 가열하였다. 다음을 구하시오. ($C_{P,m}{}^{o}$ 값은 부록의 표 5.4 자료를 이용하고, 이상 기체로 가정하시오.)

(1) 엔탈피 변화량 (2) 내부 에너지 변화량

(3) 출입한 열량 (4) 일어난 일

5.8 O_2 기체의 등부피 온도 의존 몰열용량 $C_{V,m}$은 다음과 같이 주어진다.

$$C_{V,m} = a' + b'T + c'T^2$$

여기에서 $a' = 17.23\ J\ K^{-1}\ mol^{-1}$, $b' = 13.61\times10^{-3}\ J\ K^{-2}\ mol^{-1}$, $c' = 42.55\times10^{-7}\ J\ K^{-3}\ mol^{-1}$ 이다. 2.00 mol의 O_2 기체를 298.15 K에서 750 K로 가열하였을 때 내부 에너지 변화량은 얼마인가?

5.9 문제 5.7의 메테인 기체를 298.15 K에서 700 K까지 가열하였다. 이 과정에서 일어난 엔탈피 변화량은 얼마인가?

5.10 273.15 K에서 25.0 L의 3.00 mol의 질소 기체를 0.800 bar의 외부 압력에 맞서 단열 팽창시켜 부피를 50.0 L가 되게 하였다. 다음을 구하시오. (부록의 열역학 자료에서 $N_2(g)$의 $C_{P,m}{}^{o}$ 값을 참조하시오.)

(1) 일 w (2) 내부 에너지 변화 ΔU

(3) 온도 변화 ΔT (4) 엔탈피 변화 ΔH

5.11 298.15 K에서 2.05 mol의 질소 기체를 1.00 bar에서 2.50 bar로 가역 단열 압축시켰다. 다음을 구하시오. (부록의 열역학 자료에서 $N_2(g)$의 $C_{P,m}{}^{o}$ 값을 참소하시오.)

(1) 최종 부피 (2) 최종 온도 (3) 일어난 일

5.12 액체 부피의 온도 의존은 다음과 같이 표현된다.

$$V_m = V_m'\,(a + bT + cT^2)$$

여기에서 V_m'은 298.15 K에서의 부피이다. 어떤 기체가 $a = 0.77$, $b = 3.8 \times 10^{-4}\ K^{-1}$, $c = 1.49 \times 10^{-6}\ K^{-2}$이다. 300 K에서 이 기체의 팽창 계수는 얼마인가?

5.13 어떤 회사에서 수송비를 절감하기 위하여 에탄올의 부피를 줄여 운반하려고 한다. 10°C에 저장되어 있는 에탄올의 부피를 10.0% 줄이려면 얼마만한 압력을 가해야 할까? (부록의 표 5.1에서 κ_T 값을 사용하시오.)

5.14 단열된 냉장실에서 이산화 탄소 기체의 온도를 5.0 K 낮추려고 한다. 압력을 얼마나 떨어뜨려야 할까? (부록의 표 5.2 자료를 사용하시오.)

5.15 298 K에서 물의 증발 엔탈피는 44.016 kJ mol^{-1}이다. 25°C, 1 bar에서 물 100.0 g이 완전히 증발될 때에 대하여 다음을 구하시오.

(1) 엔탈피 변화량　　　　(2) 내부 에너지 변화량

5.16 다음 자료로부터 $B_2H_6(g)$ 합성에 대한 표준 생성 엔탈피를 구하시오.

$$B_2O_3(s) + 3H_2O(g) \longrightarrow B_2H_6(g) + 3O_2(g) \qquad \Delta H^\circ = 1941 \text{ kJ mol}^{-1}$$

$$2B(s) + \frac{3}{2}O_2(g) \longrightarrow B_2O_3(s) \qquad \Delta H^\circ = -2368 \text{ kJ mol}^{-1}$$

$$H_2(g) + \frac{1}{2}O_2(g) \longrightarrow H_2O(g) \qquad \Delta H^\circ = -241.8 \text{ kJ mol}^{-1}$$

5.17 어떤 박테리아는 메테인과 암모니아로부터 다음과 같이 글라이신을 합성한다. 이 반응의 표준 엔탈피 변화량은 얼마인가? 298.15 K로 가정하시오.

$$2CH_4(g) + NH_3(g) + \frac{5}{2}O_2(g) \longrightarrow CH_2(NH_2)COOH(s) + 3H_2O(l)$$

5.18 염화 수소 기체와 산소 기체가 반응하여 염소 기체와 수증기가 생성되는 반응에 대하여 다음 조건에서의 표준 반응 엔탈피를 구하시오.

(1) 298.15 K에서　　　　(2) 380.0 K

6강 열역학 제2법칙과 엔트로피

핵심 정리

1 자발적 변화와 비자발적 변화

자발적 변화: 아무런 일 없이도 저절로 일어나는 변화, 무질서도 증가

비자발적 변화: 외부에서 일을 해주어야만 일어나는 변화, 자발적 변화의 역과정, 무질서도 감소

2 엔트로피(S)와 열역학 제2법칙

엔트로피: 무질서도를 양적으로 다루는 척도

엔트로피 변화의 정의: $\mathrm{d}S = \dfrac{\mathrm{d}q_{\text{rev}}}{T}$, $\Delta S = \int_{\mathrm{i}}^{\mathrm{f}} \dfrac{\mathrm{d}q_{\text{rev}}}{T} = \dfrac{q_{\text{rev}}}{T}$

열역학 제2법칙: 고립계에서 자발적 변화는 무질서도가 증가하는 방향($\Delta S > 0$)으로 일어난다.

3 엔트로피의 성질

카르노 순환

$$\Delta S = \frac{q_{\mathrm{h}}}{T_{\mathrm{h}}} + \frac{q_{\mathrm{c}}}{T_{\mathrm{c}}}$$

열량과 온도 관계

$$\frac{q_{\mathrm{h}}}{q_{\mathrm{c}}} = -\frac{T_{\mathrm{h}}}{T_{\mathrm{c}}} \quad \text{(카르노 순환에서 } q-T \text{ 관계)}$$

열효율(ε)

$$\varepsilon = \frac{|w|}{|q_{\mathrm{h}}|} \quad \text{(열효율의 정의)}$$

$$\varepsilon = 1 - \frac{T_c}{T_h} \quad \text{(카르노 열효율)}$$

엔트로피의 순환 적분

$$\oint dS = \oint \frac{dq_{rev}}{T} = 0$$

엔트로피 S는 경로에 의존되지 않는 상태 함수

4 클라우지우스 정리

$$dS \geq \frac{dq}{T} \quad \text{(클라우지우스 부등식)}$$

$$dS \geq 0 \quad \text{(고립계에서)}$$

5 엔트로피와 내부 에너지 및 엔탈피 관계

$$dU = TdS - PdV \quad \text{(열역학 기본식 1)}$$

$$dH = TdS + VdP \quad \text{(열역학 기본식 2)}$$

6 절대 엔트로피와 열역학 제3법칙

절대 엔트로피: $S = 0\ (T = 0\ \text{K}$에서)

열역학 제3법칙: 모든 완전 결정체의 엔트로피는 절대 영도(0 K)에서 0이다.

엔트로피의 통계 열역학적 정의: $S = k \ln W$

7 엔트로피 계산

이상 기체

$$\Delta S = nR \ln \frac{V_f}{V_i} = -nR \ln \frac{P_f}{P_i} \quad \text{(등온 팽창 엔트로피 변화량)}$$

$$\Delta S_m^{\circ} = -R \ln P \quad \text{(표준 상태)}$$

$$S_m = S_m^{\circ} + \Delta S_m^{\circ} = S_m^{\circ} - R \ln P \quad \text{(몰엔트로피)}$$

온도 변화에 따른 엔트로피 변화

$$\Delta S = C \ln \frac{T_f}{T_i}$$

상전이에 따른 엔트로피 변화

$$\Delta_{trs}S_m = \frac{\Delta_{trs}H}{T_{trs}}$$

$$S_m(T) = \int_0^{T_f} \frac{C_{P,m}(s)}{T}\,dT + \frac{\Delta_{fus}H}{T_f} + \int_{T_f}^{T_b} \frac{C_{P,m}(l)}{T}\,dT + \frac{\Delta_{vap}H}{T_b} + \int_{T_b}^{T} \frac{C_{P,m}(g)}{T}\,dT$$

8 엔트로피와 *P*, *V*, *T* 관계

$$\left(\frac{\partial S}{\partial T}\right)_V = \frac{C_V}{T} \quad \text{(등부피에서 } S\text{–}T \text{ 관계)}$$

$$\left(\frac{\partial S}{\partial V}\right)_T = \frac{\alpha}{\kappa_T} \quad \text{(등온에서 } S\text{–}V \text{ 관계)}$$

$$\left(\frac{\partial S}{\partial T}\right)_P = \frac{C_P}{T} \quad \text{(등압에서 } S\text{–}T \text{ 관계)}$$

$$\left(\frac{\partial S}{\partial P}\right)_T = -V\alpha \quad \text{(등온에서 } S\text{–}P \text{ 관계)}$$

9 화학 반응에서의 엔트로피 변화

$$\Delta_r S^o = \sum_{\text{생성물}} \nu S_m^o - \sum_{\text{반응물}} \nu S_m^o \quad \text{(표준 반응 엔트로피 계산)}$$

예제

6.1 25°C에서 2.00 mol의 이상 기체가 1.00 bar에서 0.50 bar로 가역 등온 팽창되었다. 다음을 구하시오.

(1) 엔트로피 변화량 ΔS

(2) 표준 상태 몰엔트로피 변화량 ΔS_m^o

풀이 등온 팽창 엔트로피 변화량을 구하는 문제이다.

(1) 이상 기체의 압력 변화에 따른 등온 팽창 엔트로피는 다음과 같이 등온 팽창 엔트로피를 구하는 식을 사용하여 구한다.

$$\Delta S = -nR\ln\frac{P_f}{P_i}$$

$$= -(2.00\ \text{mol})(8.314\ \text{J K}^{-1}\ \text{mol}^{-1})\ \ln\frac{0.50\ \text{bar}}{1.00\ \text{bar}}$$

$$= \mathbf{11.5\ J\ K^{-1}}$$

(2) 표준 상태 몰엔트로피 변화량은 다음과 같이 표준 몰엔트로피 변화량을 구하는 식을 사용하여 구한다.

$$\Delta S_m^o = -R\ln P = -(8.314\ \text{J K}^{-1}\ \text{mol}^{-1}) \times \ln(0.5)$$

$$= \mathbf{5.76\ J\ K^{-1}}$$

답 (1) $\Delta S = 11.5\ \text{J K}^{-1}$ (2) $\Delta S_m^o = 5.76\ \text{J K}^{-1}$

6.2 표준 상태에서 1.00 mol의 H_2O를 −10.0°C에서 130°C까지 가열하였다. 이 과정에서 변화한 엔트로피량은 얼마인가? 부록의 자료를 사용하여 계산하시오.

풀이 등압 조건에서 상전이 점을 포함하는 온도 영역에서의 엔트로피 변화량을 구하는 문제이다.

등압에서 상전이 점을 포함하는 온도 영역에서의 엔트로피 변화량은 다음과 같이 구한다.

$$\Delta S(263.15\ \text{K} \sim 403.15\ \text{K}) = n\Delta S_m(263.15\ \text{K} \sim 403.15\ \text{K})$$

$$\Delta S_m(263.15\ \text{K} \sim 403.15\ \text{K}) = \int_{263.15}^{273.15}\frac{C_{P,m}(s)}{T}\,dT + \frac{\Delta_{fus}H}{273.15\ \text{K}} + \int_{273.15}^{373.15}\frac{C_{P,m}(l)}{T}\,dT + \frac{\Delta_{vap}H}{373.15\ \text{K}} + \int_{373.15}^{403.15}\frac{C_{P,m}(g)}{T}\,dT$$

위 계산을 위하여 부록의 표 5.4와 5.3에서 H_2O의 열용량과 상전이 엔탈피를 찾으면 다음과 같다.

- 열용량

$$C_{P,m}{}^{o}(H_2O, s) = 36.2\ J\ K^{-1}\ mol^{-1},\ C_{P,m}{}^{o}(H_2O, l) = 75.29\ J\ K^{-1}\ mol^{-1},$$
$$C_{P,m}{}^{o}(H_2O, g) = 33.58\ J\ K^{-1}\ mol^{-1}$$

- 상전이 엔탈피

$$\Delta_{fus}H^{o}(273.15\ K) = 6.008\ kJ\ mol^{-1},\ \Delta_{vap}H^{o}(373.15\ K) = 40.656\ kJ\ mol^{-1}$$

이 값들을 가지고 각 항에 대한 엔트로피 변화를 계산하면 다음과 같다.

$$\int_{263.15}^{273.15} \frac{C_{P,m}(s)}{T}\, dT = C_{P,m}{}^{o} \ln\frac{T_f}{T_i} = (36.2\ J\ K^{-1}\ mol^{-1}) \ln(273.15/263.15)$$
$$= 1.35\ J\ K^{-1}\ mol^{-1}$$

$$\int_{273.15}^{373.15} \frac{C_{P,m}(l)}{T}\, dT = (75.29\ J\ K^{-1}\ mol^{-1}) \ln(373.15/273.15)$$
$$= 23.49\ J\ K^{-1}\ mol^{-1}$$

$$\int_{373.15}^{403.15} \frac{C_{P,m}(g)}{T}\, dT = (33.58\ J\ K^{-1}\ mol^{-1}) \ln(403.15/373.15)$$
$$= 2.60\ J\ K^{-1}\ mol^{-1}$$

$$\frac{\Delta_{fus}H}{273.15\ K} = (6.008\ kJ\ mol^{-1})/273.15\ K = 22.00\ J\ K^{-1}\ mol^{-1}$$

$$\frac{\Delta_{vap}H}{373.15\ K} = (40.656\ kJ\ mol^{-1})/373.15\ K = 108.95\ J\ K^{-1}\ mol^{-1}$$

그러므로 이 과정에서 변화한 엔트로피는 다음과 같다.

$$\mathbf{\Delta S(263.15\ K \sim 403.15\ K)}$$
$$= n\Delta S_m(263.15\ K \sim 403.15\ K)$$
$$= (1.00\ mol)(1.35 + 23.49 + 2.60 + 22.00 + 108.95)\ J\ K^{-1} mol^{-1}$$
$$\mathbf{= 158.39\ J\ K^{-1}}$$

답 $\Delta S(263.15\ \text{K} \sim 403.15\ \text{K}) = 158.39\ \text{J K}^{-1}$

6.3 상온 표준 상태에서 다음 반응의 반응 엔트로피 $\Delta_r S^o$는 얼마인가? (부록의 열역학 자료를 이용하시오.)

$$C_6H_{12}(\text{사이클로헥세인}, l) + 9O_2(g) \rightarrow 6CO_2(g) + 6H_2O(g)$$

풀이 부록의 열역학 자료를 활용하여 화학 반응의 엔트로피를 구하는 문제이다. 부록에서 S_m^o를 찾아 표준 반응 엔트로피 계산식을 사용하여 $\Delta_r S^o$를 구한다.

부록에서 찾은 값은 다음과 같다.

- 반응물

$$S_m^o(C_6H_{12}, l) = 204.4\ \text{J K}^{-1}\ \text{mol}^{-1},\ S_m^o(O_2, g) = 205.1\ \text{J K}^{-1}\ \text{mol}^{-1}$$

- 생성물

$$S_m^o(CO_2, g) = 213.7\ \text{J K}^{-1}\ \text{mol}^{-1},\ S_m^o(H_2O, g) = 188.8\ \text{J K}^{-1}\ \text{mol}^{-1}$$

다음 식을 사용하여 $\Delta_r S^o$를 계산하면 다음과 같다.

$$\begin{aligned}\Delta_r S^o &= \sum_{\text{생성물}} \nu S_m^o - \sum_{\text{반응물}} \nu S_m^o \\ &= [(6\ \text{mol})(213.7\ \text{J K}^{-1}\ \text{mol}^{-1}) + (6\ \text{mol})(188.8\ \text{J K}^{-1}\ \text{mol}^{-1})] \\ &\quad - [(1\ \text{mol})(204.4\ \text{J K}^{-1}\ \text{mol}^{-1}) + (9\ \text{mol})(205.1\ \text{J K}^{-1}\ \text{mol}^{-1})] \\ &= \mathbf{364.7\ J\ K^{-1}}\end{aligned}$$

답 $\Delta_r S^o = 364.7\ \text{J K}^{-1}$

연습 문제

(아래의 문제를 푸는 데 특별히 언급하지 않으면 표준 상태의 이상 기체로 가정하시오.)

6.1 열역학 제2법칙과 제3법칙을 정의하시오.

6.2 고립계에 대한 클라우지우스 부등식을 쓰고, 이 부등식이 의미하는 바를 설명하시오.

6.3 부피와 온도가 동시에 변하는 과정 V_i, $T_i \rightarrow V_f$, T_f는 두 과정으로 분리하여 다룰 수 있다. 따라서 이 과정에 대한 엔트로피 변화량 ΔS는 다음과 같다.

$$\Delta S = nR \ln \frac{V_f}{V_i} + nC_{V,m} \ln \frac{T_f}{T_i} \qquad (1)$$

한편 압력과 온도가 동시에 변하는 과정 P_i, $T_i \rightarrow P_f$, T_f 과정에 대한 엔트로피 변화량 ΔS는 다음과 같다.

$$\Delta S = -nR \ln \frac{P_f}{P_i} + nC_{P,m} \ln \frac{T_f}{T_i} \qquad (2)$$

이상 기체에 대한 $C_{P,m}$과 $C_{V,m}$의 관계와 기체 상태식을 사용하여 (1)식으로부터 (2)식이 되는 것을 보이시오.

6.4 같은 크기의 동일한 금속 덩어리 두 개가 서로 다른 온도 T_1과 T_2에 있다. 이 두 개의 금속 덩어리를 동일한 온도가 될 때까지 접촉시켜 놓았다. 이 금속들의 열용량 C_P가 이 온도 영역에서 일정한 값을 갖는다면, 엔트로피 변화량이 다음과 같이 됨을 보이시오.

$$\Delta S = C_P \ln \frac{(T_1 + T_2)^2}{4T_1T_2}$$

6.5 어떤 금속에 30.0 kJ의 열을 가역 등온적으로 가하였을 때, 다음 조건에서 변화한 엔트로피는 얼마인가?

(1) 0°C　　　　(2) 100°C

6.6 어떤 열기관이 200.0°C와 25°C 사이에서 작동한다. 이 열기관이 높은 온도의 열원으로부터 1500 J의 열을 받아 마찰에 의한 손실 없이 일을 한다면 이 열기관이 할 수 있는 일은 얼마인가?

6.7 25°C와 100°C 사이에서 작동하는 열기관이 있다. 이 열기관이 250 J의 일을 하기 위해서 고열원으로부터 받아야 하는 열량은 얼마인가? 마찰에 의한 열손실은 없다고 가정하시오.

6.8 298.15 K에서 이산화 탄소 기체의 표준 몰엔트로피는 213.74 J K^{-1} mol^{-1}이다. 350.0 K에서 이산화 탄소 기체의 표준 몰엔트로피는 얼마인가?

6.9 문제 6.8의 이산화 탄소 기체가 일정한 부피에서 350.0 K가 되었을 때의 몰엔트로피는 얼마인가?

6.10 3.00 mol의 질소 기체를 1.00 bar 25°C에서 5.00 bar 125°C로 변화시켰다. 이 과정에서 발생한 엔트로피 변화량 ΔS는 얼마인가?

6.11 0°C와 100°C의 납 막대를 접촉시켜 온도 평형을 이루게 하였다. 이 온도 평형 과정에서 변화한 엔트로피는 얼마이고, 이 과정이 자발적으로 일어나는지는 어떻게 알 수 있는가?(부록의 열역학 자료를 사용하시오.)

6.12 부록의 표 5.3 자료를 사용하여 표준 상태에서 다음 과정의 상전이 엔트로피를 구하시오.

(1) $Ag(l) \rightarrow Ag(g)$ (2) $Cl_2(s) \rightarrow Cl_2(l)$

(3) $CO_2(s) \rightarrow CO_2(g)$ (4) $CH_3OH(l) \rightarrow CH_3OH(g)$

6.13 다음은 공해 물질인 질소 산화물의 생성 반응이다. 298.15 K에서 이 반응의 표준 반응 엔트로피를 구하시오.(부록의 열역학 자료를 사용하시오.)

$$N_2(g) + O_2(g) \rightarrow 2NO(g)$$

6.14 다음은 침전 반응이다. 298.15 K에서 이 반응의 표준 반응 엔트로피를 구하시오. (부록의 열역학 자료를 사용하시오.)

$$Hg(l) + 2HCl(aq) \rightarrow HgCl_2(s) + H_2(g)$$

6.15 다음은 식물의 광합성 반응이다. 298.15 K에서 이 반응의 표준 반응 엔트로피를 구하시오.(부록의 열역학 자료를 사용하시오. $C_6H_{12}O_6(s)$의 $S_m^{o} = 212$ J K^{-1} mol^{-1}이다.)

$$6CO_2(g) + 6H_2O(g) \rightarrow C_6H_{12}O_6(s) + 6O_2(g)$$

6.16 다음은 산·염기 반응이다. 298.15 K에서 이 반응의 표준 반응 엔트로피를 구하시오. (부록의 열역학 자료를 사용하시오.)

$$Mg(OH)_2(aq) + H_2SO_4(aq) \rightarrow MgSO_4(s) + 2H_2O(l)$$

7강 자유 에너지와 변화의 방향

핵심 정리

1 계의 자발적 변화 방향

등부피 변화와 헬름홀츠 자유 에너지

$$A \equiv U - TS \quad (\text{헬름홀츠 에너지의 정의})$$

$$\mathrm{d}A_{T,V} < 0 \quad (\text{자발적 변화})$$

$$\mathrm{d}A_{T,V} > 0 \quad (\text{비자발적 변화})$$

$$\mathrm{d}A_{T,V} = 0 \quad (\text{평형 상태})$$

등압 변화와 깁스 자유 에너지

$$G \equiv H - TS \quad (\text{깁스 에너지의 정의})$$

$$\mathrm{d}G_{T,P} < 0 \quad (\text{자발적 변화})$$

$$\mathrm{d}G_{T,P} > 0 \quad (\text{비자발적 변화})$$

$$\mathrm{d}G_{T,P} = 0 \quad (\text{평형 상태})$$

2 반응 깁스 에너지

표준 반응 깁스 에너지($\Delta_r G^o$)

$$\Delta_r G^o = \Delta_r H^o - T\Delta_r S^o \quad (\text{표준 반응 깁스 에너지 정의})$$

표준 반응 깁스 에너지 계산

$$\Delta_r G^o = \sum_{\text{생성물}} \nu \Delta_f G^o - \sum_{\text{반응물}} \nu \Delta_f G^o$$

3 최대 일, 최대 비팽창 일

최대 일($\mathrm{d}w_{max}$)

$$\mathrm{d}w_{max} = \mathrm{d}A$$

최대 비팽창 일($dw_{max,비팽창}$)

$$dw_{max,비팽창} = dG$$

4 *U*, *H*, *A*, *G* 관련 도함수의 의미

열역학 기본식

$$dU = TdS - PdV \quad (\text{열역학 기본식 1})$$

$$dH = TdS + VdP \quad (\text{열역학 기본식 2})$$

$$dA = -SdT - PdV \quad (\text{열역학 기본식 3})$$

$$dG = -SdT + VdP \quad (\text{열역학 기본식 4})$$

U, *H*, *A*, *G*와 *P*, *V*, *T* 관계

$$\left(\frac{\partial U}{\partial S}\right)_V = T \qquad \left(\frac{\partial U}{\partial V}\right)_S = -P$$

$$\left(\frac{\partial H}{\partial S}\right)_P = T \qquad \left(\frac{\partial H}{\partial P}\right)_S = V$$

$$\left(\frac{\partial A}{\partial T}\right)_V = -S \qquad \left(\frac{\partial A}{\partial V}\right)_T = -P$$

$$\left(\frac{\partial G}{\partial T}\right)_P = -S \qquad \left(\frac{\partial G}{\partial P}\right)_T = V$$

맥스웰 관계식

$$\left(\frac{\partial T}{\partial V}\right)_S = -\left(\frac{\partial P}{\partial S}\right)_V$$

$$\left(\frac{\partial T}{\partial P}\right)_S = \left(\frac{\partial V}{\partial S}\right)_P$$

$$\left(\frac{\partial P}{\partial T}\right)_V = \left(\frac{\partial S}{\partial V}\right)_T$$

$$\left(\frac{\partial V}{\partial T}\right)_P = -\left(\frac{\partial S}{\partial P}\right)_T$$

5 자유 에너지의 *P*, *V*, *T* 관계

깁스 에너지의 온도와 압력에 따른 변화

$$\left(\frac{\partial(G/T)}{\partial T}\right)_P = -\frac{H}{T^2} \quad \text{(깁스-헬름홀츠 식)}$$

$$\left(\frac{\partial(\Delta G/T)}{\partial T}\right)_P = -\frac{\Delta H}{T^2}$$

$$\Delta G(T_f) = T_f\left[\frac{\Delta G(T_i)}{T_i} + \Delta H(T_i)\left(\frac{1}{T_f} - \frac{1}{T_i}\right)\right]$$

일정한 온도에서

$$G_{m,f} = G_{m,i} + V_m \int_{P_i}^{P_f} dP = G_{m,i} + V_m(P_f - P_i) \quad \text{(응축상)}$$

$$G_{m,f} = G_{m,i} + RT\int_{P_i}^{P_f} \frac{1}{P}dP = G_{m,i} + RT\ln\frac{P_f}{P_i} \quad \text{(이상 기체)}$$

초기 압력이 1 bar이면

$$G_m = G_m^{o} + RT\ln P$$

6 분몰 성질과 화학 퍼텐셜

분몰부피

$$V_{i,m} = \left(\frac{\partial V}{\partial n_i}\right)_{T,P,n'} \quad \text{(분몰부피의 정의)}$$

$$dV = \left(\frac{\partial V}{\partial n_A}\right)_{T,P,n_B} dn_A + \left(\frac{\partial V}{\partial n_B}\right)_{T,P,n_A} dn_B$$

$$V = \int_0^{n_A} V_{A,m}\, dn_A + \int_0^{n_B} V_{B,m}\, dn_B = V_{A,m}n_A + V_{B,m}n_B$$

분몰 깁스 에너지와 화학 퍼텐셜

$$\mu_J = \left(\frac{\partial G}{\partial n_J}\right)_{T,P,n'} \quad \text{(화학 퍼텐셜의 정의)}$$

$$G = \mu_A n_A + \mu_B n_B$$

$$\mu_J = \left(\frac{\partial U}{\partial n_J}\right)_{S,V,n'} = \left(\frac{\partial H}{\partial n_J}\right)_{S,P,n'} = \left(\frac{\partial A}{\partial n_J}\right)_{T,V,n'}$$

7 실제 기체의 깁스 에너지와 퓨가시티

퓨가시티(f): 실제 기체에 대한 화학 퍼텐셜의 척도

$$\mu = \mu^{o} + RT\ln\frac{f}{P^{o}} \quad (\text{실제 기체의 화학 퍼텐셜})$$

퓨가시티 계수(φ)

$$\frac{f}{p} = \varphi \quad (\text{퓨가시티 계수의 정의})$$

$$\mu = \mu^{o} + RT\ln\frac{P}{P^{o}} + RT\ln\varphi \quad (\text{모든 기체의 화학 퍼텐셜})$$

예제

7.1 25°C 표준 상태에서 다음 반응의 표준 엔트로피 변화량 $\Delta_r S$ = −21.1 J K^{-1} mol^{-1}이다. 이 반응의 깁스 에너지 변화량 $\Delta_r G$는 얼마인가? 또 이 반응은 자발적인가 비자발적인가?

$$Zn(s) + Cu^{2+}(aq) \rightarrow Zn^{2+}(aq) + Cu(s) \quad \Delta_r H^{o} = -218.7\ \text{kJ mol}^{-1}$$

풀이 화학 반응에서 반응의 자발성 여부를 판단하는 중요한 문제이다. $\Delta_r G^{o}$는 다음과 같이 계산된다.

$$\begin{aligned} \boldsymbol{\Delta_r G^{o}} &= \Delta_r H^{o} - T\Delta_r S^{o} \\ &= -218.7\ \text{kJ mol}^{-1} - (298.15\ \text{K})(-21.1\ \text{J K}^{-1}\ \text{mol}^{-1}) \\ &= \mathbf{-212.4\ kJ\ mol^{-1}} \end{aligned}$$

$\Delta_r G^{o} < 0$이므로 이 반응은 **자발적**으로 일어난다.

답 $\Delta_r G^{o}$ = −212.4 kJ mol^{-1}, 자발적

7.2 25°C 표준 상태에서 수소 기체와 산소 기체를 반응시켜 1 mol의 물을 생성시켰다. 만약 이 반응이 연료 전지에서 일어난다면 최대로 얻을 수 있는 전기 에너지는 얼마인가? 부록의 열역학 자료를 사용하여 구하시오.

풀이 화학 반응에 의한 최대 비팽창 일을 구하는 문제이다.

최대 비팽창일 $dw_{max,비팽창} = dG$이므로 $w_{max,비팽창} = \Delta G$이다. 위 반응에 대하여 부록의 열역학 자료를 사용하여 ΔG를 계산하면 다음과 같이 된다.

반응: $H_2(g) + \frac{1}{2}O_2(g) \rightarrow H_2O(l)$

표준 생성 깁스 에너지: $\Delta_f G^o(H_2, g) = 0$, $\Delta_f G^o(O_2, g) = 0$,
$\Delta_f G^o(H_2O, l) = -237.13\ kJ\ mol^{-1}$

$$w_{max,비팽창} = \Delta_r G^o = \sum_{생성물} \nu\Delta_f G^o - \sum_{반응물} \Delta_f G^o$$

$$= \mathbf{-237.13\ kJ\ mol^{-1}}$$

그러므로 최대로 얻을 수 있는 전기 에너지는 **$-237.13\ kJ\ mol^{-1}$**이다.

답 최대로 얻을 수 있는 전기 에너지 = $-237.13\ kJ\ mol^{-1}$

7.3 298.15 K 표준 상태에서 $Hg(g)$의 $\Delta_f G^o$는 31.82 kJ mol^{-1}이고 $\Delta_f H^o$는 61.32 kJ mol^{-1}이다. 400.0 K에서 $\Delta_f G^o$는 얼마가 되겠는가? (298.15 ~ 400.0 K에서 $\Delta_f H^o$는 일정하다고 가정하시오.)

풀이 등압에서 온도 변화에 따른 깁스 에너지의 변화를 구하는 문제이다.

다음 식을 사용하여 $\Delta G(400.0\ K)$를 구하면 다음과 같이 계산된다.

$$\Delta G(T_f) = T_f\left[\frac{\Delta G(T_i)}{T_i} + \Delta H(T_i)\left(\frac{1}{T_f} - \frac{1}{T_i}\right)\right]$$

$$= (400.0\ K)\left\{\frac{31.82\ kJ\ mol^{-1}}{298.15\ K} + (61.32\ kJ\ mol^{-1}) \times \left(\frac{1}{400.0\ K} - \frac{1}{298.15\ K}\right)\right\}$$

$$= \mathbf{21.73\ kJ\ mol^{-1}}$$

답 $\Delta G(400.0\ K) = 21.73\ kJ\ mol^{-1}$

7.4 다음 조건에서 일어나는 몰 깁스 에너지의 변화량 ΔG_m을 구하시오.

(1) -10°C에서 밀도가 917 kg m^{-3}인 얼음을 1.00 bar에서 2.00 bar로 등온 가압하였을 때

(2) 25°C의 수증기를 1.00 bar에서 2.00 bar로 등온 가압하였을 때(수증기는 이상 기체로 가정)

풀이 응축상 물질과 기체상 물질의 등온에서 압력 변화에 따른 깁스 에너지 변화를 구하는 문제이다.

(1) 응축상 물질의 $\Delta G_m = V_m(P_f - P_i)$이므로, 이 계산을 위하여 −10℃ 얼음의 몰부피를 밀도로부터 계산하면 다음과 같다.

$$\begin{aligned} V_m &= (18.0\times10^{-3}\ \text{kg mol}^{-1})/(917\ \text{kg m}^{-3}) \\ &= 1.96\times10^{-5}\ \text{m}^3\ \text{mol}^{-1} \end{aligned}$$

그러므로

$$\begin{aligned} \boldsymbol{\Delta G_m} &= V_m(P_f - P_i) \\ &= (1.96\times10^{-5}\ \text{m}^3\ \text{mol}^{-1})(2.00-1.00)\times10^5\ \text{Pa} \\ &\boldsymbol{= 1.96\ \text{J mol}^{-1}} \end{aligned}$$

(2) 이상 기체이며 초기 압력이 1 bar인 기체의 ΔG_m은 다음과 같이 계산된다.

$$\begin{aligned} \boldsymbol{\Delta G_m} &= RT\ln P \\ &= (8.314\ \text{J K}^{-1}\ \text{mol}^{-1})(298.15\ \text{K})\ln(2.00) \\ &\boldsymbol{= 1.72\ \text{kJ mol}^{-1}} \end{aligned}$$

답 (1) $\Delta G_m = 1.96\ \text{J mol}^{-1}$ (2) $\Delta G_m = 1.72\ \text{J mol}^{-1}$

연습 문제

(아래의 문제를 푸는 데 특별히 언급하지 않으면 표준 상태의 이상 기체로 가정하시오.)

7.1 헬름홀츠 자유 에너지와 깁스 자유 에너지를 정의하고, 두 자유 에너지 간의 차이점을 말하시오.

7.2 화학 퍼텐셜을 정의하고 그 의미를 설명하시오.

7.3 맥스웰 관계식 $\left(\frac{\partial T}{\partial V}\right)_{\mathrm{S}} = -\left(\frac{\partial P}{\partial S}\right)_{\mathrm{V}}$ 를 열역학 기본식으로부터 유도하시오.

7.4 열역학 기본식 $\mathrm{d}U = T\mathrm{d}S - P\mathrm{d}V$로부터 열역학 상태식(**thermodynamic equation of state)** $\pi_{\mathrm{T}} = T\left(\frac{\partial P}{\partial T}\right)_{\mathrm{V}} - P$ 를 유도하시오.

7.5 등온 내부 압력 π_{T} 에 대하여 다음과 같은 관계에 있음을 보이시오.

(1) 이상 기체에 대하여 $\pi_{\mathrm{T}} = 0$

(2) 반데르발스 기체에 대하여 $\pi_{\mathrm{T}} = \frac{an^2}{V^2}$

7.6 임의의 온도와 압력에서 실제 기체의 퓨가시티 f는 그 기체의 상태식이 알려져 있으면 계산할 수 있다. 실제 기체에 대한 퓨가시티가 다음과 같음을 증명하시오.

$$f = P_{\exp}\left[\int_0^P \frac{Z-1}{P}\mathrm{d}P\right]$$

7.7 3강의 연습문제 3.5에서 반데르발스 기체의 압축 인자는 다음과 같음을 보았다. 반데르발스 기체의 퓨가시티를 구하는 식을 유도하시오.

$$Z = 1 + \left(b - \frac{a}{RT}\right)\frac{P}{RT}$$

7.8 부록의 자료를 사용하여 아래의 반응에 대하여 다음을 구하시오.

$$4\mathrm{HCl}(g) + \mathrm{O_2}(g) \rightarrow 2\mathrm{Cl_2}(g) + 2\mathrm{H_2O}(l)$$

(1) 298.15 K에서 표준 반응 깁스 에너지 $\Delta_{\mathrm{r}}G^{\mathrm{o}}$를 구하고, 이 반응의 자발성 여부를 판단하시오.

(2) 350.0 K에서 표준 반응 깁스 에너지 $\Delta_r G^\circ$를 구하고, 이 반응의 자발성 여부를 판단하시오.

7.9 298.15 K에서 이상 기체가 압력이 10.0 bar에서 1.0 bar로 감소하는 과정에서 등온 가역적으로 팽창한다. 이 과정에서 최대로 일어날 수 있는 일은 얼마인가?

7.10 298.15 K에서 사염화 탄소(CCl_4)와 벤젠(C_6H_6) 용액은 순수한 물질(x = 1)일 때와 동일 몰(x = 0.5)에서 각각의 몰부피는 다음과 같다.

사염화 탄소: $V_m(x = 1) = 0.09719\ L\ mol^{-1}$ $\quad V_m(x = 0.5) = 0.1001\ L\ mol^{-1}$
벤젠: $V_m(x = 1) = 0.08927\ L\ mol^{-1}$ $\quad V_m(x = 0.5) = 0.1064\ L\ mol^{-1}$

다음을 구하시오.

(1) 이 용액의 몰부피는 얼마인가?

(2) 동일 몰(x = 0.5) 용액 1.00 mol을 만들 때 부피 변화는 얼마나 일어나는가?

7.11 4°C 물을 1 bar에서 500 bar로 압축시켰다. 몰 깁스 에너지 변화량은 얼마인가?

7.12 이상 기체를 25°C에서 등온 가역적으로 1 bar에서 500 bar로 압축시켰다. 몰 깁스 에너지 변화량은 얼마인가?

7.13 298.15 K에서 산소 기체 $\frac{1}{2}$ mol과 수소 기체 $\frac{1}{2}$ mol을 혼합하였다. 혼합에 의한 깁스 에너지의 변화량 $\Delta_{mix}G$와 $\Delta_{mix}S$는 얼마인가?

7.14 부록의 반데르발스 상수를 사용하여 298.15 K, 50.0 bar에서의 질소 기체의 퓨가시티 f를 구하시오.

7.15 298.15 K 임의의 압력에서 어떤 실제 기체의 퓨가시티 계수 φ가 1.50이다. 이 실제 기체와 이상 기체의 화학 퍼텐셜 차이는 얼마인가?

7.16 질소 기체의 퓨가시티 f는 다음과 같다. 이 기체를 1 bar에서 300 bar로 압축시켰을 때 화학 퍼텐셜 변화량은 얼마인가?

질소의 퓨가시티(f)

P/bar	0	10	100	300	600	1000
f/bar	0.9995	9.956	97.03	301.6	744	1839

8강 순물질의 물리적 변화

핵심 정리

1 순수한 물질의 물리적 변화

상평형 그림: 어떤 물질이 가장 안정한 상을 이루는 영역을 나타낸 그림

평형을 이룰 때의 열역학적 조건: $d\mu_A = d\mu_B$

상 안정도의 온도 의존

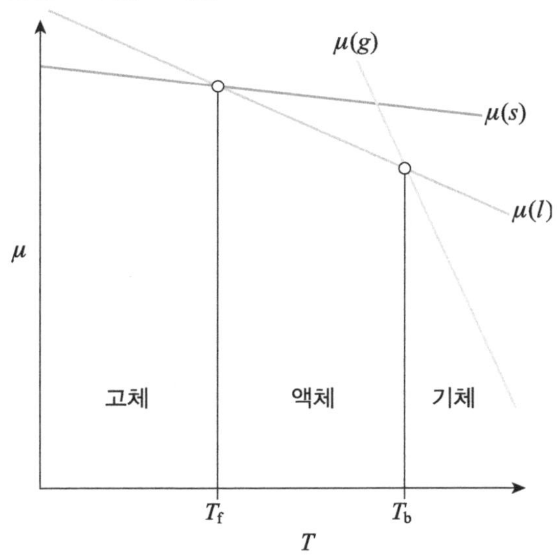

그림 한 물질의 고체, 액체, 기체상에 대한 화학 퍼텐셜의 온도 의존 및 안성된 상의 개략도

화학 퍼텐셜의 온도 의존도

$$\left(\frac{\partial \mu}{\partial T}\right)_P = -S_m$$

낮은 온도: $\mu(s) < \mu(l), \mu(g)$, 고체상이 가장 안정

중간 온도: $\mu(l) < \mu(s), \mu(g)$, 액체상이 가장 안정

높은 온도: $\mu(g) < \mu(s), \mu(l)$, 기체상이 가장 안정

상 안정도의 압력 의존

$$\left(\frac{\partial \mu}{\partial P}\right)_T = V_m$$

대부분의 물질은 $V_m(l) > V_m(s)$

압력이 높아지면 액체의 화학 퍼텐셜 $\mu(l)$이 고체의 화학 퍼텐셜 $\mu(s)$보다 더 크게 증가

2 순수한 물질의 상평형 그림

상(P): 계 전체에 걸쳐 화학적 조성과 물리적 상태가 균일한 물질 형태, 계에 들어 있는 성분의 수와 상관 없이 물리적 상태가 계 전체에 걸쳐 동일하면 하나의 상

상전이

전이 온도(T_{trs}): 두 상의 화학 퍼텐셜이 동일하여 두 상이 평형을 이룰 때의 온도

끓는점: μ(액체) = μ(기체)

어는점 또는 녹는점: μ(고체) = μ(액체)

삼중점: 세 가지 상(일반적으로 기체, 액체, 고체)이 공존

초임계 유체: 액체의 밀도와 기체의 밀도가 같아지며 두 상 사이의 경계가 없어진 유체

3 상 규칙

$F = C - P + 2$ (상 규칙)

(F는 계의 자유도, C는 독립 성분 수, P는 상의 수)

독립 성분 수(C)

독립 성분 수(C) = 화학종 수(S) − 평형 관계 수(R)

4 상 경계선

두 상(α와 β)이 평형 상태

$$\mu_\alpha(P, T) = \mu_\beta(P, T)$$

공존 곡선(coexistence curve): 두 상이 공존하는 P와 T 조건을 도시한 선, 두 상의 경계선

클라페이롱 식

$$\frac{\mathrm{d}P}{\mathrm{d}T}=\frac{\Delta_{\mathrm{trs}}S_{\mathrm{m}}}{\Delta_{\mathrm{trs}}V_{\mathrm{m}}}$$

고체-액체 상 경계선

$$\frac{\mathrm{d}P}{\mathrm{d}T}=\frac{\Delta_{\mathrm{fus}}H_{\mathrm{m}}}{T\Delta_{\mathrm{fus}}V_{\mathrm{m}}} \quad \text{(고체-액체 경계선 기울기)}$$

$$P=P^{*}+\frac{\Delta_{\mathrm{fus}}H_{\mathrm{m}}}{T^{*}\Delta_{\mathrm{fus}}V_{\mathrm{m}}}(T-T^{*})$$

액체-기체 상 경계선

$$\frac{\mathrm{d}P}{\mathrm{d}T}=\frac{\Delta_{\mathrm{vap}}H_{\mathrm{m}}}{T\Delta_{\mathrm{vap}}V_{\mathrm{m}}} \quad \text{(액체-기체 경계선 기울기)}$$

클라우지우스-클라페이롱 식

$$\frac{\mathrm{d}P}{\mathrm{d}T}=\frac{P\Delta_{\mathrm{vap}}H_{\mathrm{m}}}{RT^{2}} \quad \text{(클라우지우스-클라페이롱 식)}$$

$$P=P^{*}e^{-\chi} \quad \chi=\frac{\Delta_{\mathrm{vap}}H_{\mathrm{m}}}{R}\left(\frac{1}{T}-\frac{1}{T^{*}}\right)$$

고체-기체 상 경계선: 액체-기체 경계선을 구하는 식에 $\Delta_{\mathrm{vap}}H_{\mathrm{m}}$ 대신 $\Delta_{\mathrm{sub}}H_{\mathrm{m}}$를 사용

5 에렌페스트 상전이 분류

화학 퍼텐셜 등 열역학적 성질에 따른 분류

1차 상전이: 화학 퍼텐셜의 온도에 대한 1차 도함수가 불연속이 되는 전이, 용융, 증발, 승화 등

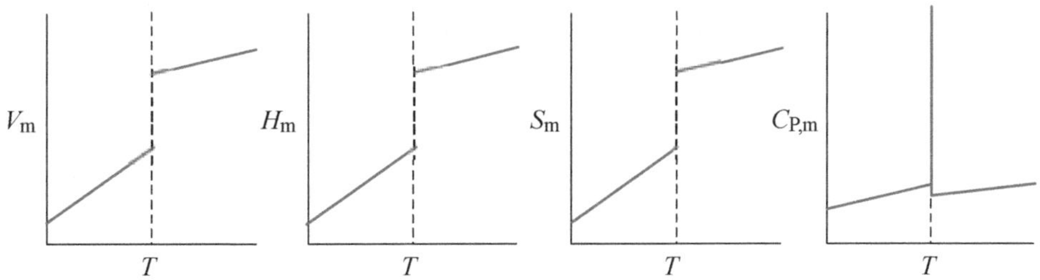

2차 상전이: 화학 퍼텐셜의 온도에 대한 1차 도함수는 연속적이나 2차 도함수가 불연속인 상전이, 화학 퍼텐셜 μ의 기울기가 상전이를 전후해서 연속적, 금속의 전도체-초전도체 전이

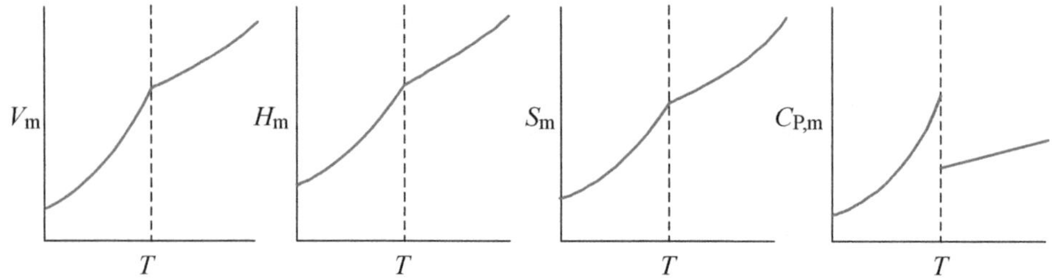

λ-전이: 1차 상전이는 아니지만 전이 온도에서 열용량 C_P가 무한대가 되는 상전이 헬륨의 유체-초유체 전이, 합금의 질서-무질서 전이 등

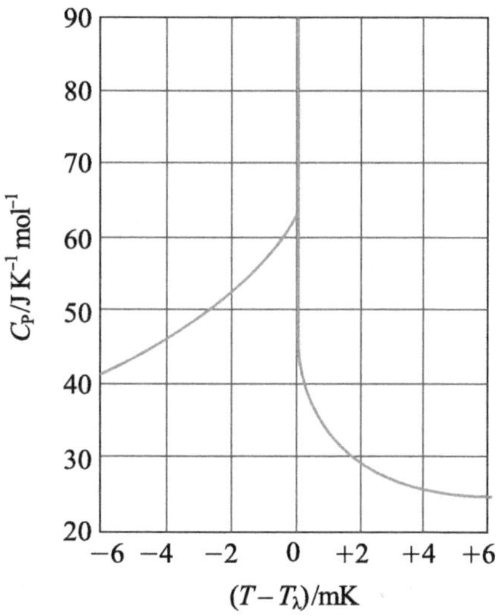

그림 헬륨 열용량의 λ-곡선

예제

8.1 0°C 얼음과 물에 작용하는 압력을 1 atm에서 2 atm으로 증가시켰다. 다음에 답하시오. (이 조건에서 얼음의 밀도는 0.917 g cm^{-1}, 물의 밀도는 0.999 g cm^{-1}이고, 1 atm = 101325 Pa이다.)

(1) 얼음과 물의 화학 퍼텐셜은 각각 얼마나 변하겠는가?

(2) 이와 같이 압력을 증가시키면 어떤 현상이 나타나겠는가?

풀이 응집체의 압력 변화에 따른 화학 퍼텐셜 변화량을 구하고, 그에 따른 상전이 방향을 예측하는 문제이다.

(1) $\Delta\mu = V_m\Delta P$이다. 이 식을 사용하여 얼음과 물에 대한 $\Delta\mu$를 계산하면 다음과 같이 된다.

$$\Delta P = (2 - 1)\text{ atm} = 1\text{ atm} = 101325\text{ Pa}$$

• 얼음

$$V_m = (1.802 \times 10^{-2}\text{ kg mol}^{-1})/917\text{ kg m}^{-3}$$
$$= 1.965 \times 10^{-5}\text{ m}^3\text{ mol}^{-1}$$
$$\boldsymbol{\Delta\mu} = (1.965 \times 10^{-5}\text{ m}^3\text{ mol}^{-1})(101325\text{ Pa}) = \mathbf{1.99\ J\ mol^{-1}}$$

• 물

$$V_m = (1.802 \times 10^{-2}\text{ kg mol}^{-1})/999\text{ kg m}^{-3}$$
$$= 1.804 \times 10^{-5}\text{ m}^3\text{ mol}^{-1}$$
$$\boldsymbol{\Delta\mu} = (1.804 \times 10^{-5}\text{ m}^3\text{ mol}^{-1})(101325\text{ Pa}) = \mathbf{1.83\ J\ mol^{-1}}$$

(2) 위의 계산 결과를 보면 압력 증가에 의하여 얼음의 화학 퍼텐셜이 물의 화학 퍼텐셜에 비하여 크게 올라간다. 따라서 1 atm에서 얼음과 물이 평형 상태에 있었다면 2 atm에서는 얼음이 물로 변하려는 경향이 커져 **얼음이 물로 변하는 상전이**가 크게 일어날 것이다.

답 (1) $\Delta\mu$(얼음) = 1.99 J mol^{-1}, $\Delta\mu$(물) = 1.83 J mol^{-1}
(2) 얼음이 물로 변하는 상전이

8.2 다음 반응에 대한 자유도 수를 구하시오.

$$CaCO_3(s) \rightleftarrows CaO(s) + CO_2(g)$$

(1) 세 상이 모두 평형을 이루고 있을 때

(2) $CaCO_3(s)$와 $CO_2(g)$ 상이 존재할 때

풀이 상 규칙을 적용하여 자유도 수를 구하는 문제이다.
이 반응에 관여하는 화학종과 평형 관계는 다음과 같다.

$$\text{화학종: } CaCO_3(s),\ CaO(s),\ CO_2(g)$$
$$\text{평형 관계: } CaCO_3(s) \rightleftarrows CaO(s) + CO_2(g)$$

그러므로 독립 성분 수는 다음과 같다.

$$C = \text{화학종 수} - \text{평형 관계 수} = 3 - 1 = 2$$

(1) 세 상이 모두 평형을 이루고 있으므로 상의 수 $P = 3$이다. 따라서 자유도 수는 다음과 같다.

$$\boldsymbol{F} = C - P + 2 = 2 - 3 + 2 \boldsymbol{= 1}$$

그러므로 이 경우에는 온도 또는 압력 둘 중에 하나만이 독립적으로 변할 수 있다.

(2) 두 상이 존재하므로 상의 수 $P = 2$이다. 따라서 자유도 수는 다음과 같다.

$$\boldsymbol{F} = C - P + 2 = 2 - 2 + 2 \boldsymbol{= 2}$$

그러므로 이 경우에는 현재의 상을 소멸시키지 않으면서 온도와 압력 모두 변화시킬 수 있다.

답 (1) $F = 1$ (2) $F = 2$

8.3 어떤 물질이 1 bar에서 어는점이 77.50°C이다. 이 물질이 100 bar에서 어는점이 78.10°C로 변했다. 다음을 구하시오. (이 물질의 고체 상태 몰부피 $V_m(s) = 1.609 \times 10^{-4}\ m^3\ mol^{-1}$이고, 액체 상태 몰부피 $V_m(l) = 1.633 \times 10^{-4}\ m^3\ mol^{-1}$이다.)

(1) 몰 용융 엔탈피 $\Delta_{fus}H_m$

(2) 몰 용융 엔트로피 $\Delta_{fus}S_m$

풀이 고체-액체 평형 계에 클라페이롱 식을 적용하는 문제이다.

(1) 고체-액체 평형 계에 대한 클라페이롱 식 $P = P^* + \dfrac{\Delta_{fus}H_m}{\Delta_{fus}V_m} \ln\dfrac{T}{T^*}$ 에 주어진 값들을 넣어 계산하면 다음과 같이 된다.

$$(100 - 1)\ \text{bar} = \frac{\Delta_{fus}H_m}{(1.633 - 1.609)\times 10^{-4}\ m^3\ mol^{-1}} \ln\frac{351.25}{350.65}$$

$$99 \times 10^5\ \mathrm{Pa} = \Delta_{\mathrm{fus}}H_{\mathrm{m}} \times 712.35\ \mathrm{m^{-3}\ mol}$$

그러므로 $\Delta_{\mathrm{fus}}H_{\mathrm{m}}$은 다음과 같다.

$$\boldsymbol{\Delta_{\mathrm{fus}}H_{\mathrm{m}} = 13.90\ \mathrm{kJ\ mol^{-1}}}$$ [2]

(2) $\Delta_{\mathrm{fus}}S_{\mathrm{m}} = \dfrac{\Delta_{\mathrm{fus}}H_{\mathrm{m}}}{T_{\mathrm{f}}}$ 이므로 몰 용융 엔트로피 $\Delta_{\mathrm{fus}}S_{\mathrm{m}}$은 다음과 같다.

$$\Delta_{\mathrm{fus}}S_{\mathrm{m}} = \frac{\Delta_{\mathrm{fus}}H_{\mathrm{m}}}{T_{\mathrm{f}}} = \frac{13900\ \mathrm{J\ mol^{-1}}}{350.65\ \mathrm{K}} = \mathbf{39.63\ J\ K^{-1}\ mol^{-1}}$$

답 (1) $\Delta_{\mathrm{fus}}H_{\mathrm{m}} = 13.90\ \mathrm{kJ\ mol^{-1}}$ (2) $\Delta_{\mathrm{fus}}S_{\mathrm{m}} = 39.63\ \mathrm{J\ K^{-1}\ mol^{-1}}$

8.4 100°C, 1 atm에서 1 kPa당 물의 끓는점 변화는 얼마인가? 100°C, 1 atm에서 $\Delta_{\mathrm{vap}}H_{\mathrm{m}} = 40.69\ \mathrm{kJ\ mol^{-1}}$, $V_{\mathrm{m}}(l) = 1.9 \times 10^{-5}\ \mathrm{m^3 mol^{-1}}$, $V_{\mathrm{m}}(g) = 3019.9 \times 10^{-5}\ \mathrm{m^3 mol^{-1}}$ 이다.

풀이 액체-기체 상전이 점에서 압력 변화에 따른 상전이 점의 변화 $\dfrac{\mathrm{d}T}{\mathrm{d}P}$를 구하는 문제이다.

액체-기체 경계선 기울기 식을 $\dfrac{\mathrm{d}T}{\mathrm{d}P}$에 대하여 정리하여 계산하면 다음과 같이 압력 변화에 따른 끓는점의 변화를 구할 수 있다.

$$\begin{aligned}\frac{\mathrm{d}T}{\mathrm{d}P} &= \frac{T\Delta_{\mathrm{vap}}V_{\mathrm{m}}}{\Delta_{\mathrm{vap}}H_{\mathrm{m}}}\\ &= \frac{(373.15\ \mathrm{K})(3019.9 - 1.9)\times 10^{-5}\ \mathrm{m^3\ mol^{-1}}}{40690\ \mathrm{J\ mol^{-1}}}\\ &= \mathbf{0.2768\ K\ kPa^{-1}}\end{aligned}$$

답 $\dfrac{\mathrm{d}T}{\mathrm{d}P} = 0.2768\ \mathrm{K\ kPa^{-1}}$

[2] $1\ \mathrm{Pa} = 1\ \mathrm{J\ m^{-3}}$

연습 문제

(아래의 문제를 푸는 데 특별히 언급하지 않으면 표준 상태의 이상 기체로 가정하시오.)

8.1 화학 퍼텐셜을 온도에 대하여 나타낸 핵심 정리의 그림 8.1에서 온도 T_f와 T_b에서 상전이가 일어나는 이유를 설명하시오.

8.2 어떤 물질이 압력을 가해도 부피가 변하지 않는 비압축성 물질일지라도 압력에 따라 화학 퍼텐셜이 변한다. 그 이유를 설명하시오.

8.3 다음의 그림에서 각 경계선의 기울기가 다른 이유를 말하시오.

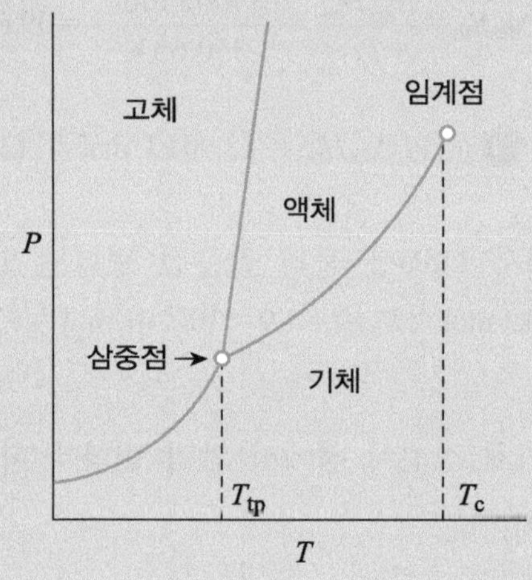

8.4 에렌페스트의 상전이 분류에서 1차 상전이와 2차 상전이를 정의하고, 이들 사이의 차이를 부피, 엔탈피, 엔트로피, 등압 열용량의 관점에서 설명하시오.

8.5 λ-전이의 특징을 설명하고 λ-전이가 나타나는 예를 드시오.

8.6 깁스 에너지는 $G = H - TS$로 정의되며 $S = -\left(\frac{\partial G}{\partial T}\right)_P$이다. 이들로부터 $C_{p,m} = -T\left(\frac{\partial^2 \mu}{\partial T^2}\right)_P$를 유도하시오.

8.7 엔탈피 변화 $dH = C_P dT + VdP$이고, 클라페이롱 식에서 $dP = \frac{\Delta_{trs}H_m}{T\Delta_{trs}V_m}dT$이다. 상 경계선을 따라 온도가 변할 때 이 두 식으로부터 엔탈피 변화가 다음과 같이 됨을 보이시오.

$$d\left(\frac{\Delta_{trs}H}{T}\right) = \Delta C_P d\ln T$$

8.8 다음 성분계에서 평형을 이룰 수 있는 상의 최대 수는 몇 개인가?

(1) 단일 성분계 (2) 2-성분계

(3) 3-성분계 (4) n-성분계

8.9 다음 계에서 자유도 수는 몇 개이며, 그 자유도에 대한 변수는 무엇이 되겠는가?

(1) 기체상에서 N_2O_4와 NO_2가 평형을 이루고 있는 계

(2) $CuSO_4(s)$와 $H_2O(g)$가 평형을 이룬 $CuSO_4(s) \cdot 5H_2O(s)$ 계

(3) $Na_2SO_4(s)$가 물에 녹아 평형을 이루고 있는 포화 용액

8.10 얼음의 녹는점을 1 K 변화시키는 데 필요한 압력은 얼마인가? 273.15 K에서 H_2O의 $\Delta_{fus}H^o = 6.008\ kJ\ mol^{-1}$ 이고, 273.15 K에서 얼음의 밀도 $d = 0.9168\ g\ mL^{-1}$, 물의 밀도 $d = 0.9998\ g\ mL^{-1}$이다.

8.11 부록의 자료를 사용하여 표준 상태 298.15 K에서 $H_2O(l)$의 증기압을 구하시오.

8.12 벤젠의 정상 끓는점 $T_b = 80.09°C$이고, 20.00°C에서 액체 벤젠의 증기압 $P_{vap}(l) = 1.19 \times 10^4$ Pa이다. 다음을 구하시오.

(1) 몰 증발 엔탈피 $\Delta_{vap}H_m$

(2) 몰 증발 엔트로피 $\Delta_{vap}S_m$

8.13 문제 8.10에서 구한 값과 부록의 자료를 사용하여 H_2O의 정상 녹는점과 표준 녹는점 간의 온도 차를 구하시오.

8.14 문제 8.12의 자료와 고체 벤젠의 증기압 $P_{vap}(s) = 1.37 \times 10^2$ Pa과 $-44.30°C$에서 용융 엔탈피 $\Delta_{fus}H = 9.95\ kJ\ mol^{-1}$을 사용하여 삼중점의 온도와 압력을 구하시오.

9강 혼합물의 물리적 변화

핵심 정리

1 혼합물의 열역학적 성질

다성분 계에 대한 깁스 에너지 변화

$$\mathrm{d}G = V\mathrm{d}P - S\mathrm{d}T + \mu_A \mathrm{d}n_A + \mu_B \mathrm{d}n_B + \cdots \qquad \text{(화학 열역학 기본식)}$$

깁스–뒤앙 식

온도와 압력이 일정할 때

$$\sum n_J \mathrm{d}\mu_J = 0 \qquad \text{(깁스–뒤앙 식)}$$

혼합물에서 한 성분의 화학 퍼텐셜은 다른 성분의 화학 퍼텐셜의 변화 없이 독립적으로 변할 수 없음

이상 기체 혼합물

$$\Delta_{mix}G = nRT(x_A \ln x_A + x_B \ln x_B) \qquad \text{(이상 기체 혼합 깁스 에너지)}$$

$$\Delta_{mix}S = -nR(x_A \ln x_A + x_B \ln x_B) \qquad \text{(이상 기체 혼합 엔트로피)}$$

$$\Delta_{mix}H = 0 \qquad \text{(이상 기체 혼합 엔탈피)}$$

2 용액에 대한 열역학

혼합물의 깁스 에너지의 조성에 대한 의존

액체 혼합물이 일정 온도에서 그 증기와 평형을 이루고 있을 때

$$\mu_J(l) = \mu_J(g)$$

$$\mu_A(l) = \mu_A^*(l) - RT\ln P_A^* + RT\ln P_A$$

$$= \mu_A^*(l) + RT\ln\frac{P_A}{P_A^*}$$

이상 용액

$$P_A = x_A P_A^* \qquad \text{(라울의 법칙)}$$

$$\mu_A(l) = \mu_A^*(l) + RT\ln x_A \qquad \text{(이상 용액 성분의 화학 퍼텐셜)}$$

3 이상적 묽은 용액과 실제 용액

헨리의 법칙

$$P_B = x_B K_B \quad \text{(헨리의 법칙)}$$

x_B: 용질의 몰분율, K_B: 비례 상수

이상적 묽은 용액: 용매는 라울의 법칙을 따르고, 용질은 헨리의 법칙을 따르는 용액

실제 용액

$$\mu_A(l) = \mu^*{}_A(l) + RT\ln a_A = \mu^*{}_A(l) + RT\ \ln x_A + RT\ \ln \gamma_A$$

a_A: 활동도, γ_A: 활동도 계수

4 끓는점 오름과 어는점 내림

끓는점 오름

$$\Delta T_b = K x_B \quad K = \left(\frac{RT_b^2}{\Delta_{vap} H}\right) \quad (K\text{: 끓는점 오름 상수})$$

$$\Delta T_b = K_b b \quad (K_b\text{: 실험적 끓는점 오름 상수, } b\text{: 몰랄 농도})$$

어는점 내림

$$\Delta T_f = K_f x_B \quad K_f = \left(\frac{RT_f^2}{\Delta_{fus} H}\right) \quad (K_f\text{: 어는점 내림 상수})$$

$$\Delta T_f = K_f b \quad (K_f\text{: 실험적 어는점 내림 상수, } b\text{: 몰랄 농도}))$$

5 혼합물의 상평형 그림

2–성분계 혼합물의 증기–액체 상평형

기포점 선과 이슬점 선

$$P = P_A + P_B = x_A P_A^* + x_B P_B^* = x_A P_A^* + (1 - x_A) P_B^*$$
$$= P_B^* + (P_A^* - P_B^*) x_A \quad \text{(기포점 선)}$$

$$P = \frac{P_A^* P_B^*}{P_A^* + (P_B^* - P_A^*) y_A} \quad \text{(이슬점 선)}$$

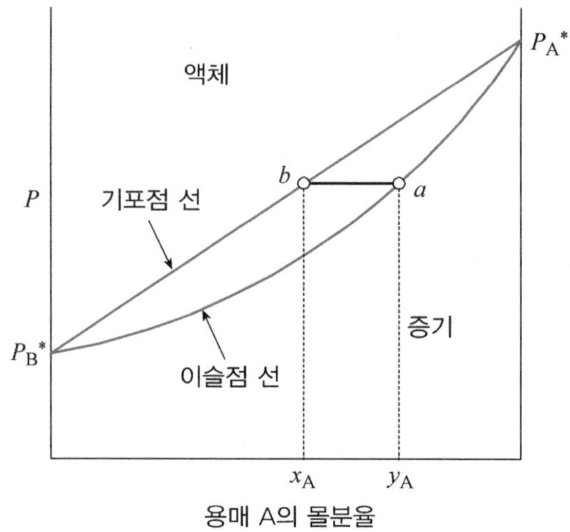

연결선과 등조성선

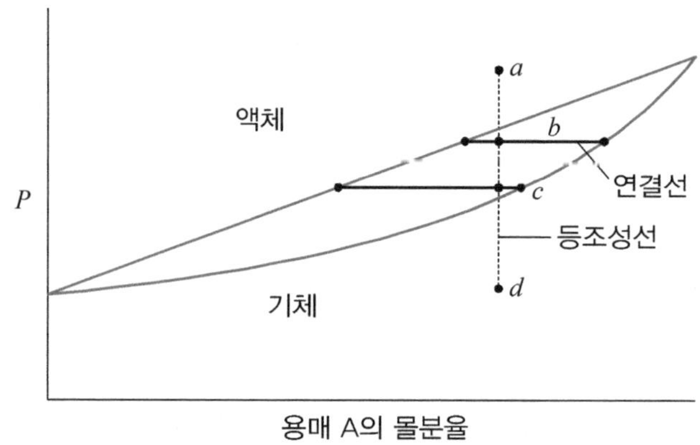

지레 규칙

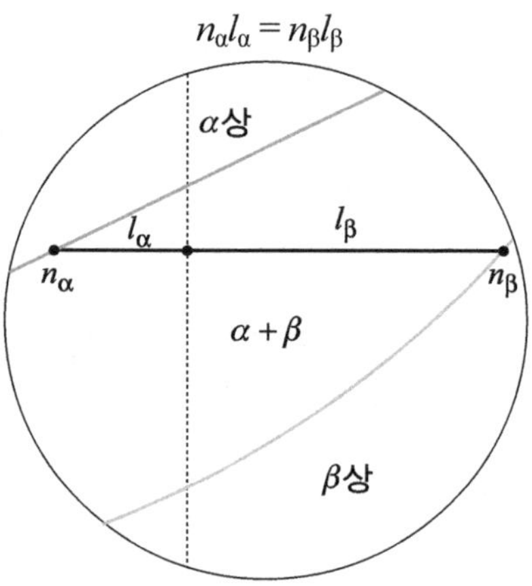

끓는점 그림

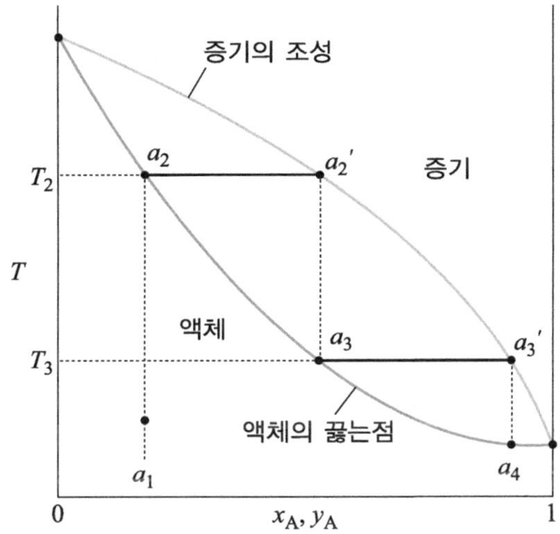

분별 증류: 증발과 응축을 반복적으로 일으켜 휘발성 액체를 분리하는 방법
비이상 혼합물: 라울의 법칙에서 벗어나는 용액, 기포점 선과 이슬점 선은 최댓값 또는 최솟값에서 서로 수평한 관계

불변 끓음 혼합물: 최댓점과 최솟점을 갖는 계

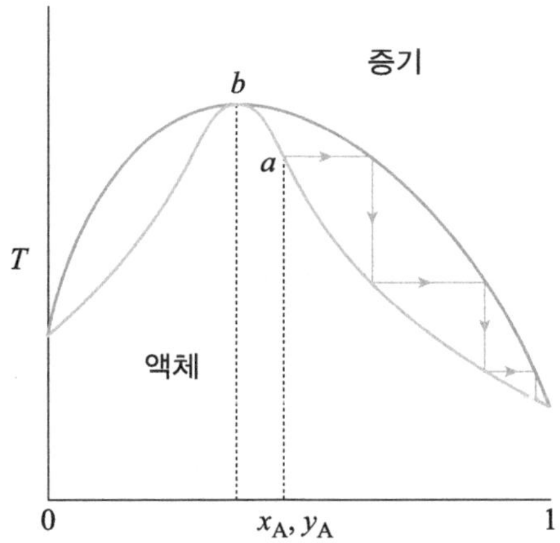

최대 끓는점을 갖는 불변 끓음 혼합물

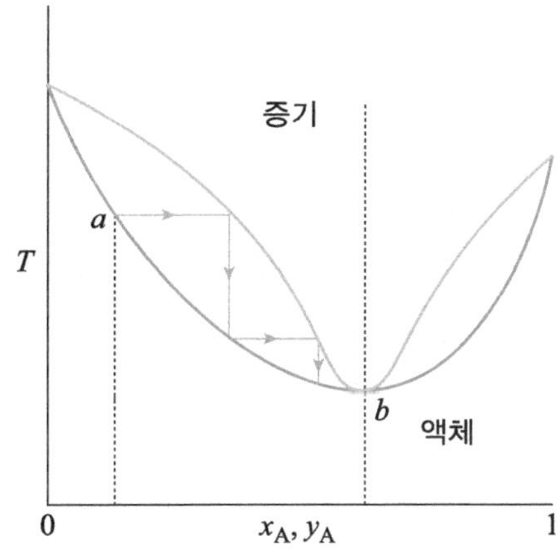

최소 끓는점을 갖는 불변 끓음 혼합물

부분 혼합 액체-액체 상평형

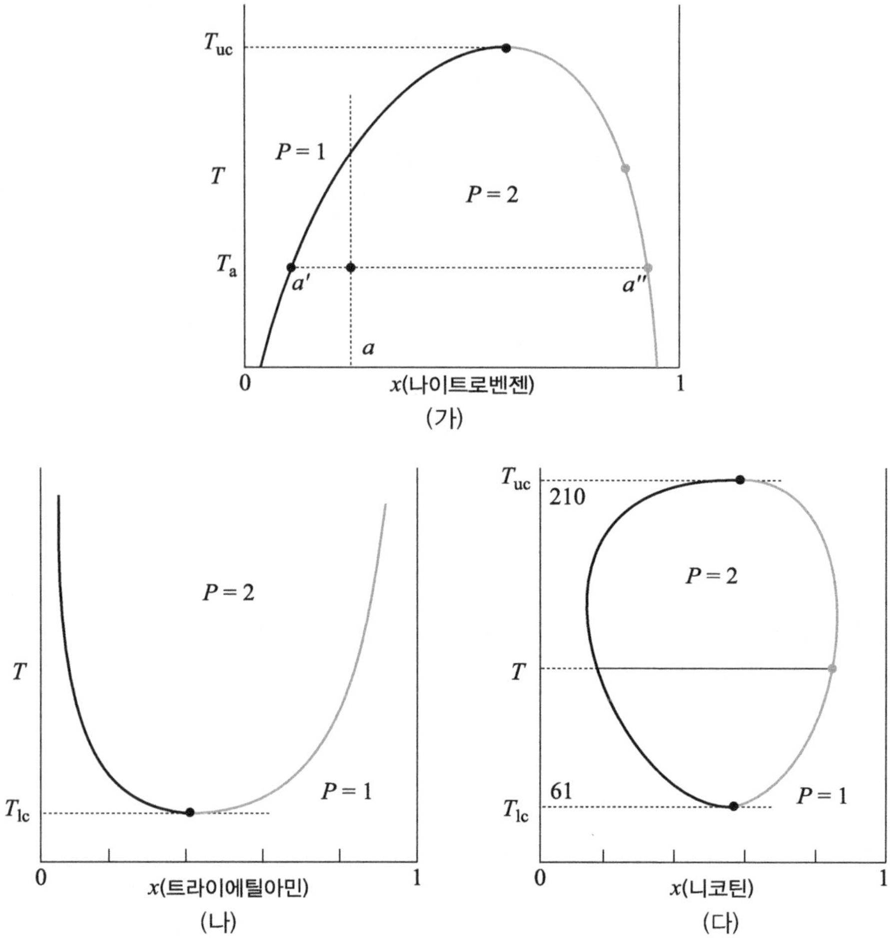

그림 1 atm에서 (가) 헥세인-나이트로벤젠, (나) 물-트라이에틸아민, (다) 물-니코틴의 온도-조성 상평형 그림

액체-고체 상평형

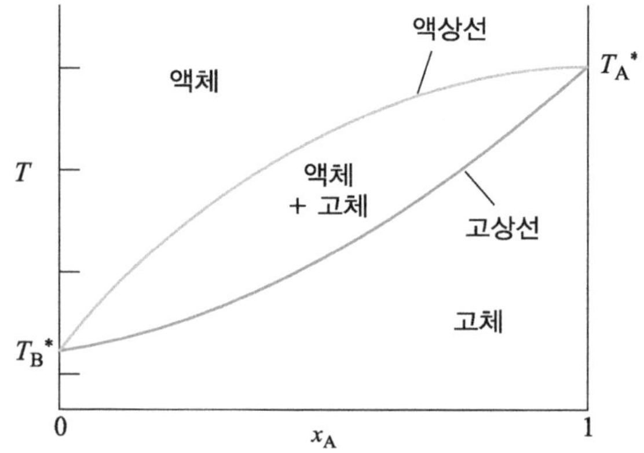

그림 1 atm에서 합금의 액체-고체 온도-조성 상평형 그림

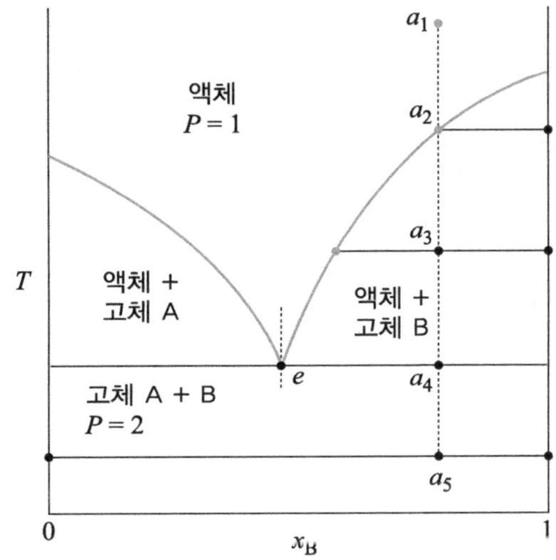

그림 고체 상태에서는 거의 혼합되지 않으나 액체 상태에서는 완전히 혼합되는 2-성분계의 온도-조성 상평형 그림

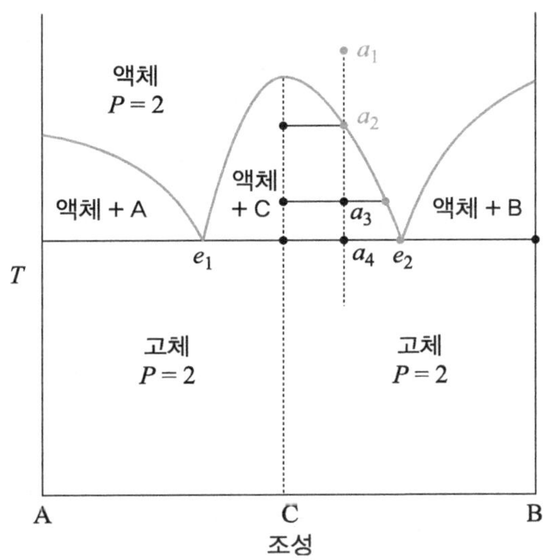

그림 A + B ⇄ C가 되는 반응 계의 상평형 그림

예제

9.1 25.0°C에서 질량 백분율로 25.0%인 에탄올-물 용액의 밀도가 0.962 g cm^{-3}이고, 에탄올의 분몰부피는 53.40 cm^3 mol^{-1}이다. 물의 분몰부피는 얼마이겠는가?

풀이 분몰량을 구하는 문제이다.

혼합물에서 각 성분의 분몰부피는 다음과 같은 관계로부터 구할 수 있다.

$$V = n_A V_A + n_B V_B$$

백분율 값이 주어졌으므로 100 cm^3 용액 중의 전체 질량과 각 성분 물질의 질량은 다음과 같고,

$$m(\text{전체}) = d \times V = (0.962\ \text{g cm}^{-3})(100\ \text{cm}^3) = 96.2\ \text{g}$$

$$m(\text{에탄올}) = 96.2\ \text{g} \times 0.25 = 24.05\ \text{g}$$

$$m(\text{물}) = 96.2\ \text{g} \times 0.75 = 72.15\ \text{g}$$

각 성분 물질의 몰수는 다음과 같다.

$$n(\text{에탄올}) = 24.05\ \text{g}/46.07\ \text{g mol}^{-1} = 0.5220\ \text{mol}$$

$$n(\text{물}) = 72.15\ \text{g}/18.02\ \text{g mol}^{-1} = 4.004\ \text{mol}$$

그러므로 물의 분몰부피는 다음과 같이 구해진다.

$$\mathbf{V_B} = (V - n_A V_A)/n_B = [100 - (0.5220 \times 53.40)]/4.004 = \mathbf{18.01\ cm^3}$$

답 $V_B = 18.01\ \text{cm}^3$

9.2 수용액 위에서 CO_2의 분압이 1.00 bar일 때 298.15 K에서 CO_2의 몰농도를 구하시오.

풀이 헨리의 법칙으로부터 용액 속의 용질의 농도를 구하는 문제이다.

주어진 값과 부록의 표 9.1 자료를 사용하면 CO_2와 물의 몰분율은 다음과 같이 구해진다.

$$x(CO_2) = P(CO_2)/K(CO_2) = 1\ \text{bar}/1.65 \times 10^3\ \text{bar} = 6.06 \times 10^{-4}$$

$$x(\text{물}) = 1 - 6.06 \times 10^{-4} = 0.9994$$

CO_2의 몰분율이 물의 몰분율에 비해 매우 작으므로 용액 전체의 몰수 ≈ 물의 몰수로 놓을 수 있다.

$$n_{tot} = 1000 \text{ g}/18.02 \text{ g mol}^{-1} = 55.49 \text{ mol}$$

그러므로 수용액 1 L 중에 녹아 있는 CO_2의 몰수와 몰농도는 다음과 같다.

$$n(CO_2) = (55.49 \text{ mol})(6.06 \times 10^{-4}) = 0.0336 \text{ mol}$$

$$[\mathbf{CO_2}] = 0.0336 \text{ mol}/1 \text{ L} = \mathbf{3.36 \times 10^{-2} \ mol\ L^{-1}}$$

답 $[CO_2] = 3.36 \times 10^{-2}\ M$

9.3 333.15 K에서 순수한 벤젠과 톨루엔의 증기압이 각각 0.513 bar와 0.185 bar이다. 다음을 구하시오.

(1) 기포점 선 식과 이슬점 선 식

(2) 벤젠-톨루엔 혼합물에서 톨루엔의 몰분율이 0.60인 용액에 대하여 증기 중의 톨루엔의 몰분율

풀이 (1) 2-성분계 혼합물의 증기-액체 상평형의 기포점 선과 이슬점 선을 그리는 데 필요한 식들을 구하는 문제이다.

$$\text{기포점 선: } \boldsymbol{P} = P_B^* + (P_A^* - P_B^*)x_A$$

$$= 0.513 \text{ bar} + (0.185 \text{ bar} - 0.513 \text{ bar})\,x_{\text{톨루엔}}$$

$$\mathbf{= 0.513\ bar - (0.328\ bar)}\,\boldsymbol{x}_{\text{톨루엔}}$$

$$\text{이슬점 선: } \boldsymbol{P} = \frac{P_A^* P_B^*}{P_A^* + (P_B^* - P_A^*)y_A} = \frac{\mathbf{(0.513)(0.185)\ bar^2}}{\mathbf{0.185\ bar - (0.328\ bar)}\boldsymbol{y}_\mathbf{A}}$$

(2) 증기 중 톨루엔의 몰분율은 $y_A P = x_A P_A^*$로부터 다음과 같이 구해진다.

$$\boldsymbol{y}_\mathbf{A} = \frac{x_A P_A^*}{P}$$

$$= \frac{(0.60)(0.185 \text{ bar})}{0.513 \text{ bar} - (0.328 \text{ bar})(0.60)} = \mathbf{0.351}$$

답 (1) 기포점 선: $P = 0.513 \text{ bar} - (0.328 \text{ bar})\,x_{\text{톨루엔}}$,

이슬점 선: $P = \dfrac{(0.513)(0.185) \text{ bar}^2}{0.185 \text{ bar} - (0.328 \text{ bar})\,y_A}$

(2) $y_A = 0.351$

9.4 다음과 같은 상평형 그림을 나타내는 혼합물에서 조성이 a_1인 용액을 끓여서 그 증기를 응축시킬 때 일어나는 변화를 단계별로 말하시오.

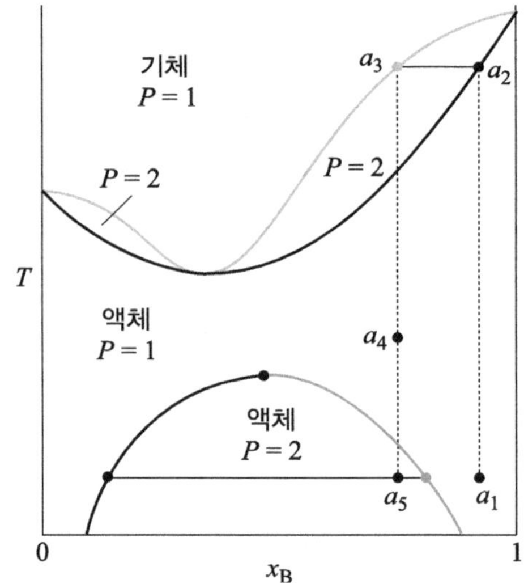

풀이 위 그림은 위 임계 용해 온도가 끓는점보다 낮은 2-성분계의 온도-조성 상평형 그림을 해석하는 문제이다.

조성 a_1의 용액을 끓여서 냉각시켜 나가면 다음과 같은 변화가 차례로 일어난다.

- $a_1 \rightarrow a_2$: 조성이 a_1인 액체를 끓이면 a_2에서 조성이 a_3인 증기가 발생한다.
- $a_3 \rightarrow a_4$: 조성이 a_3인 증기를 냉각시키면 a_4 영역에서 혼합 단일상 용액이 생성된다.
- $a_4 \rightarrow a_5$: a_4 영역의 단일상 용액을 a_5 영역까지 냉각시키면 2상 영역으로 들어가 상 분리가 일어나 액체 A와 액체 B가 공존하는 상태가 된다.

답 풀이 참조

연습 문제

(아래의 문제를 푸는 데 특별히 언급하지 않으면 표준 상태의 이상 용액으로 가정하시오.)

9.1 일정 온도에서 액체 혼합물의 용액–증기 평형의 기준을 말하고, 그 기준이 적용되는 이유를 설명하시오.

9.2 이상 용액과 이상적 묽은 용액이 무엇인지 설명하시오.

9.3 비휘발성 용질이 녹아 있는 용액에서 총괄성이 나타나는 이유를 설명하시오.

9.4 용질의 활동도를 정의하고 활동도의 성질을 설명하시오.

9.5 25.0°C에서 $K_2SO_4(aq)$의 분몰부피가 다음과 같은 식으로 주어진다. 이 수용액에서 물의 분몰부피를 나타내는 식을 구하시오. 25.0°C에서 순수한 물의 몰부피는 18.08 mL mol^{-1}이다.

$$V_B = 32.28 + 18.22x^{1/2}$$

여기에서 $V_B = V(K_2SO_4)/\text{mL mol}^{-1}$이고, x는 K_2SO_4의 몰랄 농도 수치이다.

9.6 동일한 크기의 두 칸으로 분리된 용기에 25.0°C에서 한쪽 칸에는 질소 기체 3.0 mol, 다른 칸에는 수소 기체 1.0 mol을 넣었다. 다음을 구하시오. (이 기체들은 이상 기체로 가정하시오.)
(1) 칸막이를 제거하여 기체가 서로 혼합하였을 때의 혼합 깁스 에너지 $\Delta_{mix}G$
(2) 같은 압력하에서 서로 혼합하였을 때의 혼합 깁스 에너지 $\Delta_{mix}G$

9.7 25.0°C 표준 상태에서 5.00 mol의 벤젠과 3.00 mol의 톨루엔을 혼합하여 이상 용액을 만들었다. 다음을 구하시오.
(1) 혼합 깁스 에너지 $\Delta_{mix}G$
(2) 혼합 엔트로피 $\Delta_{mix}S$
(3) 혼합 엔탈피 $\Delta_{mix}H$

9.8 두 액체 A와 B를 혼합하면 이상 용액이 된다. 298 K에서 순수한 A와 B의 증기압은 각각 65 Torr와 86 Torr이다. 이 온도에서 A의 몰분율이 35%인 용액과 평형을 이루는 증기의 조성 몰분율을 구하시오.

9.9 61.0°C에서 벤젠의 증기압이 54.0 kPa이다. 500 g의 벤젠에 51.0 g의 비휘발성 화합물을 녹였더니 증기압이 49.0 kPa로 떨어졌다. 이 화합물의 몰질량을 구하시오.

9.10 25°C에서 액체 A에 녹아 있는 물질 B의 증기압을 측정하였더니 다음과 같았다.

x_B	0	0.20	0.40	0.60	0.80	1
P_A/Torr	350	250	160	90	35	0
P_B/Torr	0	40	85	140	200	275

(1) 부분 증기 압력 곡선을 그리시오.

(2) 각 성분에 대한 헨리의 법칙 상수를 구하시오.

9.11 60°C에서 순수한 벤젠과 톨루엔의 증기압은 각각 0.513 bar와 0.185 bar이다. 벤젠의 몰분율이 0.300인 용액에서 벤젠과 톨루엔의 활동도는 얼마인가?

9.12 어떤 물질 5.50 g을 사염화 탄소 125 g에 녹였더니 끓는점이 0.794 K 상승하였다. 다음을 구하시오.

(1) 이 물질의 몰질량

(2) 어는점 내림

(3) 사염화 탄소의 증기압 강하율

9.13 1 atm에서 두 액체 A와 B의 혼합물에 대하여 온도–조성 관계를 측정하였더니 다음과 같았다. 다음의 표에서 x는 평형을 이루고 있는 증기 속에서의 몰분율이고, y는 액체 속에서의 몰분율이다. A와 B의 끓는점은 각각 128°C와 191°C이다.

T/°C	130	140	150	160	170	180
x_A	0.99	0.89	0.77	0.62	0.45	0.25
y_A	0.94	0.71	0.50	0.33	0.19	0.08

(1) 이 혼합물의 온도–조성 상평형 그림을 그리시오.

(2) $y_A = 0.40$인 액체와 평형을 이루고 있는 증기의 조성을 구하시오.

9.14 문제 9.13의 혼합물에 대하여 조성 $y_A = 0.21$인 액체를 분별 증류관에 넣어 분별 증류하여 $y_A = 0.99$ 이상인 액체를 얻으려고 한다. 이 분별 증류관의 이론단수는 최소 얼마이어야 하는가?

9.15 다음 상평형 그림의 각 영역에 표지를 붙이시오. 표지는 존재하는 물질과 그 물질의 상을 나타내시오.

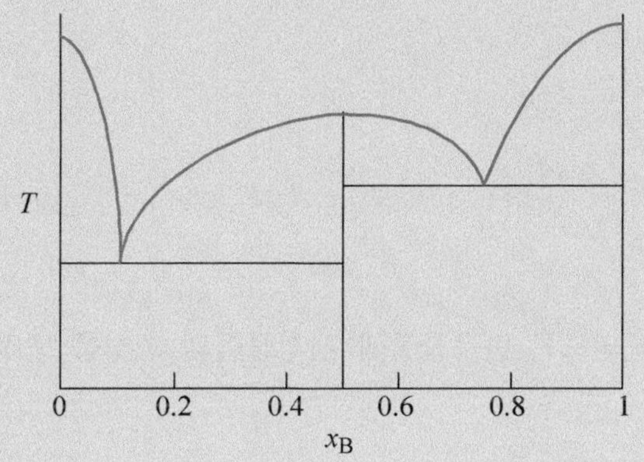

9.16 다음은 은과 주석의 상평형 그림이다. 조성이 a와 b인 액체를 냉각할 때 나타나는 현상을 온도 영역별로 기술하시오.

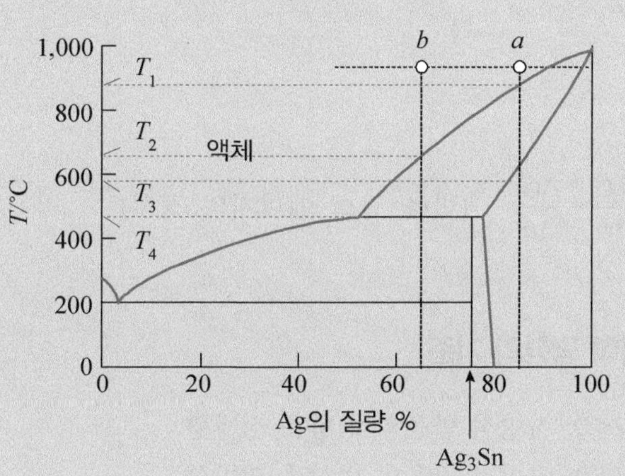

10강 화학 반응과 화학 평형

핵심 정리

1 화학 반응

반응계의 깁스 에너지가 최소가 되도록 반응물들과 생성물들의 조성을 조정하는 현상

2 화학 평형

반응계의 깁스 에너지가 최소가 되어 반응물들과 생성물들의 조성이 더 이상 변하지 않는 상태

3 반응 깁스 에너지

$$\Delta_r G = \int \frac{dG}{dn} = \frac{\Delta G}{\Delta n} \qquad \text{(반응 깁스 에너지의 정의)}$$

4 자발적 반응의 방향과 화학 평형의 기준

$\Delta_r G < 0$: 자발적 반응의 방향은 정방향

$\Delta_r G > 0$: 자발적 반응의 방향은 역방향

$\Delta_r G = 0$: 반응은 평형 상태

5 화학 평형

반응계의 깁스 에너지가 최소가 되어 반응물들과 생성물들의 조성이 더 이상 변하지 않는 상태

$$\Delta_r G^o = -RT\ln K \quad \text{(표준 반응 깁스 에너지와 평형 상수의 관계)}$$

6 화학 평형에 영향을 주는 인자

르샤틀리에의 원리: 평형 상태에 있는 계에 외부에서 변화를 가하면, 계는 그 변화를 완화시키는 방향으로 반응을 일으켜 새로운 평형을 찾아간다.

압력

$$\alpha = \left(\frac{1}{1+4P/K}\right)^{1/2} \quad (\alpha\text{: 해리도}, K\text{: 평형 상수})$$

온도: 온도가 평형 상수에 미치는 영향은 반트호프 식으로 나타냄

$$\Delta\ln K = \frac{\Delta_r H^o}{R}\left(\frac{1}{T_1} - \frac{1}{T_2}\right) \quad \text{(반트호프의 법칙)}$$

7 양성자 이동 평형

산·염기 반응에서 산에서 해리되어 나온 양성자가 염기로 전달되는 평형

산의 양성자 이탈

$$HA(aq) + H_2O(l) \rightleftarrows H_3O^+(aq) + A^-(aq)$$

$$K_a = \frac{a_{H^+}a_{A^-}}{a_{HA}} = \frac{m_{H^+}m_{A^-}\gamma_\pm^2}{m^o m_{HA}\gamma_{HA}} \quad \text{(산도 상수의 정의)}$$

$$pK_a = -\log K_a$$

염기의 양성자 첨가

$$B(aq) + H_2O(l) \rightleftarrows BH^+(aq) + OH^-(aq)$$

$$K_b = \frac{a_{BH^+}a_{OH^-}}{a_B} = \frac{m_{BH^+}m_{OH^-}\gamma_\pm^2}{m^o m_B\gamma_B} \quad \text{(염기도 상수의 정의)}$$

$$pK_b = -\log K_b$$

물의 자체 양성자 이전

$$H_2O(l) + H_2O(l) \rightleftarrows H_3O^+(aq) + OH^-(aq)$$

$$K_w = a_{H^+}a_{OH^-} \quad \text{(물의 자체 양성자 이전 상수의 정의)}$$

$$pK_w = -\log K_w$$

K_a와 K_b의 상관 관계

$$K_a \times K_b = a_{H^+} a_{OH^-} = K_w$$

$$pK_a + pK_b = pK_w$$

다양성자산: 두 개 이상의 양성자를 줄 수 있는 산

$$K_{a1} > K_{a2} > K_{a3}$$

양쪽성 양성자성 화학종: 양성자를 줄 수도 있고 받을 수도 있는 분자나 이온, 산으로 작용할 수도 있고 염기로도 작용할 수 있음

$$pH = \frac{1}{2}(pK_{a1} + pK_{a2})$$

8 이온의 이동

전도도(κ): 고유 저항의 역수(단위: $S\ m^{-1}$)

몰전도도(Λ_m): 물질 1 mol당 전도도

$$\Lambda_m = \frac{\kappa}{M}$$

$$\Lambda_m = \Lambda_m^\circ - KM^{1/2} \quad \text{(콜라우슈 경험식)}$$

한계 몰전도도(Λ_m°): 대단히 낮은 농도에서의 몰전도도

$$\Lambda_m^\circ = \lambda_+ + \lambda_- \quad \text{(이온의 한계 몰전도도)}$$

이온 전도도(λ_+, λ_-): 이온의 몰전도도

9 전기 화학 전지

산화-환원 전극

$$Ox + ne^- \rightarrow Red \qquad Q = \frac{a_{Red}}{a_{Ox}}$$

산화 전극(anode): 산화 반응이 일어나는 전극

환원 전극(cathode): 환원 반응이 일어나는 전극

전지 표기법 및 전지 반응식

수직선('|'): 상의 경계, 수직 점선('⋮'): 혼합 가능한 액체간 접촉, 이중 수직선('‖'): 염다리

$$\text{(예)}\ Zn(s)\,|\,Zn^{2+}(aq)\,\|\,Cu^{2+}(aq)\,|\,Cu(s)$$

두 환원 반쪽 반응

전지 오른쪽(R): $Cu^{2+}(aq) + 2e^{-} \rightarrow Cu(s)$

전지 왼쪽(L): $Zn^{2+}(aq) + 2e^{-} \rightarrow Zn(s)$

전체 전지 반응식

전체 반응: $R - L = Zn(s) + Cu^{2+}(aq) \rightarrow Zn^{2+}(aq) + Cu(s)$

10 전지의 전위와 깁스 에너지의 관계

전지 전위(E_{cell}): 전지가 평형을 이룰 때 측정된 전위차

반응 깁스 에너지와 전지 전위 간의 관계

$$\Delta_r G = -\nu F E_{cell} \qquad (\nu\text{: 화학량석 계수, }F\text{: 패러데이 상수})$$

전지 반응의 자발성

$E_{cell} > 0$일 때: 정반응이 자발적

$E_{cell} < 0$일 때: 역반응이 자발적

$E_{cell} = 0$일 때: 평형 상태

11 전지의 전위와 평형 관계

$$E_{cell} = E_{cell}^{\circ} - \frac{RT}{\nu F} \ln Q \qquad (\text{네른스트 식})$$

$$\ln K = \frac{\nu F}{RT} E_{cell}^{\circ}, \quad K = e^{\nu F E_{cell}^{\circ} / RT}$$

12 표준 환원 전위

표준 수소 전극(기준 전극, SHE): 각 전극의 전위를 측정하기 위하여 정한 전위의 기준

$$Pt(s) \mid H_2(g) \mid H^{+}(aq) \qquad E^{\circ} = 0$$

전기 화학적 서열 원칙: 낮은 E°의 쌍은 높은 E°의 쌍을 환원시키고, 높은 E°의 쌍은 낮은 E°의 쌍을 산화시킨다.

예제

10.1 부록의 표 5.4 자료를 사용하여 298.15 K에서 다음 반응의 평형 상수를 구하시오.

$$H_2(g) + I_2(g) \rightarrow 2HI(g)$$

풀이 표준 반응 깁스 에너지로부터 평형 상수를 구하는 문제이다.

부록의 자료를 사용하여 표준 반응 깁스 에너지를 계산하면 다음과 같다.

$$\Delta_r G^\circ = 2(1.70\ \text{kJ mol}^{-1}) - (19.33\ \text{kJ mol}^{-1} + 0) = -15.93\ \text{kJ mol}^{-1}$$

$\Delta_r G^\circ = -RT\ln K$를 $\ln K$에 대하여 정리하여 계산하면 다음과 같다.

$$\ln K = -\frac{\Delta_r G^\circ}{RT} = -\frac{-15930\ \text{J mol}^{-1}}{(8.614\ \text{J K}^{-1}\ \text{mol}^{-1})(298.15\ \text{K})} = 6.426$$

그러므로 평형 상수는 다음과 같이 계산된다.

$$\boldsymbol{K = e^{6.426} = 618}$$

답 $K = 618$

10.2 다음 자료는 몇 가지 온도에서 $H_2(g)$ + $Cl_2(g)$ $\rightleftharpoons$ $2HCl(g)$ 반응의 평형 상수를 측정한 것이다. 다음을 구하시오.

T/K	300	500	1,000
K	3.9×10^{31}	4.1×10^{18}	5.2×10^{8}

(1) 이 반응의 표준 반응 엔탈피

(2) 700 K에서의 평형 상수

풀이 여러 온도에서 측정한 평형 상수로부터 반트호프의 법칙을 사용하여 표준 반응 엔탈피와 700 K에서의 평형 상수 예측값을 구하는 문제이다.

반트호프의 법칙 $\Delta \ln K = -\frac{\Delta_r H^\circ}{R}\left(\frac{1}{T_2} - \frac{1}{T_1}\right) = -\frac{\Delta_r H^\circ}{R}\Delta\left(\frac{1}{T}\right)$ 이므로 $-\ln K$와 $\frac{1}{T}$ 를 도시하면 다음과 같은 직선이 나오고, 이 직선의 기울기 = $\frac{\Delta_r H^\circ}{R}$ 이다.

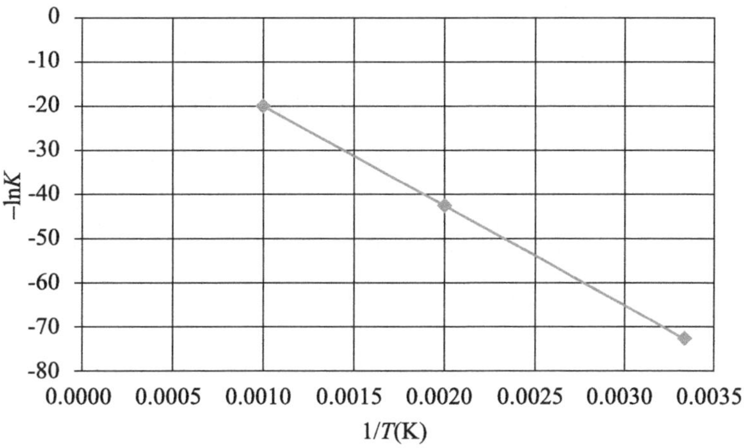

(1) 이 직선에 대한 선형 회귀선은 $-\ln K = -22.565 \times 10^3 \dfrac{1}{T} + 2.4144$이므로 기울기는 다음과 같다.

$$\frac{\Delta_r H^\circ}{R} = -22.565 \times 10^3\ \text{K}$$

따라서 $\Delta_r H^\circ$는 다음과 같이 구해진다.

$$\boldsymbol{\Delta_r H^\circ} = (-22.565 \times 10^3\ \text{K})(8.314\ \text{J K}^{-1}\ \text{mol}^{-1}) \mathbf{= -188\ kJ\ mol^{-1}}$$

(2) 위에서 구한 회귀선 식 $-\ln K = -22.565 \times 10^3 \dfrac{1}{T} + 2.4144$에 $T = 700$ K를 대입하면 다음과 같이 700 K에서의 평형 상수 상수를 구할 수 있다.

$$\ln K = (22.565 \times 10^3)\frac{1}{700} - 2.4144 = 29.821$$

$$\therefore\ \boldsymbol{K = e^{29.821} = 8.94 \times 10^{12}}$$

답 (1) $\Delta_r H^\circ = -188$ kJ mol^{-1} (2) $K = 8.94 \times 10^{12}$

10.3 부록의 표 10.3의 자료를 사용하여 298.15 K에서 메틸아민의 양성자 첨가 반응과 짝산의 양성자 이탈 반응식을 쓰고, 짝산의 pK_a 값을 구하시오.

풀이 염기성 물질의 양성자 첨가 반응과 그 짝산의 양성자 이탈 반응식을 쓰고, $pK_a + pK_b = pK_w$ 관계를 사용하여 짝산의 pK_a 값을 구하는 문제이다.

• 메틸아민의 양성자 첨가 반응

$$CH_3NH_2 + H_2O \rightleftarrows CH_3NH_3^+ + OH^- \quad pK_b = 3.34$$

• 짝산의 양성자 이탈 반응

$$CH_3NH_3^+ + H_2O \rightleftarrows CH_3NH_2 + H_3O^+ \quad pK_a = ?$$

• 짝산의 pK_a

pK_a + pK_b = pK_w를 pK_a에 대하여 정리하여 계산하면 다음과 같이 된다.

$$\mathbf{p}\boldsymbol{K}_\mathbf{a} = \mathrm{p}K_\mathrm{w} - \mathrm{p}K_\mathrm{b} = 14.00 - 3.34 \mathbf{= 10.66}$$

답 pK_a = 10.66

10.4 수용액 중에서 탄산염과 탄산수소염의 이온 평형은 다음과 같다. 부록의 표 5.4 자료를 사용하여 $HCO_3^-/CO_3^{2-}, H_2$ 쌍의 표준 전위를 구하시오.

$$\mathrm{HCO_3^-}(aq) + e^- \;\rightarrow\; \mathrm{CO_3^{2-}}(aq) + \frac{1}{2}\,\mathrm{H_2}(g)$$

풀이 표준 반응 깁스 에너지와 표준 전지 전위의 관계로부터 전자 이동 반응의 표준 전위를 구하는 문제이다.

부록의 표 5.4 자료로부터 표준 반응 깁스 에너지를 계산하면 다음과 같다.

$$\begin{aligned}\Delta_\mathrm{r}G^\circ &= \Delta_\mathrm{f}G^\circ(\mathrm{CO_3^{2-}}, aq) + \Delta_\mathrm{f}G^\circ(\mathrm{H_2}, g) - \Delta_\mathrm{f}G^\circ(\mathrm{HCO_3^-}, aq)\\ &= -527.81\ \mathrm{kJ\ mol^{-1}} + 0 - (-586.77\ \mathrm{kJ\ mol^{-1}})\\ &= 58.96\ \mathrm{kJ\ mol^{-1}}\end{aligned}$$

반응 깁스 에너지와 전지 전위 간의 관계를 표준 상태에 대하여 적용하여 계산하면 다음과 같이 표준 전위를 구할 수 있다.

$$\begin{aligned}\boldsymbol{E}^\circ &= -\frac{\Delta_\mathrm{r}G^\circ}{\nu F} = -\frac{58.96\ \mathrm{kJ\ mol^{-1}}}{(1)(96.458\ \mathrm{kC\ mol^{-1}})}\\ &= -0.6113\ \mathrm{J\ C^{-1}} = \mathbf{-0.6113\ V}\end{aligned}$$

답 $E^\circ = -0.6113$ V

연습 문제

10.1 질소와 수소로부터 암모니아를 생성하는 반응의 표준 반응 깁스 에너지 $\Delta_r G°$ (298.15 K) = –16.5 kJ mol^{-1}이다. N_2, H_2, NH_3의 분압이 각각 3.0, 2.0, 5.0 bar일 때 다음을 구하시오. (N_2, H_2, NH_3를 이상 기체로 가정하시오.)

(1) 반응 지수 Q

(2) 반응 깁스 에너지 $\Delta_r G$

(3) 자발적 반응의 방향

10.2 몇 가지 온도에 대하여 물의 pK_w를 측정하였더니 다음과 같았다. 물의 표준 양성자 첨가 엔탈피를 구하시오. (ln$x$ = ln 10 × log x이다.)[3]

T/K	283.15	288.15	293.15	298.15	303.15	308.15
pK_w	14.535	14.364	14.167	13.997	13.833	13.680

10.3 부록의 표 10.2와 10.3 자료를 사용하여 다음 물질의 양성자 이탈과 양성자 첨가 분율을 구하시오.

(1) 0.50 M 옥살산

(2) 0.25 M 황산수소산

(3) 0.50 M 하이드라진

(4) 0.25 M 니코틴

10.4 부록의 표 10.4 자료를 사용하여 298.15 K에서 0.025 M H_3PO_4의 pH를 구하시오.

10.5 0.010 M 에탄산의 몰전도도는 1.65 mS m^{-2} mol^{-1}이다. 이 용액의 pK_a를 구하시오. (부록의 표 10.5 자료를 활용하시오)

10.6 298.15 K에서 $AgNO_3$의 한계 몰전도도 $\Lambda_m°$ = 13.34 mS m^{-2} mol^{-1}이다. 부록의 표 10.5 자료를 사용하여 다음을 구하시오.

(1) KCl과 KNO_3의 한계 몰전도도

(2) AgCl의 한계 몰전도도

---

[3] ln x = ln 10 × log x

10.7 어떤 강전해질 용액에 대하여 일련의 농도 시료에 대한 저항을 측정하였더니 이 용액의 전지 상수($C = kR$)는 0.206 cm^{-1}이다. 다음과 같은 결과를 얻었다. 다음을 구하시오.

M/mol L^{-1}	0.001	0.005	0.010	0.020	0.050
R/Ω	1670	342	175	89	38

(1) 한계 몰전도도

(2) 콜라우슈 경험식의 계수 K

10.8 메탄산(HCOOH)의 $K_a = 1.83 \times 10^{-4}$이다. 부록의 표 10.5의 자료를 사용하여 0.0200 M 메탄산의 몰전도도를 구하시오.

10.9 전극 반응이 $Mg(s) + Cl_2(g) \rightarrow MgCl_2(aq)$인 전지를 만들었다. 각 전극의 반쪽 반응을 쓰고, 부록의 표 10.6의 자료를 사용하여 표준 전극 전위를 구하시오.

10.10 부록의 표 10.6의 표준 환원 전위 자료를 사용하여 298.15 K에서 다음 반응의 평형 상수를 구하시오.

(1) $Pb(s) + Pb^{4+}(aq) \rightleftarrows 2Pb^{2+}(aq)$

(2) $Zn(s) + 2AgCl(s) \rightleftarrows ZnCl_2(aq) + 2Ag(s)$

(3) $Sn(s) + CuSO_4(aq) \rightleftarrows Cu(s) + SnSO_4(aq)$

(4) $2Au(s) + Au^{3+}(aq) \rightleftarrows 3Au^{+}(aq)$

10.11 부록의 표 10.6의 표준 환원 전위 자료를 사용하여 다음 전지들의 표준 전위를 구하고, 자발성 여부를 판단하시오.

(1) $Pt(s) \mid H_2(g) \mid HCl(aq) \mid H_2(q) \mid Pt(s)$

(2) $Pt(s) \mid Cl_2(g) \mid HCl(aq) \parallel HBr(aq) \mid Br_2(l) \mid Pt(s)$

(3) $Fe(s) \mid FeSO_4(aq) \parallel MnSO_4(aq), H^{+}(aq) \mid MnO_2(s) \mid Pt(s)$

10.12 다음 반응을 이용하여 만들어지는 전지를 표기하고, 부록의 표 10.6의 표준 환원 전위 자료를 사용하여 표준 전위를 구하시오.

(1) $Fe(s) + PbSO_4(aq) \rightarrow FeSO_4(aq) + Pb(s)$

(2) $2H_2(g) + O_2(g) \rightarrow 2H_2O(l)$

(3) $Hg_2Cl_2(s) + H_2(g) \rightarrow 2HCl(aq) + 2Hg(l)$

10.13 문제 10.11의 (1)과 (2)의 전지에 대하여 표준 반응 깁스 에너지와 표준 반응 엔탈피를 구하시오.

II부 반응 속도론

11강 분자의 운동

핵심 정리

1 기체 분자의 운동

제곱평균근 속력

$$s=\left(\frac{8}{3\pi}\right)^{1/2}$$

$$s=\left(\frac{3kT}{m}\right)^{1/2}=\left(\frac{3RT}{M}\right)^{1/2} \quad (\text{이상 기체})$$

평균 속력

$$\bar{s}=\left(\frac{8kT}{\pi m}\right)^{1/2}=\left(\frac{8RT}{\pi M}\right)^{1/2}$$

가장 잦은 속력

$$s_{\text{mp}}=\left(\frac{2kT}{m}\right)^{1/2}=\left(\frac{2RT}{M}\right)^{1/2}$$

2 분자의 충돌과 평균 자유 행로

상대 평균 속력

$$\bar{s}_{\text{rel}}=\sqrt{2}\bar{s}=\left(\frac{8kT}{\pi\mu}\right)^{1/2}$$

충돌 빈도

$$z=\pi d^2\bar{s}_{\text{rel}}\frac{N}{V}=\sigma\bar{s}_{\text{rel}}\tilde{N} \quad (\sigma=\pi d^2, \tilde{N}=N/V)$$

$$z=\frac{\sigma\bar{s}_{\text{rel}}P}{kT} \quad (\text{이상 기체})$$

$$z_{11} = \frac{1}{2}z\tilde{N} = \frac{1}{2}\sigma \bar{s}_{\text{rel}}\tilde{N}^2 \quad \text{(쌍방간 충돌 빈도)}$$

평균 자유 행로

$$\lambda = \bar{s}_{\text{rel}}\Delta t = \frac{\bar{s}_{\text{rel}}}{z}$$

$$\lambda = \frac{kT}{\sigma P}$$

3 운반 성질

충돌 유량

$$J_{\text{N}} = \tilde{N}\left(\frac{kT}{2\pi m}\right)^{1/2} = \frac{1}{4}\tilde{N}\bar{s}$$

$$J_{\text{N}} = \frac{P}{(2\pi mkT)^{1/2}} = \frac{PN_{\text{A}}}{(2\pi mkT)^{1/2}}$$

분출 속도

$$v_{\text{effu}} = -J_{\text{N}}A = -\frac{PA}{(2\pi mkT)^{1/2}}$$

유량

픽의 제1법칙: 성분 i가 z 방향으로 흘러가는 양

$$J_{\text{iz}} = -D\frac{\text{d}c_i}{\text{dz}} \quad (D\text{: 확산 계수})$$

$$J(\text{물질}) = -D\frac{\text{d}\tilde{N}}{\text{dz}}$$

$$J(\text{에너지}) = -\kappa\frac{\text{d}T}{\text{dz}} \quad (\kappa\text{: 열전도도 계수})$$

점도

$$\eta = \frac{1}{3}\tilde{N}\bar{s}m\lambda \quad \text{(기체의 점도)}$$

$$\eta = \frac{\pi PR^4 t}{8VL} \quad \text{(액체의 점도)}$$

이온의 이동도

표류 속력: $s = \dfrac{zeE}{f} = uE$

이온의 이동도: $u = \dfrac{ze}{f} = \dfrac{ze}{6\pi a\eta}$

이온의 이동도와 전도도 관계

$\lambda_{\pm} = zu_{\pm}F$ ($\lambda_{\pm}$: 평균 이온 전도도, $u_{\pm}$: 평균 이동도)

예제

11.1 300 K에서 산소 기체에 대하여 다음을 구하시오. (산소 기체를 이상 기체로 가정하시오.)

(1) 제곱평균근 속력

(2) 평균 속력

(3) 가장 잦은 속력

(4) 각 값의 크기를 비교하시오.

풀이 주어진 온도에서 기체 분자의 여러 가지 속력을 구하는 문제이다.

(1) 제곱평균근 속력 $s = \left(\dfrac{3RT}{M}\right)^{1/2}$ 이므로 다음과 같이 계산하여 구한다.

$$R = 8.314\ \mathrm{J\,K^{-1}\,mol^{-1}},\ T = 300\ \mathrm{K},\ m(\mathrm{O_2}) = 0.03200\ \mathrm{kg\,mol^{-1}}$$

그러므로 제곱평균근 속력은 다음과 같다.

$$\boldsymbol{s} = \left\{\frac{(3)(8.314\ \mathrm{J\,K^{-1}\,mol^{-1}})(300\ \mathrm{K})}{0.03200\ \mathrm{kg\,mol^{-1}}}\right\}^{1/2}$$
$$= \mathbf{482.1\ m\,s^{-1}}$$

(2) 평균 속력 $\bar{s} = \left(\dfrac{8RT}{\pi M}\right)^{1/2}$ 이므로 다음과 같이 계산하여 구한다.

$$\bar{\boldsymbol{s}} = \left\{\frac{(8)(8.314\ \mathrm{J\,K^{-1}\,mol^{-1}})(300\ \mathrm{K})}{\pi \times 0.03200\ \mathrm{kg\,mol^{-1}}}\right\}^{1/2}$$
$$= \mathbf{444.1\ m\,s^{-1}}$$

(3) 가장 잦은 속력 $s_{\mathrm{mp}} = \left(\dfrac{2RT}{M}\right)^{1/2}$ 이므로 다음과 같이 계산하여 구한다.

$$\boldsymbol{s}_{\mathbf{mp}} = \left\{\frac{(2)(8.314\ \mathrm{J\,K^{-1}\,mol^{-1}})(300\ \mathrm{K})}{0.03200\ \mathrm{kg\,mol^{-1}}}\right\}^{1/2}$$
$$= \mathbf{393.6\ m\,s^{-1}}$$

(4) 위 (1), (2), (3)의 계산 결과 각 속력의 크기는 다음과 같은 순이다.

$$s > \bar{s} > s_{mp}$$

답 (1) $s = 482.1\ \text{m s}^{-1}$ (2) $\bar{s} = 444.1\ \text{m s}^{-1}$
(3) $s_{mp} = 393.6\ \text{m s}^{-1}$ (4) $s > \bar{s} > s_{mp}$

11.2 298.15 K, 1 bar에서 질소 기체에 대하여 다음을 구하시오.

(1) 상대 평균 속력
(2) 충돌 빈도
(3) 쌍방간 충돌 빈도
(4) 평균 자유 행로

풀이 분자의 운동으로 인한 분자 충돌에 관한 기본적인 값들을 구하는 문제이다.

(1) 상대 평균 속력 $\bar{s}_{rel} = \left(\dfrac{8kT}{\pi\mu}\right)^{1/2}$ 이므로 다음과 같이 구한다.

한 종류의 분자만으로 구성된 계이므로 동일한 두 질소 분자에 대한 환산 질량 $\mu = \dfrac{1}{2}m$은 다음과 같이 구한다.

질소 분자 1개의 질량

$$m = (28.02 \times 10^{-3}\ \text{kg mol}^{-1})/(6.022 \times 10^{23}\ \text{mol}^{-1})$$
$$= 4.6529 \times 10^{-26}\ \text{kg}$$

$$\mu = \frac{1}{2}m$$
$$= \frac{1}{2}(4.6529 \times 10^{-26}\ \text{kg}) = 2.362 \times 10^{-26}\ \text{kg}$$

$$\therefore \bar{s}_{rel} = \left(\frac{8kT}{\pi\mu}\right)^{1/2}$$
$$= \left(\frac{8(1.381 \times 10^{-23}\ \text{J K}^{-1})(298.15\ \text{K})}{\pi(2.362 \times 10^{-26})}\right)^{1/2}$$
$$= \mathbf{751.1\ m\ s^{-1}}$$

(2) 충돌 빈도 $z = \sigma \bar{s}_{rel} \tilde{N}$ 이므로 다음과 같이 구한다.

충돌 단면적 $\sigma = \pi d^2 = \pi(0.38 \times 10^{-9}\ \text{m})^2 = 4.54 \times 10^{-19}\ \text{m}^2$

분자수 밀도 $\tilde{N} = \dfrac{N}{V} = \dfrac{PN_A}{RT}$

$$= \frac{(1.0\times10^{5}\ \text{Pa})(6.022\times10^{23}\ \text{mol}^{-1})}{(8.314\ \text{J K}^{-1}\ \text{mol}^{-1})(298.15\ \text{K})}$$
$$= 2.429\times10^{23}\ \text{m}^{-3}$$

충돌 빈도 $z = \sigma\bar{s}_{\text{rel}}\tilde{N}$

$$= (4.54\times10^{-19}\ \text{m}^2)(751.1\ \text{m s}^{-1})(2.429\times10^{23}\ \text{m}^{-3})$$
$$= \mathbf{8.28\times10^{7}\ s^{-1}}$$

(3) 쌍방간 충돌 빈도 $z_{11} = \dfrac{1}{2}z\tilde{N}$이므로 다음과 같이 구한다.

$$z_{11} = \frac{1}{2}z\tilde{N} = \frac{1}{2}(8.28\times10^{7}\ \text{s}^{-1})(2.429\times10^{23}\ \text{m}^{-3})$$
$$= \mathbf{1.01\times10^{31}\ m^{-3}\ s^{-1}}$$

(4) 평균 자유 행로 $\lambda = \dfrac{\bar{s}_{\text{rel}}}{z}$ 이므로 다음과 같이 구한다.

$$\lambda = \frac{\bar{s}_{\text{rel}}}{z} = \frac{751.1\ \text{m s}^{-1}}{8.28\times10^{7}\ \text{s}^{-1}} = \mathbf{9.07\times10^{-6}\ m}$$

답 (1) $\bar{s}_{\text{rel}} = 751.1\ \text{m s}^{-1}$ (2) $z = 8.28\times10^{7}\ \text{s}^{-1}$

(3) $z_{11} = 1.01\times10^{31}\ \text{m}^{-3}\text{s}^{-1}$ (4) $\lambda = 9.07\times10^{-6}\ \text{m}$

11.3 298.15 K, 1 bar에서 충돌 면적이 1 cm^{2}인 용기에 담겨 있는 질소 기체에 대하여 다음을 구하시오. (질소 기체는 이상 기체로 가정하시오.)

(1) 단위 시간당 1.0 cm^{2}인 벽에 충돌하는 충돌수

(2) 0.1 μm^{2}인 구멍으로 빠져나가는 기체 분자의 분출 속도

풀이 이상 기체 분자의 압력에 따른 충돌 유량과 분출 속도를 구하는 문제이다.

(1) 단위 시간당 1.0 cm^{2}에 충돌하는 충돌수, 즉 충돌 유량은 다음과 같이 구한다.

$$J_N A = \frac{PA}{(2\pi mkT)^{1/2}}$$

$$= \frac{(1.0\times10^5\ \text{Pa})(1.0\times10^{-12}\ \text{m}^2)}{\left\{2\pi\left(\dfrac{0.02802\ \text{kg mol}^{-1}}{6.022\times10^{23}\ \text{mol}^{-1}}\right)(1.381\times10^{-23}\ \text{J K}^{-1})(298.15\ \text{K})\right\}^{1/2}}$$

$$= \mathbf{2.88\times10^{23}\ s^{-1}}$$

(2) 분출 속도는 충돌 유량에 구멍의 넓이를 곱한 값이므로 다음과 같다.

$$\text{분출 속도} = -J_N A = -(2.88\times10^{27}\ \text{m}^{-2}\ \text{s}^{-1})(0.1\times10^{-12}\ \text{m}^2)$$

$$= \mathbf{-2.88\times10^{14}\ s^{-1}}$$

답 (1) 충돌수 $= 2.88\times10^{23}\ \text{s}^{-1}$ (2) 분출 속도 $= -2.88\times10^{14}\ \text{s}^{-1}$

11.4 부록의 표 11.4의 자료를 이용하여 다음을 구하시오.

(1) 298.15 K에서 무한 희석한 염화 이온의 몰전도도

(2) 전기장의 세기가 30 V cm^{-1}일 때 5.00 cm의 간격으로 떨어진 두 전극 사이를 이동하는 데 걸리는 시간

풀이 이온의 이동도와 전도도 관계를 구하고, 주어진 전기장 하에서 이온의 이동 속도와 이동 시간을 구하는 문제이다.

(1) 이온의 이동도와 전도도 사이에는 다음과 같은 관계가 성립한다.

$$\lambda_{\pm} = zu_{\pm}F$$

여기에서 염화 이온은 Cl^-이므로 $z = 1$, $u_- = 7.91\times10^{-8}\ \text{m}^2\ \text{V}^{-1}\ \text{s}^{-1}$이다. 그러므로 Cl^-의 몰전도도는 다음과 같이 구해진다.

$$\lambda_- = zu_-F = (1)(7.91\times10^{-8}\ \text{m}^2\ \text{V}^{-1}\ \text{s}^{-1})(96485.3\ \text{C mol}^{-1})$$

$$= 7.63\times10^{-3}\ \text{m}^2\ \text{V}^{-1}\ \text{s}^{-1}\ \text{C mol}^{-1}$$

$\text{C s}^{-1} = \text{A}$, $\text{A V}^{-1} = \Omega^{-1} = \text{S}$이고, Cl^-의 1당량 = 1 mol이므로 다음과 같이 된다.

$$\boldsymbol{\lambda_- = 7.63\times10^{-3}\ \text{S m}^2\ \text{mol}^{-1}}$$

(2) 먼저 염화 이온의 이동 속도를 구하면 다음과 같다.

$$s_- = u_- E = (7.91\times10^{-8}\ \text{m}^2\ \text{V}^{-1}\ \text{s}^{-1})(30\ \text{V cm}^{-1})(100\ \text{cm m}^{-1})$$
$$= 2.16\times10^{-4}\ \text{m s}^{-1}$$

속도 $=\dfrac{\text{이동 거리}}{\text{이동 시간}}$ 이므로 이동 시간은 다음과 같다.

$$\textbf{이동 시간} = \frac{\text{이동 거리}}{\text{속도}} = \frac{0.050\ \text{m}}{2.16\times10^{-4}\ \text{m s}^{-1}}$$
$$= \mathbf{2.3\times10^2\ s = 3.9\ min}$$

답 (1) $\lambda_- = 7.63\times10^{-3}\ \text{S m}^2\ \text{mol}^{-1}$

(2) 이동 시간 $= 2.3\times10^2\ \text{s} = 3.9\ \text{min}$

연습 문제

11.1 기체 분자 운동론을 전개하는 기본 가정인 기체 운동 모형을 기술하시오.

11.2 기체 분자의 속력을 나타내는 데 맥스웰의 분포식을 적용하는 이유를 설명하시오.

11.3 충돌 빈도 등 기체 분자 운동의 성질을 다루는 데 압력 P를 사용하는 이유를 설명하시오.

11.4 기체의 점도는 온도에 비례하여 온도가 상승하면 증가하고, 액체의 점도는 온도에 반비례하여 온도가 상승하면 감소한다. 그 이유를 설명하시오.

11.5 298.15 K에서 다음 화학종의 평균 속력, 가장 잦은 속력, 상대 평균 속력을 구하시오.

(1) Ne (2) Kr (3) O_2 (4) CH_4

11.6 표준 상태 25°C와 100°C에서 수소 기체와 산소 기체에 대하여 다음을 구하시오.

(1) 평균 속력과 두 기체 간의 속력 관계

(2) 1초 동안에 이동하는 거리와 두 기체 간의 이동 거리 관계

(3) 산소 기체를 298.15 K의 수소 기체와 동일한 평균 속력을 갖게 하려면 온도를 몇 K로 하여야 하는가?

11.7 298.15 K, 1 bar에서 각 변의 길이가 10.0 cm인 용기에 Ar 기체가 들어 있다. 이 기체가 단위 시간에 용기 벽에 충돌하는 충돌수를 구하시오.(이상 기체로 가정하시오.)

11.8 문제 11.7의 용기에 수소 기체와 산소 기체를 넣고 직경이 0.10 cm인 구멍을 뚫었다. 1분 동안에 분출된 기체 분자 수는 각각 얼마인가?(이상 기체로 가정하시오.)

11.9 압력이 758 Torr이고 온도가 25°C인 Ar 기체에 지름이 1.00 cm인 구형 고체를 노출시켰다. 1.00분 동안에 이 고체에 충돌하는 Ar 기체의 충돌수는 얼마인가?

11.10 어떤 용기에 몰질량이 250 g mol^{-1}이고, 300 K에서 증기압이 0.805 Pa인 고체를 넣고 지름이 3.00 mm인 작은 구멍을 뚫었다. 1.00시간 후에 이 고체의 질량은 얼마나 감소하겠는가?

11.11 평균 온도가 273 K인 He 기체 시료의 온도 기울기 2.5 K m^{-1}일 때 흘러간 에너지 유량은 얼마인가?(부록의 표 11.2 자료를 사용하시오.)

11.12 부록의 표 11.2 자료의 점도를 사용하여 CO_2 분자의 충돌 단면적을 구하시오.

11.13 공기 분자의 평균적인 충돌 단면적 $\sigma = 0.40\ nm^2$이다. 25°C와 100°C에서의 공기의 점도를 구하시오.

11.14 내부 반지름이 0.10 cm이고, 길이가 25 cm인 원통형 관에 어떤 액체를 흘려 보냈더니 60초 동안에 355 cm^3이 흘러나왔고, 관 양쪽의 압력 차이가 56 Torr이었다. 이 액체의 점도를 구하시오.

11.15 농도가 극한적으로 0에 가까운 전해질 용액에서 이온에 의하여 운반되는 전류의 분율 $t_{\pm}^{\circ}$은 다음과 같다.

$$t_{\pm}^{\circ} = \frac{u_{\pm}}{u_{+} + u_{-}}$$

298.15 K에서 NaCl 수용액에 전류가 흐를 때 Na^{+}에 의하여 운반되는 전류의 분율은 얼마가 되겠는가? (부록의 표 11.4의 자료를 사용하시오.)

12강 반응의 속도

핵심 정리

1 반응 속도와 속도 법칙

반응 속도(v): 시간 변화에 따른 반응물 또는 생성물의 농도 변화

$$v = \frac{d\xi}{dt} \quad (\xi\text{: 반응 진척도}) \quad (\text{반응 속도의 정의})$$

$$v = \frac{1}{\nu_J}\frac{dn_J}{dt}$$

속도 법칙: 반응 속도를 농도의 함수로 나타내는 것

$$v = k_r[A]^x[B]^y \qquad (k_r\text{: 속도 상수; } x, y\text{: 반응 차수})$$

2 적분 속도 법칙

적분 속도 법칙: 속도 법칙 식을 시간에 대하여 적분한 것

표 12.1 속도 법칙 요약

반응 차수	반응	속도 법칙	적분 속도 법칙	반감기($t_{1/2}$)
0	$A \rightarrow P$	$v = k_r$	$[A]_t = -k_r t + [A]_0$	$t_{1/2} = [A]_0 / 2k_r$
1	$A \rightarrow P$	$v = k_r[A]$	$\ln\frac{[A]_t}{[A]_0} - k_r t$, $[A]_t = [A]_0 e^{-k_r t}$	$t_{1/2} = \frac{1}{k_r}\ln 2$
2	$A \rightarrow P$	$v = k_r[A]^2$	$\frac{1}{[A]_t} = k_r t + \frac{1}{[A]_0}$, $[A]_t = \frac{[A]_0}{1 + k_r t[A]_0}$	$t_{1/2} = \frac{1}{k_r[A]_0}$
	$A + B \rightarrow P$	$v = k_r[A][B]$	$\ln\left(\frac{[B]_t/[B]_0}{[A]_t/[A]_0}\right) = ([B]_0 - [A]_0)k_r t$	
	$A + 2B \rightarrow P$	$v = k_r[A][B]$	$\ln\left(\frac{[A]_0([B]_0/2\xi)}{([A]_0 - \xi)/[B]_0}\right) = ([B]_0 - 2[A]_0)k_r t$	

3 반응 속도에 대한 이론

충돌 이론: 반응이 일어나기 위해서는 반응 분자들이 서로 충돌하여야 하고, 이 때 반응에 필요한 최소한의 에너지를 가지고 충돌한 분자들에 의하여 반응이 진행된다는 생각

2분자도 반응

$$\mathrm{A} + \mathrm{B} \rightarrow \text{생성물} \qquad v = k_r[\mathrm{A}][\mathrm{B}]$$

충돌 밀도

$$Z_{AB} = \sigma \bar{s}_{rel} N_A^2 [\mathrm{A}][\mathrm{B}]$$

반응 속도

$$-\frac{d[\mathrm{A}]}{dt} = \frac{Z_{AB}}{N_A} = \sigma \bar{s}_{rel} N_A [\mathrm{A}][\mathrm{B}]$$

속도 상수

$$k_r = N_A \sigma \bar{s}_{rel} \qquad \text{(100\% 유효 반응의 속도 상수)}$$

100% 유효하지 못할 때

$$-\frac{d[\mathrm{A}]}{dt} = \frac{Z_{AB}}{N_A} = \sigma \bar{s}_{rel} N_A [\mathrm{A}][\mathrm{B}] e^{-E_a/R}$$

($e^{-E_a/RT}$: 볼츠만 분포 인자)

$$k_r = N_A \sigma \bar{s}_{rel} e^{-E_a/RT}$$

입체 인자를 포함한 경우

$$k_r = P\sigma N_A \bar{s}_{rel} e^{-E_a/RT} \qquad (P\text{: 입체 인자(steric factor)})$$

$$= \sigma^* N_A \bar{s}_{rel} e^{-E_a/RT} \qquad (\sigma^* = P\sigma\text{: 반응성 단면적})$$

전이 상태 이론(활성화물 이론): 반응에서 상대적으로 높은 에너지의 활성화물 $C^{\ddagger}$가 사전 평형을 이루며 만들어진다는 생각

$$\mathrm{A} + \mathrm{B} \rightleftarrows \mathrm{C}^{\ddagger} \qquad K^{\ddagger} = \frac{[\mathrm{C}^{\ddagger}]}{[\mathrm{A}][\mathrm{B}]}$$

$$\mathrm{C}^{\ddagger} \rightarrow \mathrm{P} \qquad v = k^{\ddagger}[\mathrm{C}^{\ddagger}]$$

$$k_r[\mathrm{A}][\mathrm{B}] = k^{\ddagger}[\mathrm{A}][\mathrm{B}]k^{\ddagger}$$

$$k_r = k^{\ddagger} K^{\ddagger}$$

$$k_r = \kappa \nu^{\ddagger} \frac{kT}{h\nu^{\ddagger}} \bar{K}^{\ddagger} = \kappa \frac{kT}{h} \bar{K}^{\ddagger} \qquad \text{(아이링의 속도 상수 식)}$$

4 반응 속도에 대한 열역학적 고찰

$$k_r = \frac{kT}{h} e^{-\Delta G^{\ddagger}/RT} \quad (\Delta G^{\ddagger}\text{로 나타낸 속도 상수 식})$$

$$k_r = \frac{kT}{h} e^{\Delta S^{\ddagger}/R} e^{-\Delta H^{\ddagger}/RT} \quad (\Delta H^{\ddagger}\text{와 } \Delta S^{\ddagger}\text{로 나타낸 속도 상수 식})$$

아레니우스의 활성화 에너지

$$E_a = \Delta H^{\ddagger} + RT \quad (\text{기체, 1분자도 반응})$$

$$E_a = \Delta H^{\ddagger} + 2RT \quad (\text{기체, 2분자도 반응})$$

$$E_a = \Delta H^{\ddagger} + 3RT \quad (\text{기체, 3분자도 반응})$$

$$E_a = \Delta H^{\ddagger} + RT \quad (\text{용액})$$

빈도 인자(A)

$$A = \frac{kT}{h} e e^{\Delta S^{\ddagger}/R} \quad (\text{기체 1분자도 반응})$$

$$A = \frac{kT}{h} e^2 e^{\Delta S^{\ddagger}/R} \quad (\text{기체 2분자도 반응})$$

$$A = \frac{kT}{h} e^3 e^{\Delta S^{\ddagger}/R} \quad (\text{기체 3분자도 반응})$$

$$A = \frac{kT}{h} e e^{\Delta S^{\ddagger}/R} \quad (\text{용액})$$

서로 다른 두 온도에서 속도 상수 관계

$$\ln\frac{k_{r_1}}{k_{r_2}} = \frac{E_a}{R}\left(\frac{1}{T_2} - \frac{1}{T_1}\right)$$

예제

12.1 고대 유물의 연대를 측정하는 데 사용하는 탄소 동위 원소 ^{14}C는 반감기가 약 5730년이며, 1차 반응으로 붕괴한다. 자연 상태에서 생명체에 존재하는 ^{14}C의 양은 1.1×10^{-13} mol %이다. 다음을 구하시오.

(1) 이 반응의 속도 상수

(2) 어떤 고고학 현장에서 발굴된 나무 화석에서 측정된 ^{14}C의 양이 0.91×10^{-13} mol %이었다. 이 나무는 죽은 지 얼마나 되었는가?

풀이 반감기로부터 속도 상수와 연대를 구하는 문제이다.

(1) 1차 반응이므로 반감기는 다음과 같다.

$$t_{1/2} = \frac{1}{k_r}\ln 2$$

이 식을 k_r에 대하여 정리하여 계산하면 다음과 같이 속도 상수가 구해진다.

$$\boldsymbol{k_r} = \frac{\ln 2}{t_{1/2}} = \frac{\ln 2}{5730\ \text{yr}} = \mathbf{1.21 \times 10^{-4}\ yr^{-1}}$$

(2) 1차 반응의 적분 속도식은 다음과 같다.

$$\ln\frac{[^{14}C]_t}{[^{14}C]_0} = -k_r t$$

이 식을 시간 t에 대하여 정리하여 계산하면 다음과 같이 이 나무가 죽은 햇수가 구해진다.

$$\boldsymbol{t} = -\frac{1}{k_r}\ln\frac{[^{14}C]_t}{[^{14}C]_0}$$

$$= -\frac{1}{1.21\times10^{-4}\ \text{yr}^{-1}}\ln\frac{0.91\times10^{-13}}{1.1\times10^{-13}} = \mathbf{1.6 \times 10^3\ yr}$$

답 (1) $k_r = 1.21 \times 10^{-4}\ \text{yr}^{-1}$ (2) $t = 1.6 \times 10^3$ yr

12.2 298.15 K에서 $NO + Cl_2 \rightarrow NOCl + Cl$ 반응에 대한 입체 인자를 구하시오. 이 반응에 대하여 실험적으로 결정된 빈도 인자 $A = 4.0 \times 10^6 \text{ m}^3 \text{ mol}^{-1} \text{s}^{-1}$이다. (충돌 단면적 값은 부록의 표 11.1 자료를 사용하시오.)

풀이 실험적으로 결정된 빈도 인자로부터 입체 인자 값을 구하는 문제이다. 아레니우스 식과 충돌 이론에 의한 반응 속도 k_r은 다음과 같다.

$$k_r = Ae^{-Ea/RT}$$

$$k_r = P\sigma N_A \bar{s}_{rel}\, e^{-Ea/RT}$$

그러므로 위 두 식으로부터 빈도 인자 A는 다음과 같이 된다.

$$A = P\sigma N_A \bar{s}_{rel}$$

이 식을 P에 대하여 정리하면 다음과 같이 된다.

$$P = A/\sigma N_A \bar{s}_{rel}$$

이 계산을 위하여 두 반응물에 대한 환산 질량을 구하면 다음과 같다.

$$\mu = \frac{m_A m_B}{m_A + m_B} = \frac{\left(4.983\times10^{-23}\text{ g}\right)(1.177\times10^{-22}\text{ g})}{(4.983\times10^{-23}\text{ g}+1.177\times10^{-22}\text{ g})}$$

$$= 3.501 \times 10^{-23}\text{ g} = 3.501 \times 10^{-26}\text{ kg}$$

충돌 단면적 σ는 반응물이 서로 다른 종류의 분자이므로 표 11.1의 자료로부터 얻은 두 분자의 평균 충돌 단면적을 사용한다.

$$\sigma_{ave} = \pi d_{ave}{}^2 = \frac{1}{4}(\sigma_{NO} + \sigma_{Cl_2} + 2\sqrt{\sigma_{NO}\sigma_{Cl_2}})$$

$$= \frac{1}{4}\{(4.2 + 9.3)\times10^{-10}\text{ m}^2$$

$$+\ 2\sqrt{(4.2\times10^{-10}\text{ m}^2)(9.3\times10^{-10}\text{ m}^2)}\}$$

$$= 6.50\times10^{-10}\text{ m}^2$$

그러므로 상대 평균 속력은 다음과 같고,

$$\bar{s}_{rel} = \left(\frac{8kT}{\pi\mu}\right)^{1/2} = \left\{\frac{8(1.381\times10^{-23}\text{ J K}^{-1})(298.15\text{ K})}{\pi(3.50\times10^{-26}\text{ kg})}\right\}^{1/2} = 4.996\times10^{-6}\text{ m s}^{-1}$$

입체 인자 P는 다음과 같이 계산된다.

$$
\begin{aligned}
\boldsymbol{P} &= A/\sigma N_{\mathrm{A}}\bar{s}_{\mathrm{rel}} \\
&= \left\{\frac{4.0\times10^{6}\ \mathrm{m^3\ mol^{-1}\ s^{-1}}}{(6.50\times10^{-10}\ \mathrm{m^2})(6.022\times10^{23}\ \mathrm{mol^{-1}})(4.996\times10^{-6}\ \mathrm{s^{-1}})}\right\} \\
&= \mathbf{2.0\times10^{-3}}
\end{aligned}
$$

답 $P = 2.0\times10^{-3}$

12.3 염화 나이트로실(NOCl) 기체는 대류권에서 다음과 같이 열분해 반응을 일으킨다. 부록의 표 12.2의 자료를 사용하여 243 K에서의 다음 값을 구하시오.

(1) 활성화 엔탈피 $\Delta H^{\ddagger}$

(2) 활성화 엔트로피 $\Delta S^{\ddagger}$

(3) 활성화 깁스 에너지 $\Delta G^{\ddagger}$

풀이 실험적으로 측정된 빈도 인자로부터 활성화물에 대한 열역학적 값들을 구하는 문제이다.

(1) 기체 2분자도 반응이므로 활성화 엔탈피는 다음과 같이 구해진다.

$$
\begin{aligned}
\boldsymbol{\Delta H^{\ddagger}} &= E_{\mathrm{a}} - 2RT \\
&= (1.02\times10^{5}\ \mathrm{J\ mol^{-1}}) - 2(8.314\ \mathrm{J\ mol^{-1}\ K^{-1}})(243\ \mathrm{K}) \\
&= 9.80\times10^{4}\ \mathrm{J\ mol^{-1}} = \mathbf{98.0\ kJ\ mol^{-1}}
\end{aligned}
$$

(2) 빈도 인자와 활성화 엔트로피 관계는 다음과 같다.

$$
A = \frac{kT}{h}e^{2}e^{\Delta S^{\ddagger}/R}
$$

이 식을 $\Delta S^{\ddagger}$에 대하여 정리하면 다음과 같이 $\Delta S^{\ddagger}$를 구할 수 있다.[4]

$$
\begin{aligned}
\boldsymbol{\Delta S^{\ddagger}} &= R\ln\left(\frac{Ah}{e^{2}kT}\right) \\
&= (8.314\ \mathrm{J\ mol^{-1}\ K^{-1}})\times\ln\left\{\frac{(9.4\times10^{6})(6.626\times10^{-34})}{e^{2}(1.381\times10^{-23})(243)}\right\} \\
&= \mathbf{-1.3\times10^{2}\ J\ mol^{-1}\ K^{-1}}
\end{aligned}
$$

[4] $e = 2.718\ 281\ 828\ 46\cdots\cdots$

(3) $\Delta G^{\ddagger} = \Delta H^{\ddagger} - T\Delta S^{\ddagger}$이므로 활성화 깁스 에너지는 다음과 같다.

$$\boldsymbol{\Delta G^{\ddagger}} = 9.80\times10^{4}\ \text{J mol}^{-1} - (243\ \text{K})(-1.3\times10^{2}\ \text{J mol}^{-1}\ \text{K}^{-1})$$
$$= 1.29\times10^{5}\ \text{J mol}^{-1}\ \mathbf{= 129\ kJ\ mol^{-1}}$$

답 (1) $\Delta H^{\ddagger} = 98.0\ \text{kJ mol}^{-1}$ (2) $\Delta S^{\ddagger} = -1.3\times10^{2}\ \text{J mol}^{-1}\ \text{K}^{-1}$
(3) $\Delta G^{\ddagger} = 129\ \text{kJ mol}^{-1}$

연습 문제

12.1 1차 반응을 제외한 다른 모든 차수의 반응에 대한 반감기는 다음과 같이 모두 초기 농도에 의존한다.

$$t_{1/2} \propto \frac{1}{[A]_0^{n-1}} \quad (n\text{: 반응 차수})$$

A → P가 $n \neq 1$인 차수의 반응일 때 위 식이 성립됨을 보이시오.

12.2 서로 다른 압력과 온도 조건에서 반응 속도를 결정하였다. 이를 통하여 어떤 정보들을 얻을 수 있을까?

12.3 전이 상태 이론에 의하여 유도된 아이링 식이 충돌 이론보다 나은 점은 무엇인가?

12.4 2A + B → C + D 반응에 대하여 초기 속도를 측정하였더니 다음과 같았다. 이 반응의 속도 법칙을 결정하시오. B의 초기 농도 $[B]_0$은 각각 (ㄱ) $1.0 \times 10^{-3}\ M$, (ㄴ) $5.0 \times 10^{-3}\ M$, (ㄷ) $10.0 \times 10^{-3}\ M$이다.

$[A]_0 / 10^{-5}\ M$		1.0	2.0	4.0	6.0
$v_0 / M\,s^{-1}$	(ㄱ)	8.7×10^{-4}	3.5×10^{-3}	1.4×10^{-2}	3.1×10^{-2}
	(ㄴ)	4.4×10^{-3}	1.7×10^{-2}	7.0×10^{-2}	1.6×10^{-1}
	(ㄷ)	8.7×10^{-3}	3.5×10^{-2}	1.4×10^{-1}	3.1×10^{-1}

12.5 SO_2Cl_2는 다음과 같이 분해된다.

$$SO_2Cl_2(g) \rightarrow SO_2(g) + Cl_2(g)$$

이 반응계의 압력을 측정하였더니 다음과 같은 결과를 얻었다.

t / min	0	180	360	540	720
P_{tot} / Pa	1.11×10^4	1.48×10^4	1.73×10^4	1.89×10^4	2.00×10^4

다음을 구하시오.

(1) 속도 법칙

(2) 속도 상수

12.6 N_2O_5의 분해 반응은 1차 반응으로 반감기가 2.05×10^4 s이다. N_2O_5가 80% 분해되는 데 걸리는 시간은 얼마인가?

12.7 반응이 $A + B \rightarrow P$ 형인 2차 반응의 초기 농도를 [A] = 0.075 *M*, [B] = 0.050 *M*로 하여 3600 s 후에 농도를 측정하였더니 A의 농도가 0.025 *M*이었다. 다음을 구하시오.

(1) 속도 상수

(2) 반응물들의 반감기

12.8 $A + 2B \rightarrow P$ 형인 어떤 2차 반응의 속도 상수가 $k_r = 0.25\ M^{-1}\ s^{-1}$이다. 초기 농도를 [A] = 0.075 *M*, [B] = 0.050 *M*로 혼합하였다. 다음을 구하시오.

(1) 10분 후의 P의 농도

(2) A의 농도가 0.050 *M*로 되는 데까지 걸리는 시간

12.9 아레니우스 식을 사용하여 빈도 인자 $A = 10^{10}\ s^{-1}$일 때 298.15 K에서 다음 각 경우에 대하여 속도 상수를 구하시오.

(1) $E_a = 0$

(2) $E_a = 10\ kJ\ mol^{-1}$

(3) $E_a = 50\ kJ\ mol^{-1}$

12.10 어떤 화합물의 1차 분해 속도가 다음과 같이 측정되었다. 이 반응에 대하여 빈도 인자와 활성화 에너지를 구하시오.

T/°C	5	15	25	35
k_r/s^{-1}	4.9×10^{-3}	2.2×10^{-2}	9.5×10^{-2}	3.3×10^{-1}

12.11 부록의 표 12.2의 자료를 사용하여 $H_2 + C_2H_4 \rightarrow C_2H_6$ 반응에 대한 속도 상수를 구하시오.

12.12 ·OH 라디칼과 수소 분자의 반응은 다음과 같다.

$$H_2(g) + \cdot OH(g) \rightarrow H_2O(g) + \cdot H(g)$$

이 반응에 대한 빈도 인자 $A = 8.0 \times 10^{13}\ M^{-1}\ s^{-1}$이고, 활성화 에너지 $E_a = 42\ kJ\ mol^{-1}$이다. 다음을 구하시오.

(1) 활성화 엔탈피 $\Delta H^{\ddagger}$

(2) 활성화 엔트로피 $\Delta S^{\ddagger}$

(3) 활성화 깁스 에너지 $\Delta G^{\ddagger}$

12.13 어떤 1차 반응의 속도 상수가 625 K에서 $4.15 \times 10^{-4}\ s^{-1}$이고, 활성화 에너지가 102 $kJ\ mol^{-1}$이다. 645 K에서 이 반응의 속도 상수는 얼마가 되겠는가?

13강 다양한 형태의 반응과 촉매 작용

핵심 정리

1 다양한 형태의 반응에 대한 속도 법칙

가역 반응

$$A \underset{k_{r,B}}{\overset{k_{r,A}}{\rightleftharpoons}} B$$

시간 t에서

$$[A]_t = \frac{k_{r,B} + k_{r,A}e^{-(k_{r,A}+k_{r,B})t}}{k_{r,A} + k_{r,B}}[A]_0$$

$$[B]_t = \left(1 - \frac{k_{r,B} + k_{r,A}e^{-(k_{r,A}+k_{r,B})t}}{k_{r,A} + k_{r,B}}\right)[A]_0$$

평형 상태에서

$$[A]_{eq} = \frac{k_{r,B}}{k_{r,A} + k_{r,B}}[A]_0$$

$$[B]_{eq} = \left(1 - \frac{k_{r,B}}{k_{r,A} + k_{r,B}}\right)[A]_0 = \frac{k_{r,A}}{k_{r,A} + k_{r,B}}[A]_0$$

$$\frac{k_{r,A}}{k_{r,B}} = \frac{[B]_{eq}}{[A]_{eq}} = K \quad \text{(평형 상수와 속도 상수의 관계)}$$

연속 반응

$$A \xrightarrow{k_{r,A}} I \xrightarrow{k_{r,I}} P \quad \text{(I: 중간체)}$$

시간 t에서

$$[A]_t = [A]_0 e^{-k_{r,A}t}$$

$$[I]_t = \frac{k_{r,A}}{k_{r,I} - k_{r,A}}(e^{-k_{r,A}t} - e^{-k_{r,I}t})[A]_0$$

$$[\mathrm{P}]_t = \left(1 + \frac{k_{r,A}e^{-k_{r,I}t} - k_{r,I}e^{-k_{r,A}t}}{k_{r,I} - k_{r,A}}\right)[\mathrm{A}]_0$$

중간체가 최대 농도가 되는 시간

$$t_{max} = \frac{1}{k_{r,A} - k_{r,I}}\ln\left(\frac{k_{r,A}}{k_{r,I}}\right)$$

일정 상태 근사

$$\frac{\mathrm{d}[\mathrm{I}]}{\mathrm{d}t} = 0$$

평행 반응

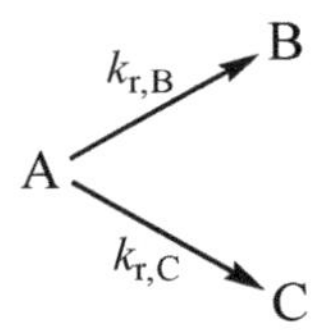

시간 t에서

$$[\mathrm{A}]_t = [\mathrm{A}]_0 e^{-(k_{r,B}+k_{r,C})t}$$

$$[\mathrm{B}]_t = \frac{k_{r,B}}{k_{r,B} + k_{r,C}}(1 - e^{-(k_{r,B}+k_{r,C})t})[\mathrm{A}]_0$$

$$[\mathrm{C}]_t = \frac{k_{r,C}}{k_{r,B} + k_{r,C}}(1 - e^{-(k_{r,B}+k_{r,C})t})[\mathrm{A}]_0$$

$$k_{r,B} = k_{r,C}\frac{[\mathrm{B}]_t}{[\mathrm{C}]_t} \quad \text{(농도와 속도 상수의 관계)}$$

2 반응 메커니즘

반응 메커니즘: 일련의 연속된 반응에서 단일 단계 반응들을 순서에 따라 모아 놓은 것, 화학적 변화가 일어나는 단계들을 일련의 단일 단계 반응들로 구성해 놓은 가상적 반응

속도 결정 단계: 반응 메커니즘에서 전체 반응의 속도 법칙을 결정하는 매우 느린 단계

반응 분자도: 단일 단계 반응에 관여하는 반응물 분자의 수

1분자도 반응: 단일 단계에서 한 분자의 반응물만이 관여, 이성질화 반응, 열분해 반응, 라세미화 반응 등

린더만-힌쉘우드 메커니즘

$$A + A \xrightarrow{k_{r,1}} A^* + A \qquad \frac{d[A^*]}{dt} = k_{r,1}[A]^2$$

$$A^* + A \xrightarrow{k_{r,-1}} A + A \qquad \frac{d[A^*]}{dt} = -k_{r,1}[A][A^*]$$

$$A^* \xrightarrow{k_{r,2}} P \qquad \frac{d[A^*]}{dt} = -k_{r,2}[A^*]$$

$$\frac{d[A^*]}{dt} = k_{r,1}[A]^2 - k_{r,-1}[A][A^*] - k_{r,2}[A^*] = 0$$

$$[A^*] = \frac{k_{r,1}[A]^2}{k_{r,2} + k_{r,-1}[A]}$$

$$\frac{d[P]}{dt} = k_{r,2}[A^*] = \frac{k_{r,1}k_{r,2}[A]^2}{k_{r,2} + k_{r,-1}[A]}$$

2분자도 반응

2분자도 반응의 형태: 분자 + 분자, 분자 + 라디칼, 라디칼 + 라디칼

3분자도 반응

$$2NO(g) + X_2(g) \rightarrow 2NOX(g) \quad (X: Cl, Br, \text{ 또는 } I)$$

원자 재결합 반응

$$A + A \rightarrow 2A$$

$$2A + M \rightarrow A_2 + M$$

$$A + B + M \rightarrow AB + M$$

$$\frac{d[A_2]}{dt} = k_r[A]^2[M]$$

$$\frac{d[AB]}{dt} - k_r[A][B][M]$$

3 균일 촉매와 효소 반응

촉매: 반응 속도를 변화시키나 자신은 반응 중에 소모되지 않아 실효 반응을 일으키지 않는 물질

균일 촉매 작용

균일 촉매: 반응 혼합물과 동일한 상을 이루는 촉매

$$S + C \underset{k_{r,-1}}{\overset{k_{r,1}}{\rightleftarrows}} SC$$

$$SC \xrightarrow{k_{r,2}} P + C$$

(S: 반응물 또는 기질, C: 촉매, SC: 기질−촉매 착물, P: 생성물)

$$\frac{d[P]}{dt} = v_0 = \frac{k_{r,2}[S]_0[C]_0}{[S]_0 + [C]_0 + K_m} \quad \text{(촉매 반응의 초기 속도)}$$

(K_m: 복합 상수)

$$v_0 = \frac{k_{r,2}[S]_0[C]_0}{[S]_0 + K_m} \quad ([S]_0 \gg [C]_0\text{일 때})$$

$$\frac{1}{v_0} = \left(\frac{K_m}{k_{r,2}[C]_0}\right)\frac{1}{[S]_0} + \frac{1}{k_{r,2}[C]_0}$$

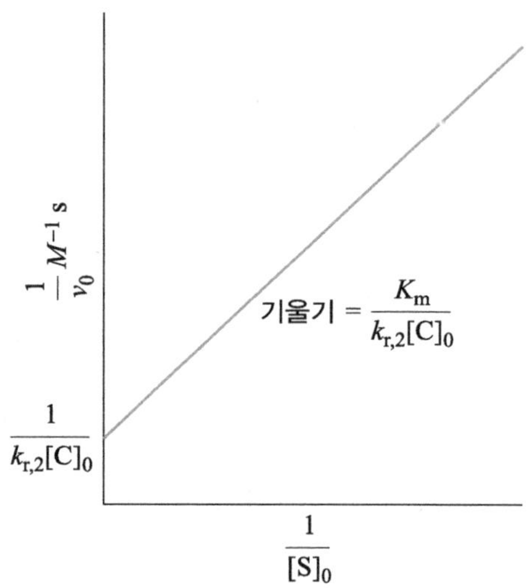

$$v_{max} = k_{r,2}[C]_0$$

효소 작용

효소: 균일 생체 촉매로 활성 자리를 가지고 있는 단백질이나 핵산

$$v_0 = \frac{k_{r,2}[S]_0[E]_0}{[S]_0 + K_m} \quad \text{(미하엘리스−멘텐 식)}$$

(K_m: 미하엘리스 상수)

$$v_{max} = k_{r,2}[E]_0$$

$$\frac{1}{v_0} = \left(\frac{K_m}{v_{max}}\right)\frac{1}{[S]_0} + \frac{1}{v_{max}} \quad \text{(라인위버-버크 식)}$$

$$k_{cat} = k_{r,2} = \frac{v_{max}}{[E]_0} \quad \text{(전환 빈도)}$$

$$\eta = \frac{k_{cat}}{K_m} = \frac{k_{r,1}k_{r,2}}{k_{r,-1} + k_{r,2}} \quad \text{(촉매 효율)}$$

효소 억제 작용

$$E + S \underset{k_{r,-1}}{\overset{k_{r,1}}{\rightleftarrows}} ES$$

$$ES \xrightarrow{k_{r,2}} E + P$$

$$E + I \underset{k_{r,-3}}{\overset{k_{r,3}}{\rightleftarrows}} EI$$

(I: 억제제, EI: 효소-억제제 착물)

$$v_0 = \frac{v_{max}[S]_0}{[S]_0 + K_m^*} \qquad K_m^* = K_m\left(1 + \frac{[I]}{K_I}\right) \quad \text{(억제된 효소 반응 속도)}$$

4 불균일 촉매

불균일 촉매: 반응 혼합물과 다른 상을 이루는 촉매

덮임률

$$\theta = \frac{\text{흡착된 자리 수}}{\text{흡착 가능 전체 자리 수}} = \frac{V_{ads}}{V_m} \quad \text{(덮임률의 정의)}$$

(V_{ads}: 특정 압력에서 흡착 물질의 부피, V_m: 완전한 단분자 흡착층을 만드는 한계 압력에서 흡착 물질의 부피)

흡착 등온식

$$\frac{d[\theta]}{dt} = k_{r,a}PN(1-\theta) \quad \text{(흡착 속도)}$$

$$\frac{d[\theta]}{dt} = -k_{r,d}N\theta \quad \text{(탈착 속도)}$$

$$\theta = \frac{(KP)}{1+(KP)} \qquad K = \frac{k_{r,a}}{k_{r,d}} \quad \text{(랭뮤어 흡착 등온식)}$$

$$\theta = \frac{(KP)^{1/2}}{1+(KP)^{1/2}} \quad \text{(해리 수반 흡착 등온식)}$$

예제

13.1 다음과 같은 연속 반응에 대하여 일정 상태 근사법을 사용하여 생성물의 농도 [P]의 시간 의존 관계를 구하시오. 시간 $t=0$에서 반응물 A만 존재한다고 가정하시오. (I_1, I_2는 중간체이다.)

$$A \xrightarrow{k_{r,A}} I_1 \xrightarrow{k_{r,1}} I_2 \xrightarrow{k_{r,2}} P$$

풀이 일련의 연속 반응에 대하여 일정 상태 근사법으로 적분 속도 법칙을 결정하는 문제이다.

이 반응에서 각 단계에 대한 속도식은 각각 다음과 같다.

$$\frac{d[A]}{dt} = -k_{r,A}[A] \tag{1}$$

$$\frac{d[I_1]}{dt} = k_{r,A}[A] - k_{r,1}[I_1] \tag{2}$$

$$\frac{d[I_2]}{dt} = k_{r,1}[I_1] - k_{r,2}[I_2] \tag{3}$$

$$\frac{d[P]}{dt} = k_{r,2}[I_2] \tag{4}$$

I_1과 I_2에 일정 상태 근사 $\frac{d[I]}{dt}=0$을 적용하면 (2)와 (3)식은 각각 다음과 같이 놓을 수 있다.

$$\frac{d[I_1]}{dt} = k_{r,A}[A] - k_{r,1}[I_1] = 0$$

$$\frac{d[I_2]}{dt} = k_{r,1}[I_1] - k_{r,2}[I_2] = 0$$

이 식들을 적분하면 일정 상태에서 I_1과 I_2의 농도 $[I_1]_{SS}$와 $[I_2]_{SS}$는 각각 다음과 같이 된다.

$$[I_1]_{SS} = \frac{k_{r,A}}{k_{r,1}}[A]_t = \frac{k_{r,A}}{k_{r,1}}[A]_0 e^{-k_{r,A}t} \tag{5}$$

$$[I_2]_{SS} = \frac{k_{r,1}}{k_{r,2}}[I_1]_{SS} = \frac{k_{r,1}}{k_{r,2}} \times \frac{k_{r,A}}{k_{r,1}}[A]_0 e^{-k_{r,A}t}$$

$$= \frac{k_{r,A}}{k_{r,2}}[A]_0 e^{-k_{r,A}t} \tag{6}$$

(4)식에 (6)식을 대입하면 다음과 같이 된다.

$$\frac{d[P]}{dt} = k_{r,2}[I_2] = k_{r,A}[A]_0 e^{-k_{r,A}t}$$

그러므로 적분하면 [P]의 시간 의존 관계는 다음과 같다.

$$\mathbf{[P]_{SS} = (1 - e^{-k_{r,A}t})[A]_0}$$

따라서 연속 반응에서 생성물의 양은 얼마나 많은 단계를 거쳐 일어나는지와 상관없이 속도 결정 단계의 속도에 의존함을 알 수 있다.

답 $[P]_{ss} = (1 - e^{-k_{r,A}t})[A]_0$

13.2 다음의 이산화 탄소의 수화 반응을 278.15 K에서 탄산 탈수 효소를 2.3 m*M* 첨가하여 촉진시켰다.

$$CO_2 + H_2O \rightleftarrows HCO_3^- + H^+$$

이 반응에 대한 초기 반응 속도를 측정하였더니 다음과 같은 결과를 얻었다.

$v/M\ s^{-1}$	$[CO_2]/mM$
2.8×10^{-5}	1.3
5.0×10^{-5}	2.5
8.3×10^{-5}	5.0
1.7×10^{-4}	20.0

다음을 구하시오.

(1) 속도 상수 $k_{r,2}$

(2) 미하엘리스 상수 K_m

풀이 라인위버-버크 도시법을 사용하여 v_{max}, $k_{r,2}$, K_m을 구하는 문제이다. 실험 결과 자료를 $1/v$과 $1/[CO_2]$에 대하여 변환하면 다음과 같다.

$v^{-1}/M^{-1}\ s$	$[CO_2]^{-1}/mM^{-1}$
3.57×10^4	0.769
2.00×10^4	0.400
1.20×10^4	0.200
5.88×10^3	0.050

이 자료를 Excel 프로그램과 같은 컴퓨터 프로그램을 사용하여 도시하여 선형 회귀분석을 하면 다음과 같은 결과를 얻을 수 있다.

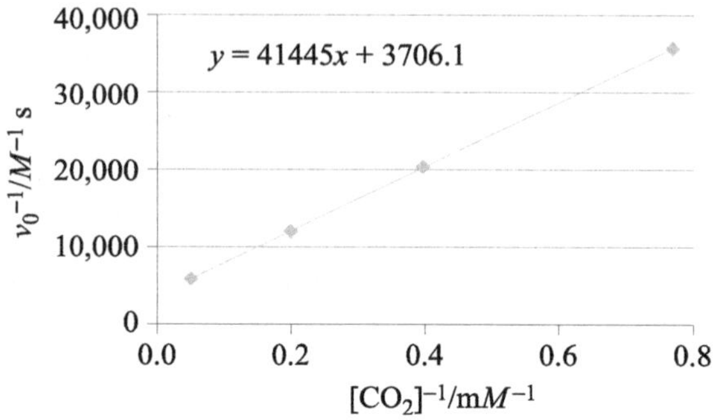

이 그래프에서 절편이 3706 M^{-1} s이므로 v_{max}는 다음과 같다.

$$v_{max} = \frac{1}{3706M^{-1}\ s} = 2.7\times10^{-4}\ M\ s^{-1}$$

따라서 $k_{r,2}[E_0] = v_{max}$ 를 $k_{r,2}$에 대하여 정리하여 계산하면 다음과 같다.

$$\boldsymbol{k_{r,2}} = v_{max}/[E_0] = (2.7\times10^{-4}\ M\ s^{-1})/(2.3\times10^{-9}\ M) = \mathbf{1.2\times10^{-9}\ s^{-1}}$$

한편 기울기 $\frac{K_m}{v_{max}} = 41,445\,s$ 이므로 K_m은 다음과 같이 구해진다.

$$\boldsymbol{K_m} = (41.445\,s)\times(2.7\times10^{-4}\ M\ s^{-1}) = \mathbf{11\ mM}$$

답 $k_{r,2} = 1.2\times10^{-9}\,s^{-1}$, $K_m = (41.445\,s)\,(2.7\times10^{-4}\,M\,s^{-1}) = 11\ mM$

13.3 273.15 K에서 염화 에테인의 활성탄에 대한 흡착 실험을 하였더니 다음과 같은 결과를 얻었다.

P/kPa	3.0	7.0	13.0	26.5	40.0
V_{ads}/cm^3	3.1	3.9	4.2	4.8	4.9

다음을 구하시오.

(1) 완전히 덮일 때의 부피 V_m

(2) 평형 상수 K

풀이 랭뮤어 등온식을 도시하여 측정 자료로부터 덮임률과 흡착-탈착 반응에 대한 평형 상수를 구하는 문제이다.

주어진 자료를 사용하여 덮임률 θ와 평형 상수 K를 구하기 위해서는 덮임률 $\theta = \frac{V_{ads}}{V_m}$ 를 랭뮤어 흡착 등온식과 결합시켜 사용하여야 한다.

랭뮤어 흡착 등온식은 다음과 같으므로

$$\theta = \frac{KP}{1+KP}$$

이 식에 $\theta = \frac{V_{ads}}{V_m}$ 를 대입하여 정리하면 다음과 같은 식을 얻을 수 있다.

$$\frac{P}{V_{ads}} = \frac{P}{V_m} + \frac{1}{KV_m}$$

따라서 $\frac{P}{V_{ads}}$ 를 P에 대하여 나타내면 기울기가 $\frac{1}{V_m}$ 이고, 절편이 $\frac{1}{KV_m}$ 인 직선이 된다.

$\frac{P}{V_{ads}}$ 를 P에 대하여 도시하기 위하여 주어진 자료를 변환하여 나타내면 다음과 같이 된다.

P/kPa	3.0	7.0	13.0	26.5	40.0
$\frac{P}{V_{ads}}$ /kPa cm^{-3}	0.97	1.8	3.1	5.5	8.2

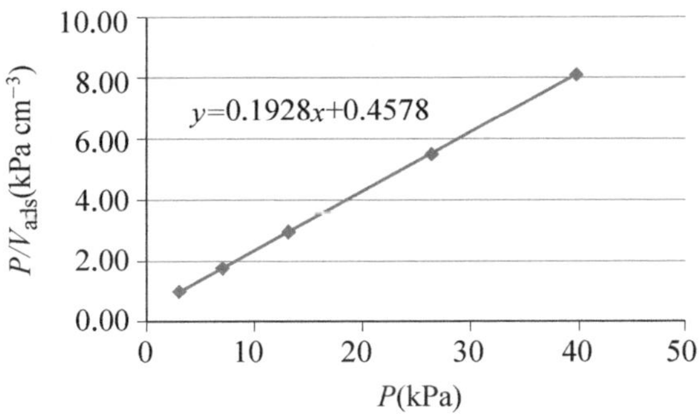

(1) 선형회귀분석에 의하여 얻어진 기울기가 0.1928이므로 완전 덮임부피 V_m은 다음과 같이 구해진다.

$$\frac{1}{V_m} = 0.1928\ \text{cm}^{-3} \qquad \therefore V_m = \frac{1}{0.1928\ \text{cm}^{-3}} = 5.2\ \text{cm}^3$$

(2) 한편 절편이 0.4578이므로 평형 상수 K는 다음과 다음과 같이 구해진다.

$$\frac{1}{KV_m} = 0.4578 \text{ kPa cm}^{-3}$$

$$\therefore \boldsymbol{K} = \frac{1}{(0.4578 \text{ kPa cm}^{-3})(5.2 \text{ cm}^3)} = \mathbf{0.42\ kPa^{-1}}$$

답 (1) $V_m = 5.2 \text{ cm}^3$ (2) $K = 0.42 \text{ kPa}^{-1}$

연습 문제

13.1 반응 메커니즘이 무엇인지 말하고, 반응 메커니즘은 어떻게 결정되는지 설명하시오.

13.2 속도 결정 단계가 무엇인지 말하고, 속도 결정 단계가 속도 법칙을 결정하는 이유를 말하시오.

13.3 일정 상태 근사가 무엇인지 말하고, 어떤 경우에 일정 상태 근사를 사용할 수 있는지 말하시오.

13.4 1분자도 반응에 대한 린더만–힌쉘우드 메커니즘의 과정을 설명하시오.

13.5 효소에 대한 미하엘리스–멘텐 속도 법칙을 설명하시오.

13.6 표면 흡착에 대한 랭뮤어 모형의 가정을 기술하시오.

13.7 가역 반응은 일시적으로 온도를 급변시키면 평형이 깨진 후 다시 평형을 찾아 되돌아간다. 이러한 방법으로 속도 상수를 구하는 것을 완화법(**relaxation method**)이라고 한다. 가역 반응들에 대한 완화 시간(**relaxation time, τ**)은 다음과 같다.

반응	완화 시간
$A \rightleftarrows P$	$1/\tau = k_{r,1} + k_{r,-1}$
$2A \rightleftarrows P$	$1/\tau = 4k_{r,1}[A] + k_{r,-1}$
$A + B \rightleftarrows P$	$1/\tau = k_{r,1}([A]+[B]) + k_{r,-1}$
$2A + B \rightleftarrows P$	$1/\tau = k_{r,1}(4[A][B] + [A]^2) + k_{r,-1}$

물의 자체 양성자 이전 반응의 재결합 반응은 다음과 같고, 이 반응에 대하여 $pH \approx 7$ 에서 완화 시간 $\tau = 37\ \mu s$ 로 측정되었다.

$$H_2O \underset{k_{r,-1}}{\overset{k_{r,1}}{\rightleftarrows}} H^+ + OH^-$$

이 반응의 정반응과 역반응에 대한 속도 상수를 구하시오.

13.8 어떤 실험실에서 A를 반응시켜 B를 얻으려고 한다. 그러나 B는 다시 C로 분해된다. 이 반응에 대한 첫 번째 단계의 속도 상수 $k_{r,1} = 5.0 \times 10^5\ s^{-1}$이고, 두 번째 단계의 속도 상수 $k_{r,2} = 6.0 \times 10^5\ s^{-1}$이다. B의 농도가 최대가 되는 시간을 구하시오.

13.9 다음은 사전에 평형이 일어나는 연속 반응의 메커니즘이다.

$$A + B \underset{k_{r,-1}}{\overset{k_{r,1}}{\rightleftarrows}} I \xrightarrow{k_{r,2}} P$$

이 반응에 대한 속도 법칙이 다음과 같이 됨을 유도하시오. 단, 사전 평형 반응에서 $k_{r,-1} \gg k_{r,2}$ 이다.

$$\frac{d[P]}{dt} = k_r[A][B] \qquad k_r = \frac{k_{r,1}k_{r,2}}{k_{r,-1}}$$

13.10 사이클로뷰테인이 뷰텐이 되는 이성질화 반응에 대하여 350 K에서 사이클로뷰테인의 초기 압력 P_0에 대하여 측정한 속도 상수 k_r이 다음과 같았다.

P_0/kPa	14.7	28.0	52.0	84.0	101
k_r/s^{-1}	9.6	10.3	10.8	11.0	11.1

이 반응이 린더만–힌셸우드 메커니즘에 잘 맞는다고 가정하여 다음을 구하시오.

(1) $A + A \xrightarrow{k_{r,1}} A^* + A$ 단계의 속도 상수 $k_{r,1}$

(2) $A^* + A \xrightarrow{k_{r,-1}} A + A$ 와 $A^* \xrightarrow{k_{r,2}} P$ 단계의 속도 상수 비 $\dfrac{k_{r,-1}}{k_{r,2}}$

13.11 탄화수소 화합물(RH)의 할로젠(X)화 반응 $RH + X_2 \rightarrow RX + HX$에 대하여 다음과 같은 메커니즘이 제시되었다.

$$X_2 \xrightarrow{k_{r,1}} 2X\bullet$$

$$\bullet X + RH \xrightarrow{k_{r,2}} \bullet R + HX$$

$$\bullet R + X_2 \xrightarrow{k_{r,3}} RX + X\bullet$$

$$\bullet X + R\bullet \xrightarrow{k_{r,4}} RX$$

이 메커니즘에 의하여 예측되는 속도 법칙을 유도하시오.

13.12 상온에서 어떤 기질이 촉매에 의하여 변하는 반응의 복합 상수 $K_m = 0.025\ M$이고, 기질의 농도가 0.105 M일 때 반응 속도가 $1.10 \times 10^{-3}\ M\ s^{-1}$이다. 이 반응의 최대 속도를 구하시오.

13.13 이산화 탄소를 수화시켜 탄산수소 이온을 생성하는 탄산 탈수 효소의 촉매 작용에 대하여 273.5 K에서 미하엘리스 상수 K_m = 50.00 M이고, 효소의 농도가 0.020 M일 때 최대 반응 속도가 1.7×10^{-3} $M\,s^{-1}$이다. 다음을 구하시오.

(1) 전환 빈도 k_{cat}

(2) 촉매 효율 η

13.14 어떤 효소 촉매 반응에 대하여 기질 S에 대하여 서로 다른 4가지 농도의 용액에 동일한 농도의 효소를 넣고 반응을 시켰다. 이 반응에 대하여 억제제 I를 넣었을 때와 넣지 않았을 때의 초기 반응 속도를 측정하였더니 다음과 같았다.

[S]/M	5.0×10^{-4}	1.0×10^{-3}	5.0×10^{-3}	1.0×10^{-2}
$v_0/M\,s^{-1}$ (I가 없을 때)	1.3×10^{-6}	2.0×10^{-6}	3.9×10^{-6}	4.6×10^{-6}
$v_0/M\,s^{-1}$ (I가 있을 때)	5.8×10^{-7}	1.0×10^{-6}	2.8×10^{-6}	3.6×10^{-6}

각 경우에 [I] = 8.0×10^{-3} M이었다. 다음을 구하시오.

(1) 최대 속도 v_{max}와 미하엘리스 상수 K_m

(2) 평형 상수 K_I

13.15 많은 고체 촉매 표면에서의 기체 반응은 둘 또는 그 이상의 서로 다른 기체의 흡착에 의하여 일어난다. 두 가지 기체가 흡착되는 경우에 대하여 각 기체의 덮임 분율에 대한 식을 유도하시오. (기체의 흡착은 고체 표면의 흡착 가능 자리 수로 제한된다고 가정하시오.)

부록: 자료

표 3.1 몇 가지 물질의 둘째 비리알 계수, B/cm^3 mol^{-1}

물질	온도			
	100 K	273 K	373 K	600 K
공기	−167.3	−13.5	3.4	19.0
Ar	−187.0	−21.7	−4.2	11.9
CH_4		−53.6	−21.2	8.1
CO_2		−142	−72.2	−12.4
H_2	−2.0	13.7	15.6	
He		−62.9	−28.7	1.7
N_2	−160.0	−10.5	6.2	21.7
Ne	−6.0	10.4	12.3	13.8
O_2	−197.5	−22	−3.7	12.9

출처: *Handbook of Thermophysical and Thermochemical Data*, Lide, D. R. ed., CRC Press, Boca Raton, FL. (1994).

표 3.2 몇 가지 물질의 반데르발스 및 레드리히-퀑 매개변수*

물질	반데르발스		레드리히-퀑	
	a/L^2 bar mol^{-2}	b/10^{-2} L mol^{-1}	a/L^2 bar mol^{-2} K$^{1/2}$	b/10^{-2} L mol^{-1}
Ar	1.355	3.20	1.427	1.837
Br_2	9.75	5.91	236.5	4.085
CH_4	2.303	4.31	32.20	2.985
CO	1.472	3.95	17.20	2.739
C_2H_2	4.533	5.24	80.65	3.632
C_2H_4	4.612	5.82	78.51	4.034
C_2H_6	5.580	6.51	98.79	4.514
CH_3OH, 메탄올	9.476	6.59	217.1	4.561
C_2H_5OH, 에탄올	12.56	8.71	287.7	6.021
CCl_4	20.01	12.81	473.2	8.793
CO_2	3.658	4.29	64.63	2.971
F_2	1.171	2.90	14.17	1.993

표 3.2 몇 가지 물질의 반데르발스 및 레드리히-퀑 매개변수(계속)

물질	반데르발스		레드리히-퀑	
	a/L^2 bar mol^{-2}	b/10^{-2} L mol^{-1}	a/L^2 bar mol^{-2} K$^{1/2}$	b/10^{-2} L mol^{-1}
H_2	0.2452	2.65	15.55	2.675
H_2O	5.537	3.05	142.6	2.113
N_2	1.370	3.87	16.86	2.219
NH_3	4.225	3.71	86.12	2.572
O_2	1.382	3.19	64.63	2.971
Xe	4.192	5.16	17.40	2.203

*임계 상수로부터 계산

표 3.3 몇 가지 물질의 임계 상수

물질	T_c/K	P_c/bar	$V_{m,c}$/10^{-3} L mol^{-1}	Z_c
Ar	150.86	48.98	74.57	0.291
Xe	289.74	58.40	118.00	0.286
H_2	32.98	12.93	64.20	0.303
N_2	126.20	33.98	90.10	0.292
O_2	154.58	50.43	73.37	0.288
F_2	144.30	51.72	66.20	0.285
Br_2	588.00	103.40	127.00	0.268
CO	132.91	34.99	93.10	0.295
CO_2	304.13	73.75	94.07	0.274
H_2O	647.14	220.64	55.95	0.229
NH_3	405.40	113.53	72.47	0.244
CH_4	190.56	45.99	98.60	0.286
C_2H_2	308.30	61.38	112.20	0.269
C_2H_4	282.34	50.41	131.1	0.281
C_2H_6	305.32	48.72	145.50	0.279
CH_3OH, 메탄올	521.50	80.84	117.00	0.221
C_2H_5OH, 에탄올	513.92	61.37	168.00	0.241
CCl_4	556.60	45.16	276.00	0.269

출처: *Handbook of Chemistry and Physics*, 83rd ed., Lide, D. R. ed., CRC Press, Boca Raton, FL. (2002).

표 5.1 몇 가지 물질의 298 K에서의 팽창 계수 α 및 등온 압축률 κ_T

물질	$\alpha/10^{-6}\ K^{-1}$	$\kappa_T/10^{-6}\ bar^{-1}$
고체		
Al(*s*)	69.3	1.33
Au(*s*)	42.6	0.563
Cu(*s*)	49.5	0.702
Fe(*s*)	36.9	0.56
액체		
$CCl_4(l)$	1140	103
$CH_3OH(l)$, 메탄올	1490	120
$C_2H_5OH(l)$, 에탄올	1120	110
$C_6H_6(l)$	1140	94
$H_2O(l)$	204	45.9
Hg(*l*)	181	3.91

출처: *Handbook of Chemistry and Physics*, 83rd ed., Lide, D. R. ed., CRC Press, Boca Raton, FL. (2002); *Handbook of Physics*, Benenson, W., et al., Springer, Newyork (2002).

표 5.2 몇 가지 물질의 1 atm 298 K에서의 주울–톰슨 계수 μ_{JT}와 반전 온도 T_I

물질	$\mu_{JT}/K\ atm^{-1}$	T_I/K
공기	0.189 (323 K)	603
Ar		723
CH_4		968
CO_2	1.11 (300 K)	1500
He	−0.062	40
H_2	−0.03	202
N_2	0.27	621
Ne		231
O_2	0.31	764

출처: *American Institute of Physics Handbook*, Gray, D. E. ed., McGraw Hill, New York. (1972).

표 5.3 몇 가지 물질의 전이 온도에서 표준 전이 엔탈피 $\Delta_{trs}H^{o}$

물질	녹음		증발	
	T_f/K	$\Delta_{fus}H^{o}$/kJ mol^{-1}	T_b/K	$\Delta_{vap}H^{o}$/kJ mol^{-1}
무기물				
Ag	1234	1130	2436	250.6
Ar	83.81	1.118	87.29	6.506
Br_2	265.9	10.57	332.4	29.45
Cl_2	172.1	6.45	239.1	20.41
CO_2	271.0	8.33	194.6	25.23(승화)
CS_2	161.2	4.39	319.4	26.74
H_2O	273.15	6.008	373.15	40.656(44.016, 298 K에서)
H_2S	187.6	2.377	212.8	18.67
H_2SO_4	283.5	2.56		
He	3.3	0.021	4.22	0.084
Hg	234.3	2.292	629.7	59.30
I_2	386.8	15.52	458.4	41.80
N_2	63.15	0.719	77.35	5.586
Na	371.0	2.601	1156	98.01
NH_3	195.4	5.652	239.7	23.35
O_2	54.36	0.444	90.18	6.820
Xe	161	2.30	165	12.6
K	336.4	2.35	1031	80.23
유기물				
CCl_4	250.3	2.47	349.9	30.00
CH_4	90.68	0.941	111.7	8.18
C_2H_6	89.85	2.86	184.6	14.7
C_6H_6, 벤젠	278.61	10.59	353.2	30.8
C_6H_{14}	178	13.08	342.1	28.85
CH_3OH, 메탄올	175.2	3.16	337.2	35.27
C_2H_5OH, 에탄올	158.7	4.60	352	43.5

출처: *American Institute of Physics Handbook*, Gray, D. E. ed., McGraw Hill, New York. (1972).

표 5.4 298.15 K, 표준 상태에서 원소 및 화합물의 열역학 자료(무기 화합물)

물질	$\Delta_f H^o$/kJ mol^{-1}	$\Delta_f G^o$/kJ mol^{-1}	S_m^o/J K^{-1} mol^{-1}	$C_{P,m}^o$/J K^{-1} mol^{-1}
구리				
$Cu(s)$	0	0	33.15	24.44
$Cu(g)$	338.32	298.58	166.38	20.79
$Cu^+(aq)$	71.67	49.98	40.6	
$Cu_2^+(aq)$	64.77	65.49	–99.6	
$CuCl_2(s)$	–220.1	–175.7	108.1	71.9
$CuO(s)$	–157.3	–129.7	42.63	42.30
$Cu_2O(s)$	–168.6	–146.0	93.14	63.64
$CuSO_4(s)$	–771.36	–661.8	109	100.0
$CuSO_4{\cdot}H_2O(s)$	–1085.8	–918.11	146.0	134
$CuSO_4{\cdot}5H_2O(s)$	–2279.7	–1879.7	300.4	280
규소				
$Si(s)$	0	0	18.83	20.00
$Si(g)$	455.6	411.3	167.97	22.25
$SiCl_4(g)$	–662.7	–662.8	330.9	90.3
$SiO_2(s, \alpha)$	–910.94	–856.64	41.48	44.43
금				
$Au(s)$	0	0	47.40	25.42
$Au(g)$	366.1	326.3	180.50	20.79
소듐(나트륨)				
$Na(s)$	0	0	51.21	28.24
$Na(g)$	107.32	76.76	153.71	20.79
$Na^+(aq)$	–240.12	–261.91	59.0	46.4
$NaBr(s)$	–361.06	–348.98	86.82	51.38
$NaCl(s)$	–411.15	–384.14	72.13	50.50
$NaI(s)$	–287.78	–286.06	98.53	52.09
$NaOH(s)$	–425.61	–379.49	64.46	59.54
납				
$Pb(s)$	0	0	64.81	26.44
$Pb(g)$	195.0	161.9	175.37	20.79

표 5.4 298.15 K, 표준 상태에서 원소 및 화합물의 열역학 자료(무기 화합물)(계속)

물질	$\Delta_f H^o$/kJ mol^{-1}	$\Delta_f G^o$/kJ mol^{-1}	$S_m{}^o$/J K^{-1} mol^{-1}	$C_{P,m}{}^o$/J K^{-1} mol^{-1}
$Pb_2^+(aq)$	−1.7	−24.43	10.5	
PbO(*s*,황)	−217.32	−187.89	68.70	45.77
PbO(*s*,적)	−218.99	−188.93	66.5	45.81
$PbO_2(s)$	−277.4	−217.33	68.6	64.64
$PbSO_4(s)$	−920.0	−813.20	148.5	86.4
네온				
Ne(*g*)	0	0	146.33	20.79
리튬				
Li(*s*)	0	0	29.12	24.77
Li(*g*)	159.37	126.66	138.77	20.79
$Li^+(aq)$	−278.49	−293.31	13.4	68.6
LiH(*s*)	−90.5	−68.3	20.0	27.9
LiH(*g*)	140.6	117.8	170.9	29.7
마그네슘				
Mg(*s*)	0	0	32.68	24.89
Mg(*g*)	147.70	113.10	148.65	20.79
$Mg^{2+}(aq)$	−466.85	−458.8	−138.1	
$MgCl_2(s)$	−641.32	−591.79	89.62	71.38
$MgCO_3(s)$	−1095.8	−1012.1	65.7	75.52
MgO(*s*)	−601.70	−569.43	26.94	37.15
$MgSO_4(s)$	−1284.9	−1170.6	91.6	96.5
바륨				
Ba(*s*)	0	0	62.8	28.07
Ba(*g*)	180	146	170.24	20.79
$Ba^{2+}(aq)$	−537.64	−560.77	9.6	
$BaCl_2(s)$	−858.6	−810.4	123.68	75.14
$BaCO_3(s)$	−1216.3	−1137.6	112.1	85.4
BaO(*s*)	−553.5	−525.1	70.43	47.78
$BaSO_4(s)$	−1473.2	−1362.3	132.2	101.8

표 5.4 298.15 K, 표준 상태에서 원소 및 화합물의 열역학 자료(무기 화합물)(계속)

물질	$\Delta_f H^o$/kJ mol^{-1}	$\Delta_f G^o$/kJ mol^{-1}	$S_m{}^o$/J K^{-1} mol^{-1}	$C_{P,m}{}^o$/J K^{-1} mol^{-1}
베릴륨				
Be(*s*)	0	0	9.50	16.44
Be(*g*)	324.3	286.6	136.27	20.79
브로민				
$Br_2(l)$	0	0	152.23	75.69
$Br_2(g)$	30.91	3.11	245.46	36.02
Br(*g*)	111.88	82.40	175.02	20.79
$Br^-(g)$	–219.07			
$Br^-(aq)$	–211.55	–103.96	82.4	–141.8
HBr(*g*)	–36.40	–53.45	198.70	29.14
비소				
As(*s*, *α*)	0	0	35.1	24.64
As(*g*)	302.5	261.0	174.21	20.79
$As_4(g)$	143.9	92.4	314	
$AsH_3(g)$	66.44	68.93	222.78	38.07
비스무트				
Bi(*s*)	0	0	9.50	16.44
Bi(*g*)	324.3	286.6	136.27	20.79
산소				
$O_2(g)$	0	0	205.14	29.36
O(*g*)	249.17	231.73	161.06	21.91
$O_3(g)$	142.7	163.2	238.93	39.20
OH(*g*)	39.0	34.22	183.7	29.9
$OH^-(aq)$	–229.99	–157.24	–10.75	–148.5
세슘				
Cs(*s*)	0	0	85.23	32.17
Cs(*g*)	76.06	49.12	175.60	20.79
$Cs^+(aq)$	–258.28	–292.02	133.05	–10.5
수소(중수소 참조)				
$H_2(g)$	0	0	130.68	28.82
H(*g*)	217.97	203.25	114.71	20.78

표 5.4 298.15 K, 표준 상태에서 원소 및 화합물의 열역학 자료(무기 화합물)(계속)

물질	$\Delta_f H^o$/kJ mol^{-1}	$\Delta_f G^o$/kJ mol^{-1}	$S_m{}^o$/J K^{-1} mol^{-1}	$C_{P,m}{}^o$/J K^{-1} mol^{-1}
$H^+(aq)$	0	0	0	0
$H^+(g)$	1536.20			
$H_2O(s)$/273 K			37.99	36.2
$H_2O(l)$	–285.83	–237.13	69.91	75.29
$H_2O(g)$	–241.82	–228.57	188.83	33.58
$H_2O_2(l)$	–187.78	–120.35	109.6	89.1
수은				
$Hg(l)$	0	0	76.02	27.98
$Hg(g)$	61.32	31.82	174.96	20.79
$Hg^{2+}(aq)$	171.1	164.40	–32.2	
$Hg_2{}^{2+}(aq)$	172.4	153.52	84.5	
$HgCl_2(s)$	–224.3	–178.6	146.0	
$Hg_2Cl_2(s)$	–265.22	–210.75	192.5	
$HgO(s)$	–90.83	–58.54	70.29	44.06
HgS(*s*,흑)	–53.6	–47.7	88.3	
아르곤				
$Ar(g)$	0	0	154.84	20.79
아연				
$Zn(s)$	0	0	41.63	25.40
$Zn(g)$	130.73	95.14	160.98	20.79
$Zn^{2+}(aq)$	–153.89	–147.06	–112.1	46
$ZnCl_2(s)$	–415.1	–369.4	111.5	71.3
$ZnO(s)$	–346.28	–318.30	43.64	40.25
$ZnSO_4(s)$	–982.8	–871.5	110.5	99.2
아이오딘				
$I_2(s)$	0	0	116.14	54.44
$I_2(g)$	62.44	19.33	260.69	36.90
$I(g)$	106.84	70.25	180.79	20.79
$I^-(aq)$	–55.19	–51.57	111.3	–142.3
$HI(g)$	26.48	1.70	206.59	29.16

표 5.4 298.15 K, 표준 상태에서 원소 및 화합물의 열역학 자료(무기 화합물)(계속)

물질	$\Delta_f H^o$/kJ mol^{-1}	$\Delta_f G^o$/kJ mol^{-1}	S_m^o/J K^{-1} mol^{-1}	$C_{P,m}^o$/J K^{-1} mol^{-1}
안티모니				
$Sb(s)$	0	0	45.69	25.23
$SbH_3(g)$	145.11	147.75	232.78	41.05
알루미늄				
$Al(s)$	0	0	28.33	24.35
$Al(l)$	10.56	7.20	39.55	24.21
$Al(g)$	326.4	285.7	164.54	21.38
$Al^{3+}(g)$	5483.17			
$Al^{3+}(aq)$	–531	–485	–321.7	
$Al_2O_3(s, \alpha)$	–1675.7	–1582.3	50.92	79.04
$AlCl_3(s)$	–704.2	–628.8	110.67	91.84
염소				
$Cl_2(g)$	0	0	223.07	33.91
$Cl(g)$	121.68	105.68	165.20	21.84
$Cl^-(g)$	–233.13			
$Cl^-(aq)$	–167.16	–131.23	56.5	–136.4
$HCl(g)$	–92.31	–95.30	186.91	29.12
$HCl(aq)$	–167.16	–131.23	56.5	–136.4
$ClO_2(g)$	104.6	105.1	256.8	45.6
$ClO_4^-(aq)$	–128.1	–8.52	184.0	
은				
$Ag(s)$	0	0	42.55	25.35
$Ag(g)$	284.55	245.65	173.00	20.79
$Ag^+(aq)$	105.58	77.11	72.68	21.8
$AgBr(s)$	–100.37	–96.90	107.1	52.38
$AgCl(s)$	–127.07	–109.79	96.2	50.79
$AgNO_3(s)$	–129.39	–33.41	140.92	93.05
$Ag_2O(s)$	–31.05	–11.20	121.3	65.86
$Ag_2SO_4(s)$	–715.9	–618.4	200.4	131.4

표 5.4 298.15 K, 표준 상태에서 원소 및 화합물의 열역학 자료(무기 화합물)(계속)

물질	$\Delta_f H^o$/kJ mol^{-1}	$\Delta_f G^o$/kJ mol^{-1}	$S_m{}^o$/J K^{-1} mol^{-1}	$C_{P,m}{}^o$/J K^{-1} mol^{-1}
인				
P(s,백)	0	0	41.09	23.84
P(s,적)	–17.6	–12.1	22.8	21.2
P(g)	314.64	278.25	163.19	20.79
P_2(g)	144.3	103.7	218.13	32.05
P_4(g)	58.91	24.44	279.98	67.15
PH_3(g)	5.4	13.4	210.23	37.11
PCl_3(g)	–287.0	–267.8	311.78	71.84
PCl_3(l)	–319.7	–272.3	217.1	
PCl_5(g)	–374.9	–305.0	364.6	112.8
PCl_5(s)	–443.5			
PO_4^{3-}(aq)	–1277.4	–1018.7	–221.8	
P_4O_{10}(s)	–2984.0	–2697.0	228.86	211.71
H_3PO_3(s)	–964.4			
H_3PO_3(aq)	–964.8			
H_3PO_4(s)	–1279.0	–1119.1	110.50	106.06
H_3PO_4(l)	–1266.9			
H_3PO_4(aq)	–1277.4	–1018.7	–222	
HPO_4^{2-}(aq)	–1299.0	–1089.2	–33.5	
$H_2PO_4^-$(aq)	–1302.6	–1130.2	92.5	
제논				
Xe(g)	0	0	169.68	20.79
주석				
Sn(s, β, 백)	0	0	51.55	26.99
Sn(g)	302.1	267.3	168.49	20.26
Sn^{2+}(aq)	–8.8	–27.2	–17	
SnO(s)	–285.8	–256.9	56.5	44.31
SnO_2(s)	–580.7	–519.6	52.3	52.59
중수소				
D_2(g)	0	0	144.96	29.20

표 5.4 298.15 K, 표준 상태에서 원소 및 화합물의 열역학 자료(무기 화합물)(계속)

물질	$\Delta_f H^o$/kJ mol^{-1}	$\Delta_f G^o$/kJ mol^{-1}	$S_m{}^o$/J K^{-1} mol^{-1}	$C_{P,m}{}^o$/J K^{-1} mol^{-1}
$D_2O(l)$	–294.60	–243.44	75.94	84.35
$D_2O(g)$	–249.20	–234.54	198.34	34.27
$HD(g)$	3.32	–1.46	143.80	29.20
$HDO(l)$	–289.89	–241.86	79.29	
$HDO(g)$	–245.30	–233.11	199.51	33.81
질소				
$N_2(g)$	0	0	191.61	29.13
$N(g)$	472.70	455.56	153.30	20.79
$NH_3(g)$	–46.11	–16.45	192.45	35.06
$NH_3(aq)$	–80.29	–26.50	111.3	
$NH_4^+(aq)$	–132.51	–79.31	113.4	79.9
$NH_4Cl(s)$	–314.43	–202.87	94.6	
$NH_4NO_3(s)$	–365.56	–183.87	151.08	84.1
$NH_2OH(s)$	–114.2			
$N_2H_4(l)$	50.63	149.43	121.21	139.3
$NO(g)$	90.25	86.55	210.76	29.84
$N_2O(g)$	82.05	104.20	219.85	38.45
$NO_2(g)$	33.18	51.31	240.06	37.20
$N_2O_4(g)$	9.16	97.89	304.29	77.28
$N_2O_5(s)$	–43.1	113.9	178.2	143.1
$N_2O_5(g)$	11.3	115.1	355.7	84.5
$NO_3^-(aq)$	–205.0	–108.74	146.4	–86.6
NOCl	51.7	66.1	261.7	44.7
$HN_3(l)$	264.0	327.3	140.6	43.68
$HN_3(g)$	294.1	328.1	238.97	98.87
$HNO_3(l)$	–174.10	–80.71	155.60	109.87
$HNO_3(aq)$	–207.36	–111.25	146.4	–86.6
철				
$Fe(s)$	0	0	27.28	25.10
$Fe(g)$	416.3	370.7	180.49	25.68
$Fe^{2+}(aq)$	–89.1	–78.90	–137.7	

표 5.4 298.15 K, 표준 상태에서 원소 및 화합물의 열역학 자료(무기 화합물)(계속)

물질	$\Delta_f H^o$/kJ mol^{-1}	$\Delta_f G^o$/kJ mol^{-1}	$S_m{}^o$/J K^{-1} mol^{-1}	$C_{P,m}{}^o$/J K^{-1} mol^{-1}
$Fe^{3+}(aq)$	−48.5	−4.7	−315.9	
$Fe_2O_3(s,$적철광$)$	−824.2	−742.2	87.40	103.85
$Fe_3O_4(s,$자철광$)$	−1118.4	−1015.4	146.4	143.43
$FeS(s, \alpha)$	−100.0	−100.4	60.29	50.54
$FeS_2(s)$	−178.2	−166.9	52.93	62.17
$FeSO_4(s)$	−928.4	−820.8	107.5	100.6
카드뮴				
$Cd(s, \gamma)$	0	0	51.76	25.98
$Cd(g)$	112.01	77.41	167.75	20.79
$Cd^{2+}(aq)$	−75.90	−77.61	−73.2	
$CdCO_3(s)$	−750.6	−669.4	92.5	
$CdO(s)$	−258.2	−228.4	54.8	43.43
포타슘(칼륨)				
$K(s)$	0	0	64.18	29.58
$K(g)$	89.24	60.59	160.34	20.79
$K^+(g)$	514.26			
$K^+(aq)$	−232.38	−283.27	102.5	21.8
$KBr(s)$	−393.80	−380.66	95.90	52.30
$KCl(s)$	−436.75	−409.14	82.59	51.30
$KF(s)$	−576.27	−537.75	66.57	49.04
$KI(s)$	−327.90	−324.89	106.32	52.93
$KOH(s)$	−424.76	−379.08	78.9	64.9
$K_2O(s)$	−361.5	−322.8	102.0	77.4
$K_2SO_4(s)$	−1437.8	−1321.4	175.6	131.5
칼슘				
$Ca(s)$	0	0	41.42	25.31
$Ca(g)$	178.2	144.3	154.88	20.786
$Ca^{2+}(aq)$	−542.83	−553.58	−53.1	
$CaCO_3(s,$방해석$)$	−1206.9	−1128.8	92.9	81.88
$CaCO_3(s,$선석$)$	−1207.1	−1127.8	88.7	81.25

표 5.4 298.15 K, 표준 상태에서 원소 및 화합물의 열역학 자료(무기 화합물)(계속)

물질	$\Delta_f H^\circ$/kJ mol^{-1}	$\Delta_f G^\circ$/kJ mol^{-1}	$S_m{}^\circ$/J K^{-1} mol^{-1}	$C_{P,m}{}^\circ$/J K^{-1} mol^{-1}
$CaBr_2(s)$	–682.8	–663.6	130	
$CaF_2(s)$	–1219.6	–1167.3	68.87	67.03
$CaCl_2(s)$	–795.8	–748.1	104.6	72.59
$CaO(s)$	–635.09	–604.03	39.75	42.80
$CaSO_4(s)$	–1434.5	–1322.0	106.5	99.7
크로뮴				
$Cr(s)$	0	0	23.77	23.35
$Cr(g)$	396.6	351.8	174.50	20.79
$CrO_4^{2-}(aq)$	–881.15	–729.75	50.21	
$Cr_2O_7^{2-}(aq)$	–1490.3	–1301.1	261.9	
크립톤				
$Kr(g)$	0	0	164.08	20.786
탄소				
$C(s,$흑연$)$	0	0	8.74	8.53
$C(s,$다이아몬드$)$	1.90	2.90	2.38	6.11
$C(g)$	716.68	671.26	158.10	20.84
$C_2(g)$	831.90	775.89	199.42	43.21
$CCl_4(l)$	–135.44	–65.21	216.40	131.75
$CN^-(aq)$	150.6	172.4	94.1	
$CO(g)$	–110.53	–137.17	197.67	29.14
$CO_2(g)$	–393.51	–394.36	213.74	37.11
$CO_2(aq)$	–413.80	–385.98	117.6	
$CO_3^{2-}(aq)$	–677.14	–527.81	–56.9	
$CS_2(l)$	89.70	65.27	151.34	75.7
$HCN(l)$	108.87	124.97	112.84	70.63
$HCN(g)$	135.1	124.7	201.78	35.86
$H_2CO_3(aq)$	–699.65	–623.08	187.4	
$HCO_3^-(aq)$	–691.99	–586.77	91.2	
플루오린				
$F_2(g)$	0	0	202.78	31.30

표 5.4 298.15 K, 표준 상태에서 원소 및 화합물의 열역학 자료(무기 화합물)(계속)

물질	$\Delta_f H^o$/kJ mol^{-1}	$\Delta_f G^o$/kJ mol^{-1}	$S_m{}^o$/J K^{-1} mol^{-1}	$C_{P,m}{}^o$/J K^{-1} mol^{-1}
$F(g)$	78.99	61.91	158.75	22.74
$F^-(aq)$	–332.63	–278.79	–13.8	–106.7
$HF(g)$	–271.1	–273.2	173.78	29.13
헬륨				
$He(g)$	0	0	126.15	20.79
황				
$S(s, \alpha,$사방$)$	0	0	31.80	23.64
$S(s, \alpha,$단사$)$	0.33	0.1	32.6	23.6
$S(g)$	278.81	238.25	167.82	23.67
$S_2(g)$	128.37	79.30	228.18	32.47
$S^{2-}(aq)$	33.1	85.8	–14.6	
$SF_6(g)$	–1209	–1105.3	291.82	97.28
$SO_2(g)$	–296.83	–300.19	248.22	39.87
$SO_3(g)$	–395.72	–371.06	256.76	50.67
$SO_3{}^{2-}(aq)$	–635.5	–486.6	–29.3	
$SO_4{}^{2-}(aq)$	–909.27	–744.53	20.1	–293
$HS^-(aq)$	–17.6	12.08	62.08	
$H_2S(g)$	–20.63	–33.56	205.79	34.23
$H_2S(aq)$	–39.7	–27.83	121	
$H_2SO_4(l)$	–813.99	–690.00	156.90	138.9
$HSO_4{}^-(aq)$	–887.34	–755.91	131.8	–84

출처: *Handbook of Chemistry and Physics*, 83rd ed., Lide, D. R. ed., CRC Press, Boca Raton, FL. (2002); *CRC Handbook of Thermophysical and Thermochemical Data*, Lide, D. R. ed., CRC Press, Boca Raton, FL. (1994).

표 5.4 298.15 K, 표준 상태에서 원소 및 화합물의 열역학 자료(유기 화합물)

물질	$\Delta_f H^o$ /kJ mol^{-1}	$\Delta_f G^o$ /kJ mol^{-1}	$S_m{}^o$ /J K^{-1} mol^{-1}	$C_{P,m}{}^o$ /J K^{-1} mol^{-1}	$\Delta_c H^o$ /kJ mol^{-1}
탄화수소 화합물					
$CH_3(g)$, 메틸	145.69	147.92	194.2	38.70	
$CH_4(g)$, 메테인	−74.81	−50.72	186.26	35.31	−890
$C_2H_2(g)$, 에타인/아세틸렌	226.73	209.20	200.94	43.93	−1300
$C_2H_4(g)$, 에텐/에틸렌	52.26	68.15	219.56	43.56	−1411
$C_2H_6(g)$, 에테인	−84.68	−32.82	229.60	52.63	−1560
$C_3H_6(g)$, 프로펜	20.42	62.78	267.05	63.89	−2058
$C_3H_6(g)$, 사이클로프로페인	53.30	104.45	237.55	55.94	−2091
$C_3H_8(g)$, 프로페인	−103.85	−23.49	269.91	73.5	−2220
$C_4H_8(g)$, 1-뷰텐	−0.13	71.39	305.71	85.65	−2717
$C_4H_8(g)$, 시스-2-뷰텐	−6.99	65.95	300.94	78.91	−2710
$C_4H_8(g)$, 트랜스-2-뷰텐	−11.17	63.06	296.59	87.82	−2707
$C_4H_{10}(g)$, 뷰테인	−126.15	−17.03	310.23	97.45	−2878
$C_5H_{12}(l)$, 펜테인	−173.1				
$C_5H_{12}(g)$	−146.44	−8.20	348.40	120.2	−3537
$C_6H_5CH_3(g)$, 메틸벤젠/톨루엔	50.0	122.0	320.7	103.6	−3953
$C_6H_6(l)$, 벤젠	49.0	124.3	173.3	136.1	
$C_6H_6(g)$	82.93	129.72	269.31	81.67	−3302
$C_6H_{12}(l)$, 사이클로헥세인	−156	26.8	204.4	156.5	−3920
$C_6H_{14}(l)$, 헥세인	−198.7		204.3		−4163
$C_7H_{16}(l)$, 헵테인	−224.4	1.0	328.6	224.3	
$C_8H_{18}(l)$, 옥테인	−249.9	6.4	361.1		−5471
$C_8H_{18}(l)$, 아이소옥테인	−255.1				−5461
$C_8H_{18}(l)$, 나프탈렌	78.53				−5157
알코올, 페놀					
$CH_3OH(l)$, 메탄올	−238.66	−166.27	126.8	81.6	−726
$CH_3OH(g)$	−200.66	−161.96	239.81	43.89	−764

표 5.4 298.15 K, 표준 상태에서 원소 및 화합물의 열역학 자료(유기 화합물)(계속)

물질	$\Delta_f H^o$ /kJ mol^{-1}	$\Delta_f G^o$ /kJ mol^{-1}	$S_m{}^o$ /J K^{-1} mol^{-1}	$C_{P,m}{}^o$ /J K^{-1} mol^{-1}	$\Delta_c H^o$ /kJ mol^{-1}
$C_2H_5OH(l)$, 에탄올	–277.69	–174.78	160.7	111.46	–1368
$C_2H_5OH(g)$	–235.10	–168.49	282.70	65.44	–1409
$C_6H_5OH(s)$, 페놀	–165.0	–50.9	146.0		
알데하이드, 케톤					
$HCHO(l)$, 메탄알	–108.57	–102.53	218.77	35.40	–571
$CH_3CHO(l)$, 에탄알	–192.30	–128.12	160.2		–1166
$CH_3CHO(g)$	–166.19	–128.86	250.3	57.3	–1192
$CH_3COCH_3(l)$, 프로판온	–248.1	–155.4	200.4	124.7	–1790
카복실산, 하이드록시산, 에스터					
$HCOOH(l)$, 메탄산	–424.72	–361.35	128.95	99.04	–255
$CH_3COO^-(l)$, 에탄산 이온	–486.01	–369.31	86.6	–6.3	
$CH_3COOH(l)$, 에탄산	–484.5	–389.9	159.8	124.3	–875
$CH_3COOH(aq)$	–485.76	–396.46	178.7		
$(COOH)_2(s)$, 옥살산	–827.2			117	–254
$C_6H_5COOH(s)$, 벤조산	–385.1	–245.3	167.6	146.8	–3227
$CH_3COOC_2H_5(l)$, 에탄산 에틸	–479.0	–332.7	259.4	170.1	–2231
질소 화합물					
$CO(NH_2)_2(s)$, 요소	–333.51	–197.33	104.60	93.14	–632
$CH_3NH_2(g)$, 메틸아민	–22.97	32.16	243.41	53.1	–1085
$C_6H_5NH_2(l)$, 아닐린	31.1				–3393
$CH_2(NH_2)COOH(s)$, 글리신	–532.9	–373.4	103.5	99.2	–969

출처: *Handbook of Chemistry and Physics*, 83rd ed., Lide, D. R. ed., CRC Press, Boca Raton, FL. (2002); *Thermochemical Data of Organic Compounds*, Pedley, J. B., et al., Chapman and Hall, London (1986).

표 5.5 온도 함수로서의 등압 몰 열용량 $C_{P,m} = a + bT + cT^2$

물질	a/J K^{-1} mol^{-1}	b/10^{-3} J K^{-2} mol^{-1}	c/10^{-5} J K^{-3} mol^{-1}
기체			
Br_2	30.11	33.53	–5.50
Cl_2	22.85	65.43	–12.52
CO	31.08	–14.52	3.14
CO_2	13.86	79.37	–6.78
F_2	23.06	37.42	–3.68
H_2	22.66	43.81	–10.84
H_2O	33.80	–7.95	2.82
HBr	29.72	–4.16	0.73
HCl	29.81	–4.12	6.22
HF	28.94	1.52	–4.07
N_2	30.81	–11.87	2.40
NH_3	29.29	11.03	4.24
NO	33.58	–25.93	5.33
NO_2	32.06	–9.84	13.81
O_2	32.83	–36.33	11.53
SO_2	26.07	54.17	–2.68
CH_4	30.65	–17.39	13.90
CH_3OH	26.53	37.03	9.45
C_6H_6	–46.48	537.35	–38.30
고체			
Ag	26.11	–11.0	3.83
Al	6.56	115.3	–24.60
Au	34.97	–76.8	21.17
C(흑연)	–12.19	112.6	–19.47
CsCl	43.38	46.7	–8.97
$CuSO_4$	–13.81	703.6	–163.60
Fe	–10.99	335.3	–123.80
NaCl	25.19	197.3	–60.11
Si	–6.25	168.1	–34.37

출처: *Handbook of Chemistry and Physics*, 83rd ed., Lide, D. R. ed., CRC Press, Boca Raton, FL. (2002); *Handbook of Thermophysical and Thermochemical Data*, Lide, D. R. ed., CRC Press, Boca Raton, FL. (1994).

표 8.1 몇 가지 물질에 대한 삼중점 온도(T_{tp})와 압력(P_{tp})

물질	T_{tp}/K	P_{tp}/Pa
Ar	83.806	68950
Br_2	280.4	5879
CO	68.15	15420
CO_2	216.58	518500
Cl_2	172.17	1392
HCl	158.8	
H_2	13.8	7042
H_2O	273.16	611.73
H_2S	187.67	23180
Kr	115.8	72920
NH_3	195.41	6077
NO	109.54	21916
O_2	54.36	146.33
SO_3	289.94	21130
Xe	161.4	81590
CH_4, 메테인	90.694	11696
C_3H_6, 프로펜	87.89	9.50×10^{-4}

출처: *Handbook of Chemistry and Physics*, 83rd ed., Lide, D. R. ed., CRC Press, Boca Raton, FL. (2002); *Handbook of Thermophysical and Thermochemical Data*, Lide, D. R. ed., CRC Press, Boca Raton, FL. (1994).

표 9.1 298.15 K에서 몇 가지 물질의 기체에 대한 헨리의 법칙 상수(K_a/bar)

물질	용매		물질	용매	
	물	벤젠		물	벤젠
Ar	3.72×10^4		H_2S	5.68×10^2	
CH_4	4.08×10^4	5.69×10^2	H_2	7.12×10^4	3.67×10^3
C_2H_4	1.16×10^4		He	1.49×10^6	
C_2H_6	3.06×10^4		N_2	9.04×10^4	2.39×10^3
CO	5.84×10^3	1.63×10^3	O_2	4.95×10^4	
CO_2	1.65×10^3	1.14×10^2			

표 9.2 몇 가지 물질의 어는점 내림 상수(K_f)와 끓는점 오름 상수(K_b)

물질	K_f/K kg mol^{-1}	K_b/K kg mol^{-1}
나프탈렌	6.94	5.8
물	1.86	0.51
벤젠	5.12	2.53
사염화 탄소	30	4.95
사이클로헥세인	20.0	2.79
아세트산	3.59	3.08
에탄올	2.0	1.07
이황화 탄소	3.8	2.40
장뇌(캄파)	40	5.95
페놀	7.27	3.04

출처: *Handbook of Chemistry and Physics*, 83rd ed., Lide, D. R. ed., CRC Press, Boca Raton, FL. (2002).

표 9.3 1 atm에서 몇 가지 불변 끓음 혼합물의 조성과 끓는점(°C)

불변 끓음 혼합물	성분의 끓는점	첫 성분의 몰분율	불변 끓는점
물–벤젠	100/80.2	0.295	84.1
물–에탄올	100/78.5	0.096	78.2
물–톨루엔	100/111	0.444	58.7
물–트라이클로로메테인	100/61.2	0.160	56.1
에탄올–벤젠	78.5/80.2	0.440	65.2
에탄올–헥세인	78.5/68.8	0.332	67.9
에탄산에틸–헥세인	78.5/68.8	0.394	65.2
이황화 탄소–프로판온	46.3/56.2	0.608	39.3
톨루엔–에탄산	111/118	0.625	100.7

표 10.1 298.15 K에서 몇 가지 전해질의 몰랄 농도에 대한 평균 활동도 계수

전해질	0.1 *m*	0.3 *m*	0.5 *m*	0.7 *m*	0.9 *m*	1.0 *m*
HCl	0.796	0.756	0.757	0.772	0.795	0.809
NaCl	0.778	0.710	0.681	0.667	0.659	0.657
KCl	0.770	0.688	0.649	0.626	0.610	0.604
$MgCl_2$	0.529	0.477	0.481	0.506	0.544	0.570
$CaCl_2$	0.518	0.455	0.448	0.460	0.484	0.500
$CuCl_2$	0.508	0.429	0.411	0.409	0.413	0.417
$BaCl_2$	0.500	0.419	0.397	0.391	0.392	0.395
HNO_3	0.791	0.735	0.720	0.717	0.721	0.724
$AgNO_3$	0.734	0.606	0.536	0.485	0.446	0.429
H_2SO_4	0.266	0.183	0.156	0.142		0.132
$MgSO_4$	0.150	0.0874	0.0675	0.0571	0.0508	0.0485
$ZnSO_4$	0.150	0.084	0.063	0.0523	0.0458	0.0435
$CuSO_4$	0.105	0.0829	0.0620	0.0512	0.0446	0.0423
KOH	0.798	0.742	0.732	0.736	0.749	0.756
NaOH	0.766	0.708	0.690	0.681	0.678	0.678

출처: *Handbook of Chemistry and Physics*, 83rd ed., Lide, D. R. ed., CRC Press, Boca Raton, FL. (2002).

표 10.2 298.15 K에서 산의 K_a 및 pK_a

산	HA	A^-	K_a	pK_a
아이오딘화 수소산	HI	I^-	10^{11}	–11
브로민화 수소산	HBr	Br^-	10^{9}	–9
염화 수소산(염산)	HCl	Cl^-	10^{7}	–7
황산	H_2SO_4	HSO_4^-	10^{2}	–2
과염소산*	$HClO_4$	ClO_4^-	4.0×10^{1}	–1.6
하이드로늄 이온	H_3O^+	H_2O	1	0.0
옥살산	$(COOH)_2$	$HOOCCO_2^-$	5.6×10^{-2}	1.25
아황산	H_2SO_3	HSO_3^-	1.4×10^{-2}	1.85
황산수소 이온	HSO_4^-	SO_4^{2-}	1.0×10^{-2}	1.99
인산	H_3PO_4	$H_2PO_4^-$	6.9×10^{-3}	2.16
글리시늄 이온	NH_3CH_2COOH	NH_2CH_2COOH	4.5×10^{-3}	2.35
플루오린화 수소산	HF	F^-	6.3×10^{-4}	3.20
메탄산(폼산)	$HCOOH$	HCO_2^-	1.8×10^{-4}	3.75
옥살산 이온	$HOOCCO_2^-$	$C_2O_4^{2-}$	1.5×10^{-5}	3.81
젖산	$CH_3CH(OH)COOH$	$CH_3CH(OH)CO_2^-$	1.4×10^{-4}	3.86
에탄산(아세트산)	CH_3COOH	$CH_3CO_2^-$	1.4×10^{-5}	4.76
뷰탄산	$CH_3CH_2CH_2COOH$	$CH_3CH_2CH_2CO_2^-$	1.5×10^{-5}	4.83
프로판산	CH_3CH_2COOH	$CH_3CH_2CO_2^-$	1.4×10^{-5}	4.87
아닐리늄 이온	$C_6H_5NH_3^+$	$C_6H_5NH_2$	1.3×10^{-5}	4.87
피리디늄 이온	$C_5H_5NH^+$	C_6H_5N	5.9×10^{-6}	5.23
탄산	H_2CO_3	HCO_3^-	4.5×10^{-7}	6.35
황화 수소산	H_2S	HS^-	8.9×10^{-8}	7.05
인산이수소 이온	$H_2PO_4^-$	HPO_4^{2-}	6.2×10^{-8}	7.21
하이포염소산	$HClO$	ClO^-	4.0×10^{-8}	7.40
하이드라지늄 이온	$NH_2NH_3^-$	NH_2NH_2	8×10^{-9}	8.1
하이포브로민산	$HBrO$	BrO^-	2.8×10^{-9}	8.55
사이안산	HCN	CN^-	6.2×10^{-10}	9.21
암모늄 이온	NH_4^+	NH_3	5.6×10^{-10}	9.25
붕산*	$B(OH)_3$	$B(OH)_4^-$	5.4×10^{-10}	9.27

표 10.2 298.15 K에서 산의 K_a 및 pK_a(계속)

산	HA	A^-	K_a	pK_a
삼메틸암모늄 이온	$(CH_3)_3NH^+$	$(CH_3)_3N$	1.6×10^{-10}	9.80
페놀	C_6H_5OH	$C_6H_5O^-$	1.0×10^{-10}	9.99
탄산수소 이온	HCO_3^-	CO_3^{2-}	4.8×10^{-11}	10.33
하이포아이오딘산	HIO	IO^-	3×10^{-11}	10.5
에틸암모늄 이온	$CH_3CH_2NH_3^+$	$CH_3CH_2NH_2$	2.2×10^{-11}	10.65
메틸암모늄 이온	$CH_3NH_3^+$	CH_3NH_2	2.2×10^{-11}	10.66
이메틸암모늄 이온	$(CH_3)_2NH_2^+$	$(CH_3)_2NH$	1.9×10^{-11}	10.73
삼메틸암모늄 이온	$(CH_3CH_2)_3NH^+$	$(CH_3CH_2)_3N$	1.8×10^{-11}	10.75
이에틸암모늄 이온	$(CH_3CH_2)_2NH_2^+$	$(CH_3CH_2)_2NH$	1.4×10^{-11}	10.84
비산수소 이온	$HAsO_4^{2-}$	AsO_4^{3-}	5.1×10^{-12}	11.29
인산수소 이온	HPO_4^{2-}	PO_4^{3-}	4.8×10^{-13}	12.32
황화 수소산 이온	HS^-	S_2^-	1.0×10^{-19}	19.00

* 293K에서

표 10.3 25°C에서 염기의 K_b 및 pK_b

화합물명	화학식	K_b	pK_b
트라이에틸아민(triethylamine)	$(C_2H_5)_3N$	1.0×10^{-3}	2.99
에틸아민(ethylamine)	$C_2H_5NH_2$	6.5×10^{-4}	3.19
뷰틸아민(butylamine)	$C_4H_9NH_2$	5.9×10^{-4}	3.23
다이메틸아민(dimethylamine)	$(CH_3)_3NH$	5.4×10^{-4}	3.27
메틸아민(methylamine)	CH_3NH_2	4.6×10^{-4}	3.34
트라이메틸아민(trimethylamine)	$(CH_3)_3N$	6.5×10^{-5}	4.19
암모니아(ammonia)	NH_3	1.8×10^{-5}	4.75
하이드라진(hydrazine)	NH_2NH_2	1.7×10^{-6}	5.77
모르핀(morphine)	$C_{17}H_{19}O_3N$	1.6×10^{-6}	5.79
니코틴(nicotine)	$C_{10}H_{11}N_2$	1.0×10^{-6}	5.98
하이드록실아민(hydroxylamine)	$HONH_2$	6.6×10^{-9}	8.18
피리딘(pyridine)	C_5H_5N	1.5×10^{-9}	8.82
아닐린(aniline)	$C_6H_5NH_2$	7.7×10^{-10}	9.11
요소(urea)	$CO(NH_2)_2$	1.8×10^{-14}	13.90

표 10.4 25°C에서 몇 가지 다양성자산의 연속적 산도 상수

화합물명, 화학식	K_{a1}	K_{a2}	K_{a3}	pK_{a1}	pK_{a2}	pK_{a3}
탄산, H_2CO_3	4.3×10^{-7}	5.6×10^{-11}		6.37	10.25	
황화 수소산, H_2S	1.3×10^{-7}	7.1×10^{-15}		6.88	14.15	
옥살산, $(COOH)_2$	5.9×10^{-2}	6.5×10^{-5}		1.23	4.19	
인산, H_3PO_4	7.6×10^{-3}	6.2×10^{-8}	2.1×10^{-13}	2.12	7.21	12.67
아인산, H_2PO_3	1.0×10^{-2}	2.6×10^{-7}		2.00	6.59	
황산, H_2SO_4	강산	1.2×10^{-7}			1.92	
아황산, H_2SO_3	1.5×10^{-2}	1.2×10^{-7}		1.81	6.91	

표 10.5 몇 가지 양이온과 음이온의 이온 전도도(mS m^2 mol^{-1})

양이온	λ_+	음이온	λ_-
H_3O^+	34.96	OH^-	19.91
Li^+	3.87	F^-	5.54
Na^+	5.01	Cl^-	7.64
K^+	7.35	Br^-	7.81
Rb^+	7.78	I^-	7.68
Cs^+	7.72	CO_3^{2-}	13.86
Mg^{2+}	10.60	NO_3^-	7.15
Ca^{2+}	11.90	SO_4^{2-}	16.00
Sr^{2+}	11.89	$HCOO^-$	5.46
NH_4^+	7.35	CH_3COO^-	4.09

표 10.6 298.15 K에서 몇 가지 물질의 표준 환원 전위(환원 전위 순)

환원 반쪽 반응	$E°/V$	환원 반쪽 반응	$E°/V$
$H_4XeO_6 + 2H^+ + 2e^- \rightarrow XeO_3 + 3H_2O$	+3.0	$MnO_4^- + e^- \rightarrow MnO_4^{2-}$	+0.56
$F_2 + 2e^- \rightarrow 2F^-$	+2.87	$I_2 + 2e^- \rightarrow 2I^-$	+0.54
$O_3 + 2H^+ + 2e^- \rightarrow O_2 + H_2O$	+2.07	$I_3^- + 2e^- \rightarrow 3I^-$	+0.53
$S_2O_8^{2-} + 2e^- \rightarrow 2SO_4^{2-}$	+2.05	$Cu^+ + e^- \rightarrow Cu$	+0.52
$Ag^{2+} + e^- \rightarrow Ag^+$	+1.98	$NiOOH + H_2O + e^- \rightarrow Ni(OH)_2 + OH^-$	+0.49
$Co^{3+} + e^- \rightarrow Co^{2+}$	+1.81	$Ag_2CrO_4 + 2e^- \rightarrow 2Ag + CrO_4^{2-}$	+0.45
$HO_2 + 2H^+ + 2e^- \rightarrow 2H_2O$	+1.78	$O_2 + 2H_2O + 4e^- \rightarrow 4OH^-$	+0.40
$Au^+ + e^- \rightarrow Au$	+1.69	$ClO_4^- + H_2O + 2e^- \rightarrow ClO_3^- + 2HO^-$	+0.36
$Pb^{4+} + 2e^- \rightarrow Pb^{2+}$	+1.67	$[Fe(CN)_6]^{3-} + e^- \rightarrow [Fe(CN)_6]^{4-}$	+0.36
$2HClO + 2H^+ + 2e^- \rightarrow Cl_2 + 2H_2O$	+1.63	$Cu^{2+} + 2e^- \rightarrow Cu$	+0.34
$Ce^{4+} + 2e^- \rightarrow Ce^{3+}$	+1.61	$Hg_2Cl_2 + 2e^- \rightarrow 2Hg + 2Cl^-$	+0.27
$2HBrO + 2H^+ + 2e^- \rightarrow Br_2 + 2H_2O$	+1.60	$AgCl + e^- \rightarrow Ag + Cl^-$	+0.22
$MnO_4^- + 8H^+ + 5e^- \rightarrow Mn^{2+} + 4H_2O$	+1.51	$Bi^{3+} + 3e^- \rightarrow Bi$	+0.20
$Mn^{3+} + e^- \rightarrow Mn^{2+}$	+1.51	$Cu^{2+} + e^- \rightarrow Cu^+$	+0.16
$Au^{3+} + 3e^- \rightarrow Au$	+1.40	$Sn^{4+} + 2e^- \rightarrow Sn^{2+}$	+0.15
$Cl_2 + 2e^- \rightarrow 2Cl^-$	+1.36	$AgBr + e^- \rightarrow Ag + Br^-$	+0.07
$Cr_2O_7^{2-} + 14H^+ + 6e^- \rightarrow 2Cr^{3+} + 7H_2O$	+1.33	$Ti^{4+} + e^- \rightarrow Ti^{3+}$	0.00
$O_3 + H_2O + 2e^- \rightarrow O_2 + 2OH^-$	+1.24	$2H^+ + 2e^- \rightarrow H$	0(정의)
$O_2 + 4H^+ + 4e^- \rightarrow 2H_2O$	+1.23	$Fe^{3+} + 3e^- \rightarrow Fe$	–0.04
$ClO_4^- + 2H^+ + 2e^- \rightarrow ClO_3^- + 2H_2O$	+1.23	$O_2 + H_2O + 2e^- \rightarrow HO_2^- + OH^-$	–0.08
$MnO_2 + 4H^+ + 2e^- \rightarrow Mn^{2+} + 2H_2O$	+1.23	$Pb^{2+} + 2e^- \rightarrow Pb$	–0.13
$Br_2 + 2e^- \rightarrow 2Br^-$	+1.09	$In^+ + e^- \rightarrow In$	–0.14
$Pu^{4+} + e^- \rightarrow Pu^{3+}$	+0.97	$Sn^{2+} + 2e^- \rightarrow Sn$	–0.14
$NO_3^- + 4H^+ + 3e^- \rightarrow NO + 2H_2O$	+0.96	$AgI + e^- \rightarrow Ag + I^-$	–0.15
$2Hg^{2+} + 2e^- \rightarrow Hg_2^{2+}$	+0.92	$Ni^{2+} + 2e^- \rightarrow Ni$	–0.23
$ClO^- + H_2O + 2e^- \rightarrow Cl^- + 2OH^-$	+0.89	$Co^{2+} + 2e^- \rightarrow Co$	–0.28
$Hg^{2+} + 2e^- \rightarrow Hg$	+0.86	$In^{3+} + 3e^- \rightarrow In$	–0.34
$NO_3^- + 2H^+ + e^- \rightarrow NO_2 + H_2O$	+0.80	$Tl^+ + e^- \rightarrow Tl$	–0.34
$Ag^+ + e^- \rightarrow Ag$	+0.80	$PbSO_4 + 2e^- \rightarrow Pb + SO_4^{2-}$	–0.36
$Hg_2^{2+} + 2e^- \rightarrow 2Hg$	+0.79	$Ti^{3+} + e^- \rightarrow Ti^{2+}$	–0.37
$Fe^{3+} + e^- \rightarrow Fe^{2+}$	+0.77	$Cd^{2+} + 2e^- \rightarrow Cd$	–0.40
$BrO^- + H_2O + 2e^- \rightarrow Br^- + 2OH^-$	+0.76	$In^{2+} + e^- \rightarrow In^+$	–0.40
$Hg_2SO_4 + 2e^- \rightarrow 2Hg + SO_4^{2-}$	+0.62	$Cr^{3+} + e^- \rightarrow Cr^{2+}$	–0.41
$MnO_4^{2-} + 2H_2O + 2e^- \rightarrow MnO_2 + 4OH^-$	+0.60	$Fe^{2+} + 2e^- \rightarrow Fe$	–0.44

표 10.6 298.15 K에서 몇 가지 물질의 표준 환원 전위(환원 전위 순)(계속)

환원 반쪽 반응	$E°/V$	환원 반쪽 반응	$E°/V$
$In^{3+} + 2e^- \rightarrow In^+$	–0.44	$U^{3+} + 3e^- \rightarrow U$	–1.79
$S + 2e^- \rightarrow S^{2-}$	–0.48	$Mg^{2+} + 2e^- \rightarrow Mg$	–2.36
$In^{3+} + e^- \rightarrow In^{2+}$	–0.49	$Ce^{3+} + 3e^- \rightarrow Ce$	–2.48
$U^{4+} + e^- \rightarrow U^{3+}$	–0.61	$La^{3+} + 3e^- \rightarrow La$	–2.52
$Cr^{3+} + 3e^- \rightarrow Cr$	–0.74	$Na^+ + e^- \rightarrow Na$	–2.71
$Zn^{2+} + 2e^- \rightarrow Zn$	–0.76	$Ca^{2+} + 2e^- \rightarrow Ca$	–2.87
$Cd(OH)_2 + 2e^- \rightarrow Cd + 2OH^-$	–0.81	$Sr^{2+} + 2e^- \rightarrow Sr$	–2.89
$2H_2O + 2e^- \rightarrow H_2 + 2OH^-$	–0.83	$Ba^{2+} + 2e^- \rightarrow Ba$	–2.91
$Cr^{2+} + 2e^- \rightarrow Cr$	–0.91	$Ra^{2+} + 2e^- \rightarrow Ra$	–2.92
$Mn^{2+} + 2e^- \rightarrow Mn$	–1.18	$Cs^+ + e^- \rightarrow Cs$	–2.92
$V^2 + 2e^- \rightarrow V$	–1.19	$Rb^+ + e^- \rightarrow Rb$	–2.93
$Ti^{2+} + 2e^- \rightarrow Ti$	–1.63	$K^+ + e^- \rightarrow K$	–2.93
$Al^{3+} + 3e^- \rightarrow Al$	–1.66	$Li + e^- \rightarrow Li$	–3.05

출처: *Handbook of Chemistry and Physics*, 83rd ed., Lide, D. R. ed., CRC Press, Boca Raton, FL. (2002).

표 10.6 298.15 K에서 물질들의 표준 환원 전위(알파벳 순)

환원 반쪽 반응	$E°$/V	환원 반쪽 반응	$E°$/V
$Ag^+ + e^- \rightarrow Ag$	+0.80	$F_2 + 2e^- \rightarrow 2F^-$	+2.87
$Ag^{2+} + e^- \rightarrow Ag^+$	+1.98	$Fe^{2+} + 2e^- \rightarrow Fe$	−0.44
$AgBr + e^- \rightarrow Ag + Br^-$	+0.0713	$Fe^{3+} + 3e^- \rightarrow Fe$	−0.04
$AgCl + e^- \rightarrow Ag + Cl^-$	+0.22	$Fe^{3+} + e^- \rightarrow Fe^{2+}$	+0.77
$Ag_2CrO_4 + 2e^- \rightarrow 2Ag + CrO_4^{2-}$	+0.45	$[Fe(CN)_6]^{3-} + e^- \rightarrow [Fe(CN)_6]^{4-}$	+0.36
$AgF + e^- \rightarrow Ag + F^-$	+0.78	$2H^+ + 2e^- \rightarrow H_2$	0(정의)
$AgI + e^- \rightarrow Ag + I^-$	−0.15	$2H_2O + 2e^- \rightarrow H_2 + 2OH^-$	−0.83
$Al^{3+} + 3e^- \rightarrow Al$	−1.66	$2HBrO + 2H^+ + 2e^- \rightarrow Br_2 + 2H_2O$	+1.60
$Au^+ + e^- \rightarrow Au$	+1.69	$2HClO + 2H^+ + 2e^- \rightarrow Cl_2 + 2H_2O$	+1.63
$Au^{3+} + 3e^- \rightarrow Au$	+1.40	$H_2O_2 + 2H^+ + 2e^- \rightarrow 2H_2O$	+1.78
$Ba^{2+} + 2e^- \rightarrow Ba$	−2.91	$H_4XeO_6 + 2H^+ + 2e^- \rightarrow XeO_3 + 3H_2O$	+3.0
$Be^{2+} + 2e^- \rightarrow Ba$	−1.85	$2Hg^{2+} + 2e^- \rightarrow Hg_2^{2+}$	+0.92
$Bi^{3+} + 3e^- \rightarrow Bi$	+0.20	$Hg^{2+} + 2e^- \rightarrow Hg$	+0.86
$Br_2 + 2e^- \rightarrow 2Br^-$	+1.09	$Hg_2^{2+} + 2e^- \rightarrow 2Hg$	+0.79
$BrO^- + H_2O + 2e^- \rightarrow Br^- + 2OH^-$	+0.76	$Hg_2Cl_2 + 2e^- \rightarrow 2Hg + 2Cl^-$	+0.27
$Ca^{2+} + 2e^- \rightarrow Ca$	−2.87	$Hg_2SO_4 + 2e^- \rightarrow 2Hg + SO_4^{3-}$	+0.62
$Cd(OH)_2 + 2e^- \rightarrow Cd + 2OH^-$	−0.81	$I_2 + 2e^- \rightarrow 2I^-$	+0.54
$Cd^{2+} + 2e^- \rightarrow Cd$	−0.40	$I_3^- + 2e^- \rightarrow 3I^-$	+0.53
$Ce^{3+} + 3e^- \rightarrow Ce$	−2.48	$In^+ + e^- \rightarrow In$	−1.14
$Ce^{4+} + e^- \rightarrow Ce^{3+}$	+1.61	$In^{2+} + e^- \rightarrow In^+$	−0.40
$Cl_2 + 2e^- \rightarrow 2Cl^-$	+1.36	$In^{3+} + 2e^- \rightarrow In^+$	−0.44
$ClO^- + H_2O + 2e^- \rightarrow Cl^- + 2OH^-$	+0.89	$In^{3+} + 3e^- \rightarrow In$	−0.34
$ClO_4^- + 2H^+ + 2e^- \rightarrow ClO_3^- + H_2O$	+1.23	$In^{3+} + e^- \rightarrow In^{2+}$	−0.49
$ClO_4^- + H_2O + 2e^- \rightarrow ClO_3^- + 2HO^-$	+0.36	$K^+ + e^- \rightarrow K$	−2.93
$Co^{2+} + 2e^- \rightarrow Co$	−0.28	$La^{3+} + 3e^- \rightarrow La$	−2.52
$Co^{3+} + e^- \rightarrow Co^{2+}$	+1.81	$Li^+ + e^- \rightarrow Li$	−3.05
$Cr^{2+} + 2e^- \rightarrow Cr$	−0.91	$Mg^{2+} + 2e^- \rightarrow Mg$	−2.36
$Cr_2O_7^{2-} + 14H^+ + 6e^- \rightarrow 2Cr^{3+} + 7H_2O$	+1.33	$Mn^{2+} + 2e^- \rightarrow Mn$	−1.18
$Cr^{3+} + 3e^- \rightarrow Cr$	−0.74	$Mn^{3+} + e^- \rightarrow Mn^{2+}$	+1.51
$Cr^{3+} + e^- \rightarrow Cr^{2+}$	−0.41	$MnO_2 + 4H^+ + 2e^- \rightarrow Mn^{2+} + 2H_2O$	+1.23
$Cs^+ + e^- \rightarrow Cs$	−2.92	$MnO_4^- + 8H^+ + 5e^- \rightarrow Mn^{2+} + 4H_2O$	+1.51
$Cu^+ + e^- \rightarrow Cu$	+0.52	$MnO_4^- + e^- \rightarrow MnO_4^{2-}$	+0.56
$Cu^{2+} + 2e^- \rightarrow Cu$	+0.34	$MnO_4^{2-} + 2H_2O + 2e^- \rightarrow MnO_2 + 4OH^-$	+0.60
$Cu^{2+} + e^- \rightarrow Cu^+$	+0.16	$Na^+ + e^- \rightarrow Na$	−2.71

표 10.6 298.15 K에서 물질들의 표준 환원 전위(알파벳 순)(계속)

환원 반쪽 반응	$E°/V$	환원 반쪽 반응	$E°/V$
$Ni^{2+} + 2e^- \rightarrow Ni$	–0.23	$Ra^{2+} + 2e^- \rightarrow Ra$	–2.92
$NiOOH + H_2O + e^- \rightarrow Ni(OH)_2 + OH^-$	+0.49	$Rb^+ + e^- \rightarrow Rb$	–2.93
$NO_3^- + 2H^+ + e^- \rightarrow NO_2 + H_2O$	+0.80	$S + 2e^- \rightarrow S^{2-}$	–0.48
$NO_3^- + 3H^+ + 3e^- \rightarrow NO + 2H_2O$	+0.96	$S_2O_8^{2-} + 2e^- \rightarrow 2SO_4^{2-}$	+2.05
$NO_3^- + H_2O + 2e^- \rightarrow NO_2^- + 2OH^-$	+0.10	$Sn^{2+} + 2e^- \rightarrow Sn$	–0.14
$O_2 + 2H_2O + 4e^- \rightarrow 4OH^-$	+0.40	$Sn^{4+} + 2e^- \rightarrow Sn^{2+}$	+0.15
$O_2 + 4H^+ + 4e^- \rightarrow 2H_2O$	+1.23	$Sr^{2+} + 2e^- \rightarrow Sr$	–2.89
$O_2 + e^- \rightarrow O_2^-$	–0.56	$Ti^{2+} + 2e^- \rightarrow Ti$	–1.63
$O_2 + H_2O + 2e^- \rightarrow HO_2^- + OH^-$	–0.08	$Ti^{3+} + e^- \rightarrow Ti^{2+}$	–0.37
$O_3 + 2H^+ + 2e^- \rightarrow O^2 + H_2O$	+2.07	$Ti^{4+} + e^- \rightarrow Ti^{3+}$	0.00
$O_3 + H_2O + 2e^- \rightarrow O_2 + 2OH^-$	+1.24	$Tl^+ + e^- \rightarrow Tl$	–0.34
$Pb^{2+} + 2e^- \rightarrow Pb$	–0.13	$U^{3+} + 3e^- \rightarrow U$	–1.79
$Pb^{4+} + 2e^- \rightarrow Pb^{2+}$	+1.67	$U^{4+} + e^- \rightarrow U^{3+}$	–0.61
$PbSO_4 + 2e^- \rightarrow Pb + SO_4^{2-}$	–0.36	$V^{2+} + 2e^- \rightarrow V$	–1.19
$Pt^{2+} + 2e^- \rightarrow Pt$	+1.20	$V^{3+} + e^- \rightarrow V^{2+}$	–0.26
$Pu^{4+} + e^- \rightarrow Pu^{3+}$	+0.97	$Zn^{2+} + 2e^- \rightarrow Zn$	–0.76

출처: *Handbook of Chemistry and Physics*, 83rd ed., Lide, D. R. ed., CRC Press, Boca Raton, FL. (2002).

표 11.1 몇 가지 기체의 충돌 단면적 σ

기체	σ/nm^2	기체	σ/nm^2
He	0.21	Cl_2	0.93
Ne	0.24	NO	0.42
Ar	0.36	CO_2	0.52
Kr	0.52	SO_2	0.58
H_2	0.27	CH_4	0.46
N_2	0.43	C_2H_4	0.64
O_2	0.40	C_6H_6	0.88

출처: *Tables of Physical and Chemical constants*, Kaye, G. W. C. and Lady, T. H. ed. Longman, London, (1973).

표 11.2 1 atm에서 몇 가지 기체의 열전도도 계수와 점도

기체	$\kappa(273K)/J\ K^{-1}\ m^{-1}\ s^{-1}$	$\eta/10^{-5}$ Pa s	
		273 K	293 K
공기	0.0241	1.73	1.82
He	0.1442	1.87	1.96
Ne	0.0465	2.98	3.13
Ar	0.0163	2.10	2.23
Kr	0.0087	2.34	2.50
Xe	0.0052	2.12	2.28
H_2	0.1682	0.84	0.88
N_2	0.0240	1.66	1.76
O_2	0.0245	1.95	2.04
Cl_2	0.0790	1.23	1.32
CO_2	0.0145	1.36	1.47
CH_4	0.0302	1.03	1.10
C_2H_4	0.0164	0.97	1.03

출처: *Tables of Physical and Chemical constants*, Kaye, G. W. C. and Lady, T. H. ed. Longman, London, (1973).

표 11.3 몇 가지 물질의 298.15 K에서 액체 점도

물질	$\eta/10^{-3}$ Pa s	물질	$\eta/10^{-3}$ Pa s
벤젠	0.601	펜테인	0.224
사염화 탄소	0.880	황산	27
에탄올	1.06	물	0.891
수은	1.55	글리세롤	945
메탄올	0.553		

출처: *Tables of Physical and Chemical constants*, Kaye, G. W. C. and Lady, T. H. ed. Longman, London, (1973).

표 11.4 298.15 K에서 몇 가지 이온의 이동도

이온	$u/10^{-8}$ m^2 V^{-1} s^{-1}	이온	$u/10^{-8}$ m^2 V^{-1} s^{-1}
Ag^+	6.24	Br^-	8.09
Ca^{2+}	6.17	CH_3COO^-	4.24
Cu^{2+}	5.56	Cl^-	7.91
H^+	36.23	CO_3^{2-}	7.46
K^+	7.62	F^-	5.70
Li^+	4.01	$[Fe(CN)_6]^{3-}$	10.5
Na^+	5.19	$[Fe(CN)_6]^{4-}$	11.4
NH_4^+	7.63	I^-	7.96
$[N(CH_3)_4]^+$	4.65	NO_3^-	7.40
Rb^+	7.92	OH^-	20.64
Zn^{2+}	5.47	SO_4^{2-}	8.29
Mg^{2+}	5.50	ClO_3^-	6.70
Pb^{2+}	7.20	$C_6H_5COO^-$	3.36

표 12.2 몇 가지 기체상 반응에 대한 빈도 인자, 활성화 에너지, 입체 인자

반응	A/m^3 mol^{-1} s^{-1}		E_a/kJ mol^{-1}	P
	실험 값	이론 값		
$2NOCl \rightarrow 2NO + Cl_2$	9.4×10^6	5.9×10^7	102.0	0.16
$2NO_2 \rightarrow 2NO + O_2$	2.0×10^6	4.0×10^7	111.0	5.0×10^{-2}
$2ClO \rightarrow Cl_2 + O_2$	6.3×10^4	2.5×10^7	0.0	2.5×10^{-3}
$H_2 + C_2H_4 \rightarrow C_2H_6$	1.24×10^3	7.4×10^8	180	1.7×10^{-6}
$K + Br_2 \rightarrow KBr + Br$	1.0×10^9	2.1×10^8	0.0	4.8

출처: *Reaction Kinetics*, Pilling, M. J., and Seakins. P. W., Oxford Univ. Press, (1995).

연습 문제 풀이

1강 에너지와 열역학 기본 변수

1.1 에너지와 화학적 변화에서 일어나는 에너지 변화를 구하는 팽창 일 및 열에 대한 개념을 정의하는 문제이다.

(1) 에너지: 일을 할 수 있는 능력

(2) 팽창 일: 외부 압력(P_{ex})에 맞서는 부피 변화에 의한 일

(3) 열(q): 온도 차이에 의한 에너지 이전

답 (1) 풀이 참조 (2) 풀이 참조 (3) 풀이 참조

1.2 물체(기체 분자)의 운동 에너지를 구하는 문제이다.
물체의 운동 에너지는 운동 에너지 식을 사용하여 구한다. 물체의 운동 에너지를 구하는 식에 넣어 계산하면

$$\begin{aligned} \boldsymbol{E}_{\mathbf{k}} &= \frac{1}{2}mv^2 \\ &= \frac{1}{2}(1.0\times10^{-3}\ \mathrm{kg})(450\ \mathrm{m\ s^{-1}})^2 = 101.25\ \mathrm{kg\ m^2\ s^{-2}} \\ &= \mathbf{100\ J}\ (\text{유효 숫자 적용}) \end{aligned}$$

답 $E_k = 100\ \mathrm{J}$

1.3 전하를 띤 입자들 사이에 작용하는 정전기적 상호작용 퍼텐셜 에너지를 구하는 문제이다.
정전기적 인력은 쿨롱 퍼텐셜 에너지 식을 사용하여 구한다. 쿨롱 퍼텐셜 에너지 식에 넣어 계산하면

$$\begin{aligned} \boldsymbol{E}_{\mathbf{p}} &= \frac{Q_1Q_2}{4\pi\varepsilon_0 r} \\ &= \frac{(-1.0622\times10^{-19}\ \mathrm{C})(1.0622\times10^{-19}\ \mathrm{C})}{4(3.14)(8.85\times10^{-12}\ \mathrm{J^{-1}\ C^2\ m^{-1}})(5.29\times10^{-11}\ \mathrm{m})} \\ &= \mathbf{-4.37\times10^{-18}\ J} \end{aligned}$$

답 $E_p = -4.37\times10^{-18}\ \mathrm{J}$

1.4 기체가 부피 팽창을 할 때 일어난 일을 구하는 문제이다.
부피가 팽창할 때 일어난 일은 팽창 일 식을 사용하여 구한다.

팽창 일 $w = -P_{ex} \cdot \Delta V$

$1.0\text{ bar} = 1.0 \times 10^5\text{ Pa} = 1.0 \times 10^5\text{ N m}^{-2}$

$1.0\text{ L} = 1.0 \times 10^{-3}\text{ m}^3$

팽창 일을 구하는 식에 넣어 계산하면

$\boldsymbol{w} = -(1.0 \times 10^5\text{ N m}^{-2})(1.0 \times 10^{-3}\text{ m}^3) = -100\text{ N m}$

$= \mathbf{-100\ J}$

답 $w = -100\text{ J}$

1.5 기체의 부피가 변화했을 때 일어난 일을 구하는 문제이다.
변화한 부피를 팽창 일 식에 적용하여 팽창 일을 구한다.

팽창 일 $w = -P_{ex} \cdot \Delta V$

변화한 부피

$\Delta V = (50.8\text{ L} - 15.3\text{ L}) = 35.5\text{ L} = 3.55 \times 10^{-2}\text{ m}^3$

그러므로 일어난 일은

$\boldsymbol{w} = -(50.0 \times 10^3\text{ Pa})(3.55 \times 10^{-2}\text{ m}^3) = 1775\text{ Pa m}^3$

$= \mathbf{1780\ J}$ (유효 숫자 적용)

답 $w = 1780\text{ J}$

1.6 물질의 열을 담아 두는 능력을 구하는 문제이다.
열량을 구하는 식 $q = C\Delta T$를 이용하여 열용량을 계산한다.

(1) 열용량: $C = q/\Delta T$

$\boldsymbol{C} = (1.25\text{ kJ})/(4.5\text{ K}) = \mathbf{0.28\ kJ\ K^{-1}}$

(2) 비열용량: $C_s = C/m$

$\boldsymbol{C_s} = (0.28\text{ kJ K}^{-1})/(150\text{ g}) = \mathbf{1.9\ J\ K^{-1}\ g^{-1}}$

(3) 몰열용량: $C_m = C/n$

$\boldsymbol{C_m} = (0.28\text{ kJ K}^{-1})/(1.25\text{ mol}) = \mathbf{220\ J\ K^{-1}\ mol^{-1}}$

답 (1) $C = 0.28\text{ kJ K}^{-1}$ (2) $C_s = 1.9\text{ J K}^{-1}\text{ g}^{-1}$ (3) $C_m = 220\text{ J K}^{-1}\text{ mol}^{-1}$

1.7 출입한 열량을 구하는 문제이다.
열량을 구하는 식 $q = C\Delta T$에 몰열용량 식 $C_m = C/n$을 적용하여 구한다.

열량 $q = C\Delta T = nC_m\Delta T$

$\Delta T = (373\text{ K} - 298\text{ K}) = 75\text{ K}$

$n = (18.61 \times 10^3\text{ g})/(55.85\text{ g mol}^{-1}) = 333.2\text{ mol}$

그러므로 열량은 $q = (333.2\text{ mol})(25.1\text{ J K}^{-1}\text{ mol}^{-1})(75\text{ K}) = \mathbf{627\ MJ}$

답 $q = 627\text{ MJ}$

2강 이상 기체

2.1 기체의 상태에 대한 열역학 기본 변수들 간의 관계를 파악하는 문제이다.

(1) $PV = nRT$에서 P와 T는 **비례 관계**이다. 압력과 온도의 관계에 대한 법칙은 **샤를 법칙**이다.

(2) $PV = nRT$에서 P와 n은 **비례 관계**이다. 압력과 몰수의 관계에 대한 법칙은 **아보가드로의 원칙**이다.

(3) $PV = nRT$에서 P와 V는 **반비례 관계**이다. 압력과 부피의 관계에 대한 법칙은 **보일 법칙**이다.

답 (1) 풀이 참조 (2) 풀이 참조 (3) 풀이 참조

2.2 분압과 분압 법칙에 대하여 정확한 개념을 파악하고 있는지를 묻는 문제이다.

분압: 혼합 기체의 전체 압력 중에 각 성분 기체가 나타내는 압력

분압 법칙: 혼합 기체의 전체 압력은 각 성분 기체들의 부분 압력의 합이다.

답 풀이 참조

2.3 기체 상수는 기체 상태식 $PV = nRT$에서 해당 P, V, n, T 값에 대하여 구해진 R 값이다. 그러므로 기체 상수는 $PV = nRT$를 R에 대하여 정리하여 구한다.

$$R = \frac{PV}{nT} = \frac{(7.3\,\text{bar})(5.0\,\text{L})}{(3.0\,\text{mol})(298.15\,\text{K})}$$

$$= \mathbf{0.041\ L\ bar\ K^{-1}\ mol^{-1}}$$

$$= (0.041 \times 10^{-3}\ \text{m}^3)(1.0 \times 10^5\ \text{Pa})\ \text{K}^{-1}\ \text{mol}^{-1}$$

$$= \mathbf{4.1\ J\ K^{-1}\ mol^{-1}}$$

답 $R = 0.041\ \text{L bar K}^{-1}\ \text{mol}^{-1} = 4.1\ \text{J K}^{-1}\ \text{mol}^{-1}$

2.4 부피가 일정한 조건에서 온도 변화에 따라 수반되는 변화들을 구하는 문제이다.

(1) 유리 병의 부피 V와 유리병 속에 들어 있는 기체의 몰수 n은 일정하므로 이상 기체 상태식 $PV = nRT$에서 n, V, R은 상수가 되어 $PV = nRT$를 다음과 같이 고쳐서 사용한다.

$P =$ 상수 $\times T$

우변의 변수들을 좌변으로 넘기면

$\frac{P}{T} =$ 상수이므로 $\frac{P_i}{T_i} = \frac{P_f}{T_f}$ 의 관계가 성립된다.

P_f에 대하여 정리하여 계산하면 다음과 같은 결과를 얻는다. (초기 압력은 표준 상태 1 bar로 가정한다.)

$$\boldsymbol{P_f} = T_f \times \frac{P_i}{T_i} = (273.15 + 35)\ \text{K} \times \frac{1\ \text{bar}}{(273.15 - 45)\ \text{K}} = \mathbf{1.2\ bar}$$

(2) 용기의 부피 변화가 없으므로 $\Delta V = 0$이다. 그러므로 한 일 w는 다음과 같다.

$$\boldsymbol{w} = -P\Delta V = \mathbf{0}$$

(3) $C_m = \frac{3}{2}R$이므로 열용량 $C = nC_m = \frac{3}{2}nR$이고, 유리병 속 공기의 몰수 n은 이상 기체 상태식에서 $n = \frac{PV}{RT}$이므로 두 식을 결합하여 계산하면 다음과 같이 된다.

$$C = \frac{3}{2}\frac{PV}{RT}R = \frac{3}{2}\frac{PV}{T}$$
$$= \frac{3}{2}\{(1 \times 10^5\ \text{Pa})(350 \times 10^{-6}\ \text{m}^3)/(228.15\ \text{K})\}$$
$$= 0.230112\ \text{m}^3\ \text{Pa K}^{-1}$$

그러므로 열량 변화 q는 다음과 같다.

$$\boldsymbol{q} = C\Delta T$$
$$= (0.230112\ \text{m}^3\ \text{Pa K}^{-1})\{35 - (-45)\}\ \text{K} = \mathbf{18.41\ J}$$

답 (1) $P_f = 1.2$ bar (2) $w = 0$ (3) $q = 18.41$ J

2.5 압력이 일정한 조건에서 온도 변화에 따라 수반되는 변화들을 구하는 문제이다.

(1) 대기압 P와 고무공 속에 들어 있는 기체의 몰수 n은 일정하므로 이상 기체 상태식 $PV = nRT$에서 n, P, R은 상수가 되어 $PV = nRT$를 다음과 같이 고쳐서 사용한다.

$$V = \text{상수} \times T$$

우변의 변수들을 좌변으로 넘기면 $\frac{V}{T} =$ 상수이므로 다음과 같은 관계가 성립된다.

$$\frac{V_i}{T_i} = \frac{V_f}{T_f}$$

이 식을 V_f에 대하여 정리하여 계산하면 다음과 같은 값을 얻는다.

$$\boldsymbol{V_f} = T_f \times \frac{V_i}{T_i}$$
$$= (273.15 + 35)\ \text{K} \times \frac{1500\ \text{mL}}{(273.15 - 45)\text{K}}$$
$$= \mathbf{2026\ mL}$$

(2) 기체의 부피 변화는 다음과 같다.

$$\Delta V = (2026 - 1500)\ \text{mL}$$
$$= 526\ \text{mL} = 5.26 \times 10^{-4}\ \text{m}^3$$

그러므로 공기가 한 일은 다음과 같이 구해진다.

$$\boldsymbol{w} = -P\Delta V$$
$$= -(1 \times 10^5\ \text{Pa})(5.26 \times 10^{-4}\ \text{m}^3)$$
$$= \mathbf{-52.6\ J}$$

답 (1) $V_f = 2026$ mL (2) $w = -52.6$ J

2.6 부피가 일정한 조건에서 일어난 압력 변화로부터 온도 변화를 구하는 문제이다.
타이어 부피 V와 타이어 속 공기의 몰수 n은 일정하므로 이상 기체 상태식 $PV = nRT$에서 n, V, R은 상수가 되어 $PV = nRT$를 다음과 같이 고쳐서 사용한다.

$$P = \text{상수} \times T$$

우변의 변수들을 좌변으로 넘기면 $\frac{P}{T} =$ 상수이므로 다음과 같은 관계가 성립한다.

$$\frac{P_i}{T_i} = \frac{P_f}{T_f}$$

T_f에 대하여 정리하여 계산하면 다음과 같이 나중 온도 T_f를 구할 수 있다.

$$\boldsymbol{T_f} = P_f \times \frac{T_i}{P_i}$$

$$= 2.5\text{ bar} \times \frac{(273.15 + 15\text{K})}{2.3\text{ bar}}$$

$$\mathbf{= 313.21\ K = 40°C}$$

답 $T_f = 40$°C

2.7 기체 상수가 어떻게 구해진 것인지를 살펴보는 문제로 이상 기체 상태식 $PV = nRT$를 R에 대하여 정리하여 계산한다.
이상 기체 상태식을 R에 대하여 정리하여 계산하면 다음과 같다.

$$\boldsymbol{R} = \frac{PV}{nT}$$

$$= \frac{(1\text{ bar})(24.789\text{ L mol}^{-1})}{(1\text{ mol})(298.15\text{ K})}$$

$$= 8.314\,27 \times 10^{-2}\text{ L bar K}^{-1}\text{ mol}^{-1}$$

$$\mathbf{= 8.314\,27\ J\ K^{-1}\ mol^{-1}}$$

답 $R = 8.314\,27$ J K^{-1} mol^{-1}

2.8 이상 기체 상태식으로부터 분자의 몰질량을 구하는 문제로 $M = m/n$이므로 몰수 n을 구하면 몰질량을 구할 수 있다.
$PV = nRT$에서 n 값을 구하면 다음과 같다.

$$n = \frac{PV}{RT} = \frac{\left(\frac{235}{760}\right)\text{atm} \times 0.5\text{ L}}{(0.08206\text{ L atm K}^{-1}\text{ mol}^{-1})(298.15\text{ K})} = 6.3191 \times 10^{-3}\text{ mol}$$

따라서 몰질량 M은 다음과 같이 얻어진다.

$\boldsymbol{M} = m/n$

$= 0.257\ \text{g}/(6.3191 \times 10^{-3}\ \text{mol}) = \mathbf{40.7\ g\ mol^{-1}}$

답 $M = 40.7\ \text{g mol}^{-1}$

2.9 혼합 기체에서 각 기체의 몰수로부터 이상 기체 상태식을 사용하여 각 기체의 분압을 구하고, 분압 법칙으로 전체 압력을 구하는 문제이다.

(1) 이상 기체 상태식을 사용하여 각 기체의 압력을 구한다.

$\boldsymbol{P(N_2)} = nRT/V$

$= (2.0\ \text{mol})(0.083\ 14\ \text{L bar K}^{-1}\ \text{mol}^{-1})(273.15\ \text{K})/(50\ \text{L})$

$= \mathbf{0.91\ bar}$

$\boldsymbol{P(O_2)} = nRT/V$

$= (3.0\ \text{mol})(0.083\ 14\ \text{L bar K}^{-1}\ \text{mol}^{-1})(273.15\ \text{K})/(50\ \text{L})$

$= \mathbf{1.4\ bar}$

(2) 분압 법칙에 따라 전체 압력을 구하면 다음과 같다.

$\boldsymbol{P_{tot}} = P(N_2) + P(O_2) = (0.91 + 1.4)\ \text{bar} = \mathbf{2.3\ bar}$

답 (1) $P(N_2) = 0.91$ bar, $P(O_2) = 1.4$ bar (2) $P_{tot} = 2.3$ bar

2.10 혼합 기체에서 각 기체의 몰질량으로부터 이상 기체 상태식을 사용하여 각 기체의 몰분율을 구하고, 전체 압력을 알 때 몰분율로부터 각 기체의 분압을 구하는 문제이다.

(1) 각 기체의 몰질량으로부터 몰수를 구한 후 전체 몰수에 대한 몰분율을 구한다.

각 기체의 몰질량은 다음과 같이 얻어진다.

$M(CH_4) = (12.00 + 4 \times 1.008)\ \text{g mol}^{-1} = 16.03\ \text{g mol}^{-1}$

$M(N_2) = (2 \times 14.01)\ \text{g mol}^{-1} = 28.02\ \text{g mol}^{-1}$

$M(O_2) = (2 \times 16.00)\ \text{g mol}^{-1} = 32.00\ \text{g mol}^{-1}$

각 기체의 몰수는 $n = m/M$이므로 다음과 같이 구해진다.

$n(CH_4) = 0.725\ \text{g}/16.03\ \text{g mol}^{-1} = 0.0452\ \text{mol}$

$n(N_2) = 0.121\ \text{g}/28.02\ \text{g mol}^{-1} = 0.00432\ \text{mol}$

$n(O_2) = 0.030\ \text{g}/32.00\ \text{g mol}^{-1} = 0.000938\ \text{mol}$

그러므로 몰분율은 $x_J = \dfrac{n_J}{n_{tot}}$이므로 다음과 같이 구해진다.

전체 몰수 $= 0.0452\ \text{mol} + 0.00432\ \text{mol} + 0.000938\ \text{mol}$

$= 0.0505\ \text{mol}$

$\boldsymbol{x(CH_4)} = 0.0452\ \text{mol}/0.0505\ \text{mol} = \mathbf{0.895}$

$\boldsymbol{x(N_2)} = 0.00432\ \text{mol}/0.0505\ \text{mol} = \mathbf{0.0855}$

$\boldsymbol{x(O_2)} = 0.000938\ \text{mol}/0.0505\ \text{mol} = \mathbf{0.0186}$

(검산: $0.0895 + 0.0855 + 0.0186 = 0.999$ 오차 범위에서 맞음)

(2) 각 기체의 분압은 분압의 정의식 $P_J = x_J P_{tot}$를 사용하여 구한다.

$\boldsymbol{P(CH_4)} = 0.895 \times 756\ \text{Torr} = \mathbf{677\ Torr}$

$\mathbf{P(N_2)}$ = 0.0855 × 756 Torr = **65 Torr**

$\mathbf{P(O_2)}$ = 0.0186 × 756 Torr = **14 Torr**

(검산: 677 Torr + 65 Torr + 14 Torr = 756 Torr)

답 (1) $x(CH_4)$ = 0.895, $x(N_2)$ = 0.0855, $x(O_2)$ = 0.0186
(2) $P(CH_4)$ = 677 Torr, $P(N_2)$ = 65 Torr, $P(O_2)$ = 14 Torr

2.11 혼합 기체에서 혼합 기체의 밀도와 질량 백분율로부터 각 기체의 몰분율을 구하고, 몰분율로부터 각 기체의 분압을 구하는 문제이다.

(1) 각 기체의 몰분율을 구하기 위해서는 먼저 1 m^3에 들어 있는 1.138 kg 중의 각 기체의 몰수를 알아야 하며, 각 분자의 몰수는 몰질량을 가지고 구한다.

N_2와 O_2의 몰질량

$M(N_2) = (2 \times 14.01)\ g\ mol^{-1} = 28.02\ g\ mol^{-1}$

$M(O_2) = (2 \times 16.00)\ g\ mol^{-1} = 32.00\ g\ mol^{-1}$

1.138 kg 중의 N_2와 O_2의 몰수

$n(N_2) = (1138\ g \times 0.8)/28.02\ g\ mol^{-1} = 32.49\ mol$

$n(O_2) = (1138\ g \times 0.2)/32.00\ g\ mol^{-1} = 7.113\ mol$

몰분율

전체 몰수 = 32.49 mol + 7.113 mol = 39.60 mol

$\mathbf{x(N_2)}$ = 32.49 mol/39.60 mol = **0.8204**

$\mathbf{x(O_2)}$ = 7.113 mol/39.60 mol = **0.1795**

(검산: 0.8204 + 0.1795 = 0.9999 오차 범위에서 맞음)

(2) 각 기체의 분압은 분압의 정의식 $P_J = x_J P_{tot}$를 사용하여 구한다.

$\mathbf{P(N_2)}$ = 0.8204 × 0.908 bar = **0.745 bar**

$\mathbf{P(O_2)}$ = 0.1795 × 0.908 bar = **0.163 bar**

(검산: 0.745 bar + 0.163 bar = 0.908 bar)

답 (1) $x(N_2)$ = 0.8204, $x(O_2)$ = 0.1795
(2) $P(N_2)$ = 0.745 bar, $P(O_2)$ = 0.163 bar

2.12 두 기체를 혼합하였을 때 일어나는 압력 변화를 구하는 문제이다.

(1) 이상 기체 상태식을 사용하여 각 기체의 몰수와 전체 몰수를 구하고, 전체 기체의 몰수를 다시 이상 기체 상태식에 적용하여 전체 압력을 구한다.

각 기체의 몰수, (기체 상수 R은 연습 문제 2.7에서 구한 $R = 8.314\ 27 \times 10^{-2}\ L\ bar\ K^{-1}\ mol^{-1}$을 사용)

$$n(N_2) = \frac{PV}{RT} = \frac{(1\ bar)(100.0\ L)}{(8.31427 \times 10^{-2}\ L\ bar\ K^{-1}\ mol^{-1})(298.15\ K)}$$

$$= 4.034\ mol$$

산소 기체의 부피는 질소 기체의 두 배이므로

$n(O_2) = 2 \times 4.034\ mol = 8.068\ mol$

전체 몰수 = (4.034 + 8.068) mol = 12.102 mol

100.0 L에 들어 있는 혼합 기체의 전체 압력

$\boldsymbol{P} = nRT/V$

$= (12.102\ \text{mol})(8.314\ 27 \times 10^{-2}\ \text{L bar K}^{-1}\text{mol}^{-1})(299.15\ \text{K})/(100.0\ \text{L})$

$= \mathbf{3.010\ bar}$

(2) 각 기체의 분압은 $P_J = x_J P_{tot}$를 사용하여 구한다.

$$\boldsymbol{P(\mathbf{N_2})} = \frac{1}{3} \times 3.010\ \text{bar} = \mathbf{1.003\ bar}$$

$$\boldsymbol{P(\mathbf{O_2})} = \frac{2}{3} \times 3.010\ \text{bar} = \mathbf{2.007\ bar}$$

(검산: 1.003 bar + 2.007 bar = 3.010 bar)

답 (1) P = 3.010 bar (2) $P(N_2)$ = 1.003 bar, $P(O_2)$ = 2.007 bar

2.13 두 기체를 혼합하였을 때 일어나는 일을 구하는 문제이다.

(1) 각 기체의 분압과 부피 변화를 이용하여 행해진 일을 구한다.

$\boldsymbol{w}(\mathbf{N_2}) = -P(N_2) \times \Delta V = -(1.003\ \text{bar})(0) = \mathbf{0}$

$w(O_2) = -P(O_2) \times \Delta V = -(2.007 \times 10^5\ \text{Pa})\{(100.0 - 200.0) \times 10^{-3}\ \text{m}^3\}$

$= \mathbf{20.07\ kJ}$

(2) 전체 일

$\boldsymbol{w}_{\mathbf{tot}} = w(N_2) + w(O_2) = 0 + 20.07\ \text{kJ} = \mathbf{20.07\ kJ}$

답 (1) $w(N_2) = 0$, $w(O_2)$ = 20.07 kJ (2) w_{tot} = 20.07 kJ

2.14 등압과 등온 조건에서 기체의 부피 변화에 의하여 일어나는 일을 구하는 문제이다.

먼저 원통의 부피를 계산하여 부피 변화를 구하고, 등압 팽창 일과 등온 팽창 일을 구한다.

원통의 부피 변화

$V_i = \pi r^2 \times h = \pi(5.0 \times 10^{-2}\ \text{m})^2 \times (10.0 \times 10^{-2}\ \text{m})$

$= 7.854 \times 10^{-4}\ \text{m}^3$

$V_f = \pi r^2 \times h = \pi(5.0 \times 10^{-2}\ \text{m})^2 \times (25.0 \times 10^{-2}\ \text{m})$

$= 1.964 \times 10^{-3}\ \text{m}^3$

$\Delta V = \pi r^2 \times h = \pi(5.0 \times 10^{-2}\ \text{m})^2 \times \{(25.0 - 10.0) \times 10^{-2}\ \text{m}\}$

$= 1.178 \times 10^{-3}\ \text{m}^3$

(1) 등압 팽창 일

$\boldsymbol{w} = -P_{ex}\Delta V$

$= -(1.0 \times 10^5\ \text{Pa})(1.178 \times 10^{-3}\ \text{m}^3) = \mathbf{-118\ J}$

(2) 등온 팽창 일

기체의 몰수

$$n = \frac{PV}{RT} = \frac{(1\ \text{bar})(0.7854\ \text{L})}{(0.08314\ \text{L bar K}^{-1}\ \text{mol}^{-1})(298.15\ \text{K})} = 0.03168\ \text{mol}$$

일어난 일

$$w = -nRT\ln\frac{V_f}{V_i}$$

$$= -(0.03168\ \text{mol})(0.08314\ \text{L bar K}^{-1}\ \text{mol}^{-1})(298.15\,\text{K}) \times \ln\left(\frac{0.001964}{0.0007854}\right)$$

$$= -0.71975\ \text{L bar} = -(0.71975 \times 10^{-3}\ \text{m}^3)(1 \times 10^5\ \text{Pa})$$

$$= \mathbf{-72.0\ J}$$

답 (1) $w = -118$ J (2) $w = -72.0$ J

2.15 화학 반응이 일어날 때 수반되는 일을 구하는 문제이다.

화학 반응에 의하여 일어나는 일은 기체의 몰부피와 반응에 따른 기체의 몰수 변화로부터 일 $w = -P_{ex}V_m\Delta n$를 사용하여 구한다.

H_2O 100.0 g의 몰수 = 100.0 g/18.0 g mol^{-1} = 5.556 mol

화학 반응식으로부터 기체 생성물의 몰수를 비례식으로 구하면

$$2H_2O(l) \rightarrow 2H_2(g) + O_2(g)$$

2 : 2 : 1

$$5.556\ \text{mol} : 5.556\ \text{mol} : \frac{1}{2}(5.556\ \text{mol}) = 2.778\ \text{mol}$$

$\Delta n = (5.556 + 2.778)\ \text{mol} = 8.334\ \text{mol}$ (액체의 부피는 기체에 비하여 매우 작으므로 무시)

기체의 몰수 변화에 의한 일은

$$w = -P_{ex}V_m\Delta n = -(1 \times 10^5\ \text{Pa})(24.789 \times 10^{-3}\ \text{m}^3\ \text{mol}^{-1})(8.334\ \text{mol})$$

$$= \mathbf{-20.66\ kJ}$$

답 $w = -20.66$ kJ

3강 실제 기체

3.1 실제 기체의 상호작용을 잘 이해하고 있는지를 확인하는 문제이다.

(1) 분자 간 상호작용은 먼 거리에 작용하는 **인력**과 가까운 거리에서 지배적으로 작용하는 **반발력**이 있다.

(2) 분자 간 퍼텐셜 곡선은 다음과 같은 모양을 나타낸다.

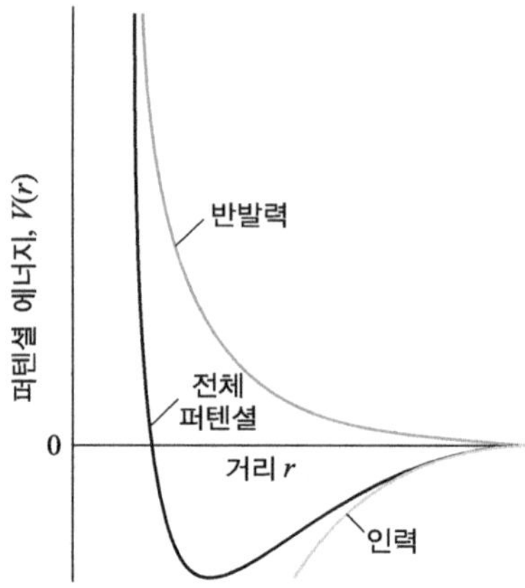

답 (1) 풀이 참조 (2) 풀이 참조

3.2 실제 기체를 다루기 위한 기본 개념인 압축 인자의 정의와 성질을 잘 이해하고 있는지를 확인하는 문제이다.

(1) 압축 인자의 정의 식: $Z = \frac{V_m}{V_m^i} = \frac{PV_m}{RT}$

압축 인자 정의 식에서 보듯이 압축 인자 Z는 압력에 비례하고, 온도에 반비례한다. 즉, 압력이 크면 기체의 부피 압축이 크고, 온도가 높으면 기체 부피가 팽창되어 압축의 정도가 작아진다.

(2) 압축 인자의 정의 $Z = \frac{V_m}{V_m^i}$ 에서 압축 인자는 이상 기체의 몰부피에 대한 실제 기체의 몰부피이다. 이상 기체는 상호작용이 없는 입자로 $Z = 1$이다. 그러므로 $Z = 1$을 기준으로 다음과 같이 상호작용의 정도를 판단할 수 있다.

$Z > 1$: 반발력 지배적

$Z < 1$: 인력 지배적

답 (1) 풀이 참조 (2) 풀이 참조

3.3 실제 기체에 대하여 가장 일반적으로 널리 사용되는 반데르발스 상태식의 유도 과정을 살펴 봄으로 반데르발스 상태식에 대한 명확한 이해를 확인하는 문제이다.

반데르발스 상태식은 이상 기체 상태식 $P = nRT/V$에서 부피 V에는 실제 기체 자체의 부피를 뺀 값을, 압력 P에는 분자 간 상호작용에 의한 압력 감소 분을 뺀 값을 보정하여 만들어졌다.

실제 기체는 자체의 부피를 가지고 운동하므로 기체 자체의 부피를 빼면 분자가 운동하는 공간은 다음과 같이 된다.

분자의 운동 공간 $= V - nb$

분자 간 상호작용으로 생기는 압력 감소 $= a\frac{n^2}{V^2}$

이 두 실제 기체에 의하여 발생하는 요소를 $P = nRT/V$에 넣어 나타내면 다음과 같이 된다.

$$P = \frac{nRT}{V - nb} - a\frac{n^2}{V^2}$$

또한 이 식을 몰부피에 대하여 표현하면 다음과 같다.

$$P = \frac{RT}{V_m - b} - \frac{n^2}{V_m^2}$$

여기서 a, b를 반데르발스 매개변수라고 하며, 기체의 종류에 따라 다른 값을 갖는 실험적인 값이다.

답 풀이 참조

3.4 반데르발스 상태식의 장점을 묻는 문제이다.

반데르발스 식은 두 가지 면에서 큰 의의를 가진다.

첫째, 비리알 상태식이 실험적인 값을 사용함으로써 정확도는 높으나 모든 온도에 따라 비리알 계수 값이 달라 사용하기 매우 불편하다. 그러나 반데르발스 식은 매개변수 a, b만으로 모든 온도에 적용되는 압력과 부피 관계를 구할 수 있다.

둘째, 비리알 상태식으로는 기체가 액체로 응축하는 현상을 나타내지 못한다. 그러나 반데르발스 식은 임계점을 비롯한 응축의 시작 점과 응축의 완료 점을 알 수 있게 해준다.

답 풀이 참조

3.5 반데르발스 기체의 압축 인자를 구하는 식을 유도하는 문제이다.

압축 인자의 정의 $Z = \frac{PV_m}{RT}$ 에 반데르발스 상태식 $P = \frac{RT}{V_m - b} - \frac{a}{V_m^2}$ 를 대입하면 다음과 같이 된다.

$$Z = \frac{PV_m}{RT} = \frac{V_m}{RT}\left(\frac{RT}{V_m - b} - \frac{a}{V_m^2}\right)$$

$$= \frac{V_m}{V_m - b} - \frac{a}{RTV_m}$$

$$= \frac{1}{1 - b/V_m} - \frac{a}{RTV_m}$$

압력이 매우 낮으면 $b/V_m \ll 1$이므로 위 식의 첫 번째 항을 급수 전개하면 다음과 같이 된다.[1]

$$\frac{1}{1 - b/V_m} = 1 + b/V_m + \cdots$$

그러므로 압축 인자 Z는 다음과 같이 된다.

---

[1] $(1 - x)^{-1} = 1 + x + x^2 + \cdots \quad (x \ll 1)$

$$Z = 1 + b/V_m + a/RTV_m = 1 + (b - \frac{a}{RT})\frac{1}{V_m}$$

V_m을 이상 기체에서 얻은 $V_m = RT/P$로 대체하면 다음과 같이 된다.

$$Z = 1 + \left(b - \frac{a}{RT}\right)\frac{P}{RT}$$

답 풀이 참조

3.6 실제 기체의 임계점 이하에서 일어나는 일은 영역에 따라 구분하여 구해야 하며, 각 영역별로 일을 구하는 방법을 묻는 문제이다.

다음 그림의 영역에 따라 구분하여 일 w를 계산한다.

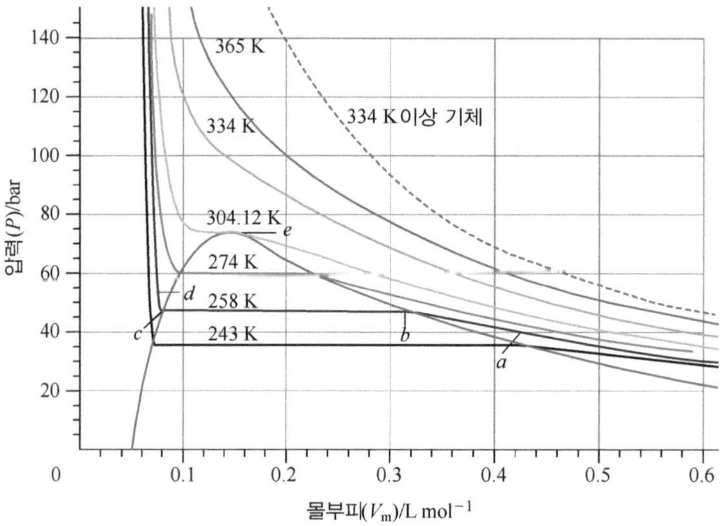

그림 여러 온도에서의 CO_2의 등온선(실선들)과 이상 기체의 등온선(점선).
304.12 K에서의 등온선은 임계 온도에서의 등온선으로 임계 등온선이라고 부른다.

점 b 이상의 영역: $w = -nRT\ln\frac{V_{m,f}}{V_{m,i}}$

점 b와 점 c 사이의 영역: $w = -nP_{ex}\Delta V_m$

점 c 이하의 영역: $w = -nRT\ln\frac{V_{m,f}}{V_{m,i}}$

답 풀이 참조

3.7 반데르발스 기체의 임계 상수를 유도하는 문제이다.

임계점에서 등온선은 변곡점을 형성하므로 1차 도함수와 2차 도함수의 값이 0이 된다는 원리를 사용하여 유도한다.

변곡점에서 P에 대한 V_m의 1차 도함수와 2차 도함수는 다음과 같이 된다.

$$\frac{dP}{dV_m} = d\left[\frac{RT}{V_m - b} - \frac{a}{V_m^2}\right]/dV_m = -\frac{RT}{(V_m - b)^2} + \frac{2a}{V_m^3} = 0 \qquad (1)$$

$$\frac{d^2P}{dV_m^2} = \frac{dP}{dV_m}\left(-\frac{RT}{(V_m - b)^2} + \frac{2a}{V_m^3}\right) = \frac{2RT}{(V_m - b)^3} + \frac{6a}{V_m^4} = 0 \qquad (2)$$

(1)식을 RT에 대하여 정리하면 $RT = \frac{2a}{V_m^3}(V_m - b)^2$ 이고, (2)식을 RT에 대하여 정리하면

$RT = \frac{3a}{V_m^4}(V_m - b)^3$ 이므로 다음 관계가 성립된다.

$$\frac{2a}{V_m^3}(V_m - b)^2 = \frac{3a}{V_m^4}(V_m - b)^3$$

이 식의 양변을 $a(V_m - b)^2$로 나누고, V_m^3을 곱하면 다음과 같이 된다.

$$2 = \frac{3}{V_m}(V_m - b)$$

이 식의 양변에 V_m을 곱하고 V_m에 대하여 정리하면, V_m에 대하여 다음과 같은 결과를 얻는다.

$$\mathbf{V_m = 3b} \qquad (3)$$

(3)식의 $V_m = 3b$를 (1)식에 대입하여 T에 대하여 정리하면 다음과 같이 T가 a, b로 표현된 식을 얻을 수 있다.

$$-\frac{RT}{(V_m - b)^2} + \frac{2a}{V_m^3} = -\frac{RT}{(2b)^2} + \frac{2a}{(3b)^3} = 0$$

$$\mathbf{T = \frac{2a}{(3b)^3}\frac{(2b)^2}{R} = \frac{8a}{27Rb}} \qquad (4)$$

(3)식과 (4)식의 V_m과 T를 반데르발스 상태식 $PV_m - Pb + a/V_m - ab/V_m^2 - RT = 0$에 대입하면 다음과 같이 된다.

$$P(3b) - Pb + a/3b - ab/9b^2 - 8aR/27bR$$
$$= (3b - b)P + a/3b - ab/9b^2 - 8a/27b$$
$$= 2bP + \frac{a}{27b}(9 - 3 - 8) = 0$$

이 식을 P에 대하여 정리하면 다음과 같다.

$$\mathbf{P = \frac{a}{27b^2}} \qquad (5)$$

임계점에서 $P = P_c$, $V_m = V_{m,c}$, $T = T_c$이므로 (3), (4), (5)식은 다음과 같이 고쳐 쓸 수 있다.

$$\mathbf{P_c = \frac{a}{27b^2} \qquad V_{m,c} = 3b \qquad T_c = \frac{8a}{27Rb}}$$

답 풀이 참조

3.8 일정 부피, 일정 온도에서 1 mol의 기체가 이상 기체 상태식, 비리알 상태식, 반데르발스 상태식을 사용하여 계산하였을 때, 구해지는 압력의 차를 살펴보는 문제이다.

(1) 이상 기체 상태식을 P에 대하여 정리하여 압력을 계산하면 다음과 같다.

$$\boldsymbol{P} = nRT/V$$
$$= (1\ \text{mol})(0.08314\ \text{L bar K}^{-1}\ \text{mol}^{-1})(273\ \text{K})/(25.0\ \text{L})$$
$$= \mathbf{0.9079\ bar}$$

(2) 비리알 상태식을 둘째 항까지 계산하면 다음과 같이 된다.

$$\boldsymbol{P} = RT(1+\frac{B}{V_\text{m}})/V_\text{m}$$
$$= (0.08314\ \text{L bar K}^{-1}\ \text{mol}^{-1})(273\ \text{K})\left(1+\frac{-0.0217\ \text{L mol}^{-1}}{25.0\ \text{L}}\right)/25.0\ \text{L}$$
$$= \mathbf{0.9071\ bar}$$

(3) 반데르발스 상태식으로 압력을 계산하면 다음과 같은 값을 얻는다.[2]

$$\boldsymbol{P} = \frac{nRT}{V-nb} - a\frac{n^2}{V^2}$$
$$= \frac{(1\text{mol})(0.08314\text{L bar K}^{-1}\text{mol}^{-1})(273\text{K})}{25.0\text{L}-(1\text{mol}\times 0.0320\text{L mol}^{-1})} - \frac{(1.355\text{L}^2\ \text{bar mol}^{-2})(1\text{mol})^2}{(25.0\text{L})^2}$$
$$= \mathbf{0.8549\ bar}$$

답 (1) $P = 0.9079$ bar (2) $P = 0.9071$ bar (3) $P = 0.8549$ bar

3.9 일정 부피에서 온도 변화에 따른 압력 변화를 이상 기체 상태식, 비리알 상태식, 반데르발스 상태식을 사용하여 계산하였을 때, 구해지는 압력의 차를 살펴보는 문제이다.

(1) 이상 기체 상태식을 사용하여 몰부피를 구하면 다음과 같다.

$$V_\text{m} = RT/P = (0.08314\ \text{L bar K}^{-1}\ \text{mol}^{-1})(273\ \text{K})/(1.360\ \text{bar})$$
$$= 16.69\ \text{L mol}^{-1}$$

이 몰부피 값을 사용하여 100°C에서의 압력을 구하면 다음과 같다.

$$\boldsymbol{P(100°C)} = RT/V_\text{m}$$
$$= (0.08314\ \text{L bar K}^{-1}\ \text{mol}^{-1})(373\ \text{K})/(16.69\ \text{L mol}^{-1})$$
$$= \mathbf{1.858\ bar}$$

(2) 비리알 상태식을 압력 P에 대하여 정리하고, V_m = 16.69 L mol^{-1}과 부록의 표 3.1의 비리알 계수 $B = 15.6 \times 10^{-3}$ L mol^{-1}을 대입하여 P를 구하면 다음과 같은 값이 얻어진다.

$$\boldsymbol{P(100°C)} = RT\left(1+\frac{B}{V_\text{m}}\right)/V_\text{m}$$

---

[2] 반데르발스 상태식: $P = \dfrac{nRT}{V-nb} - a\dfrac{n^2}{V^2}$

$$= (0.08314\ \text{L bar K}^{-1}\ \text{mol}^{-1})(373\ \text{K})\left(1+\frac{15.6\times10^{-3}\ \text{L mol}^{-1}}{16.69\ \text{L mol}^{-1}}\right)/16.69\ \text{L mol}^{-1}$$

$$= \mathbf{1.860\ bar}$$

(3) 반데르발스 상태식에 $V_m = 16.69\ \text{L mol}^{-1}$과 $a = 0.2452\ \text{L}^2\ \text{bar mol}^{-2}$, $b = 2.65 \times 10^{-2}\ \text{L mol}^{-1}$을 대입하여 P를 구하면 다음과 같은 값이 얻어진다.[3]

$$P(100°\text{C}) = \frac{RT}{V_m - b} - \frac{a}{V_m^2}$$

$$= \frac{(0.08314\ \text{L bar K}^{-1}\ \text{mol}^{-1})(373\ \text{K})}{16.69\ \text{L mol}^{-1} - 0.0265\ \text{L mol}^{-1}} - \frac{0.2452\ \text{L}^2\ \text{bar mol}^{-2}}{(16.69\ \text{L mol}^{-1})^2}$$

$$= \mathbf{1.860\ bar}$$

답 (1) $P = 1.858$ bar (2) $P = 1.860$ bar (3) $P = 1.860$ bar

3.10 비리알 상태식과 반데르발스 상태식에 적용되는 몰부피와 압축 인자를 구하는 문제이다.

(1) 비리알 상태식을 V_m에 대하여 정리하면 다음과 같은 2차 방정식을 얻는다.

$$PV_m^2 - RTV_m - BRT = 0$$

이 식에 위에서 얻은 $P(100°\text{C}) = 1.860$ bar, $R = (0.08314\ \text{L bar K}^{-1}\ \text{mol}^{-1})$, $T = (373\ \text{K})$를 대입하면 다음과 같이 된다.

$$(1.860\ \text{bar})V_m^2 - (0.08314\ \text{L bar K}^{-1}\ \text{mol}^{-1})(373\ \text{K})V_m - (15.6 \times 10^{-3}\ \text{L mol}^{-1})(0.08314\ \text{L bar K}^{-1}\ \text{mol}^{-1})(373\ \text{K})$$

$$= (1.860\ \text{bar})V_m^2 - (31.011\ \text{L bar mol}^{-1})V_m - (0.48378\ \text{L}^2\ \text{bar mol}^{-1}) = 0$$

이 식은 다음과 같은 2차 방정식이다.

$$1.860\,x^2 - 31.011\,x - 31.011 = 0$$

2차 방정식의 해는 근의 공식을 이용하여 구할 수 있으므로 근의 공식에 넣으면 다음과 같은 해가 구해진다.

$$x = \frac{-b \pm \sqrt{b^2 - 4ac}}{2a}$$

$$= \frac{-(-31.011) \pm \sqrt{(-31.011)^2 - 4(1.860)(-31.011)}}{2(1.860\ \text{bar})}$$

$$= 0.01562\text{와 } 16.66$$

(컴퓨터 프로그램으로 구하는 방법) 2차 방정식의 해는 MS Excel 프로그램으로도 수식: 1.860*x^2 – 31.011*x – 31.011, 찾는 값: 0, 초기 값: 16.69(이상 기체의 V_m)를 넣고 구하면 16.688의 값을 얻을 수 있다.

물리적으로 합리적인 값은 16.688이므로 몰부피는 다음과 같다.

$$V_m = \mathbf{16.69\ L\ mol^{-1}}$$

---

[3] 반데르발스 상태식(몰부피로 나타낸): $P = \dfrac{RT}{V_m - b} - \dfrac{a}{V_m^2}$

그러므로 압축 인자는 다음과 같다.

$\boldsymbol{Z} = V_{\mathrm{m}}/V_{\mathrm{m}}^{\mathrm{i}}$

$= 16.688\ \mathrm{L\ mol^{-1}}/16.69\ \mathrm{L\ mol^{-1}} = \mathbf{0.9999}$

(2) 3차 방정식 형태의 반데르발스 식은 다음과 같다.

$$V_{\mathrm{m}}^{3} - \left(\frac{RT+Pb}{P}\right)V_{\mathrm{m}}^{2} + \left(\frac{a}{P}\right)V_{\mathrm{m}} - \frac{ab}{P} = 0 \qquad (1)$$

이 식에 $P(100°\mathrm{C}) = 1.860\ \mathrm{bar}$, $R = (0.08314\ \mathrm{L\ bar\ K^{-1}\ mol^{-1}})$, $T = (373\ \mathrm{K})$, $a = 0.2452\ \mathrm{L^2\ bar\ mol^{-2}}$, $b = 2.65 \times 10^{-2}\ \mathrm{L\ mol^{-1}}$을 대입하여 계수와 절편 값을 구하면 다음과 같다.

$RT/P = (0.08314\ \mathrm{L\ bar\ K^{-1}\ mol^{-1}})(373\ \mathrm{K})/(1.860\ \mathrm{bar}) = 16.6727\ \mathrm{L\ mol^{-1}}$

$$\frac{RT+Pb}{P} = (16.6727 + 0.0265)\ \mathrm{L\ mol^{-1}} = 16.6992\ \mathrm{L\ mol^{-1}}$$

$$\frac{a}{P} = (0.2452\ \mathrm{L^2\ bar\ mol^{-2}})/1.860\ \mathrm{bar} = 0.1318\ (\mathrm{L\ mol^{-1}})^2$$

$$\frac{ab}{P} = (0.2452\ \mathrm{L^2\ bar\ mol^{-2}})(0.0265\ \mathrm{L\ mol^{-1}})/1.860\ \mathrm{bar}$$

$$= 3.493 \times 10^{-3}\ (\mathrm{L\ mol^{-1}})^3$$

이 값들을 (1)식에 $V_{\mathrm{m}} = x$라 놓고 식을 다시 쓰면 다음과 같이 된다.

$$x^3 - 16.6992x^2 + 0.1318x - 3.493 \times 10^{-3} = 0$$

이 3차 방정식의 해는 MS Excel 프로그램에서 수식: x^3 – 16.6992*x^2 + 0.1318*x – 3.493E−3, 찾는 값: 0, 초기 값: 16.69(이상 기체의 V_{m})를 넣고 구하면 16.69의 값을 얻을 수 있다.

그러므로

$\boldsymbol{V_{\mathrm{m}}} = \mathbf{16.69\ L\ mol^{-1}}$

$\boldsymbol{Z} = V_{\mathrm{m}}/V_{\mathrm{m}}^{\mathrm{i}}$

$= 16.69\ \mathrm{L\ mol^{-1}}/16.69\ \mathrm{L\ mol^{-1}} = \mathbf{1.000}$

답 (1) $V_{\mathrm{m}} = 16.69\ \mathrm{L\ mol^{-1}}$, $Z = 0.9999$
(2) $V_{\mathrm{m}} = 16.69\ \mathrm{L\ mol^{-1}}$, $Z = 1.000$

3.11 반데르발스 상태식을 이용하여 응축 시작점과 응축 완료점의 몰부피를 구하고, 반데르발스 기체가 완전히 응축될 때까지 일어나는 일을 구하는 문제이다.

(1) 아래와 같은 그림(문제 3.5 참조)에서 수평선 시작점과 끝점을 구한다.

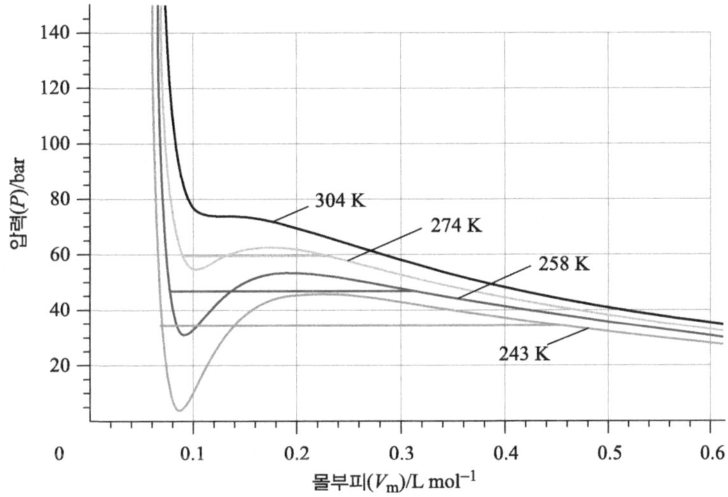

그림 몇 가지 온도에서의 반데르발스 상태식에 의한 CO_2의 등온선

다음의 반데르발스 상태식에서 3차 방정식의 실수 근 3개를 구하면 그 값 중에 최댓값과 최솟값이 수평선의 시작점과 끝점이 된다.

$$V_m^{\ 3}-\left(\frac{RT+Pb}{P}\right)V_m^{\ 2}+\left(\frac{a}{P}\right)V_m-\frac{ab}{P}=0 \tag{1}$$

여기에 CO_2의 매개변수 a = 3.658 L^2 bar mol^{-2}, $b = 4.29 \times 10^{-2}$ L mol^{-1}과 T = 243 K, P = 35.0 bar를 대입하여 계수와 절편 값을 구하면 다음과 같이 된다.

$$\frac{RT+Pb}{P}=0.6201\ \text{L mol}^{-1} \qquad \frac{a}{P}=0.1045\ (\text{L mol}^{-1})^2$$

$$\frac{ab}{P}=4.484\times10^{-3}\ (\text{L mol}^{-1})^3$$

이 값들을 $V_m = x$라 놓으면 (1)식은 다음과 같이 된다.

$$x^3-0.6201x^2+0.1045x-4.484\times10^{-3}=0$$

MS Excel 프로그램에서 수식: x^3 0.6201*x^2 + 0.1045*x – 4.484E−3, 찾는 값: 0을 넣고,

① 최소 근을 얻기 위하여 초기 값: 0.0(즉, 충분히 작은 값)을 넣고 [목표 값 찾기]를 하면 다음과 같은 값을 얻을 수 있다.

$$x = V_m = 0.06602\ \text{L mol}^{-1}$$

② 최대 근을 얻기 위하여 초기 값: 10.0(즉, 충분히 큰 값)을 넣고 [목표 값 찾기]를 하면 다음과 같은 값을 얻을 수 있다.

$$x = V_m = 0.3710\ \text{L mol}^{-1}$$

그러므로 응축 시작 부피와 응축 완료 몰부피는 다음과 같다.

V_m(응축 시작) = 0.3710 L mol^{-1} **V_m(응축 완료) = 0.06602 L mol^{-1}**

(2) 등온 팽창 일은 두 영역으로 구분하여 각각 일을 구한 후 더한다. (여기서는 등온 팽창 일을 구하기 위하여 이상 기체의 등온 팽창 일을 구하는 식을 사용하여 구한

다. 반데르발스 기체의 등온 팽창 일은 4강에서 다룬다.)

초기 몰부피 0.50 L mol^{-1} ~ 응축 시작점까지의 일

$$w = -nRT\ln\frac{V_{m,f}}{V_{m,i}} = -(1\ mol^{-1})(0.08314\ L\ bar\ K^{-1}\ mol^{-1})(243\ K)\ln\left(\frac{0.37}{0.5}\right)$$

$$= 6.08\ L\ bar$$

응축 시작점에서 응축 완료점까지의 일

$$w = -P\Delta V$$

$$= -(35.0\ bar)(0.06602\ L - 0.3710\ L)$$

$$= 10.7\ bar\ L$$

전체 일

$$\boldsymbol{w_{tot}} = 6.08\ L\ bar + 10.7\ bar\ L = 16.78\ bar\ L$$

$$= (16.78 \times 10^{-3}\ m^3)(1 \times 10^5\ Pa)(mol^{-1}) = \mathbf{1678\ J}$$

답 (1) V_m(응축 시작) = 0.3710 L mol^{-1}, V_m(응축 완료) = 0.06602 L mol^{-1}
(2) w_{tot} = 1678 J

3.12 반데르발스 매개변수 값을 사용하여 구의 부피 $V = \frac{4}{3}\pi r^3$과 $V = b/4N_A$의 관계로부터 반지름 r을 구하는 문제이다.[4]

두 식을 결합하여 r에 대하여 정리하면 다음과 같이 된다.

$$\frac{4}{3}\pi r^3 = b/4N_A$$

$$r = \left(\frac{3b}{16N_A\pi}\right)^{1/3}$$

부록의 표 3.2에서 CH_4의 $b = 0.0431$ L mol^{-1}이므로

$$\boldsymbol{r} = \left(\frac{3b}{16N_A\pi}\right)^{1/3}$$

$$= \left(\frac{3(0.0431\times10^{-3}\ m^3\ mol^{-1})}{16(6.022\times10^{23}\ mol^{-1})(3.142)}\right)^{1/3}$$

$$= \mathbf{1.622 \times 10^{-10}\ m}$$

답 $r = 1.622 \times 10^{-10}$ m

3.13 실험적으로 결정된 임계 상수 자료를 사용하여 임계 상수와 반데르발스 매개변수의 관계로부터 반데르발스 매개변수와 임계 상태에서의 기체 상수를 구하는 문제이다.

---

[4] 구의 부피: $V = \frac{4}{3}\pi r^3$

(1) 부록의 표 3.3의 임계 상수를 사용하여 반데르발스 매개변수는 다음과 같이 구한다. 부록의 표 3.3에 주어진 CH_3OH의 임계 상수는 다음과 같다.

$T_c = 521.50\ \text{K}, P_c = 80.84\ \text{bar}, V_{m,c} = 117.00 \times 10^{-3}\ \text{L mol}^{-1}$

이 값들과 임계 상수들과의 관계식을 사용하여 매개변수 a, b를 구하면 다음과 같다.

$$\boldsymbol{a = 3P_cV_{m,c}^2}$$
$$= 3(80.84\ \text{bar})(117.00 \times 10^{-3}\ \text{L mol}^{-1})^2 = \mathbf{3.319\ L^2\ bar\ mol^{-2}}$$

$$\boldsymbol{b} = \frac{1}{3}V_{m,c}$$
$$= \frac{1}{3}(117.00 \times 10^{-3}\ \text{L mol}^{-1}) = \mathbf{0.0390\ L\ mol^{-1}}$$

(2) 임계 상수들과의 관계식을 사용하여 기체 상수 R을 구하면 다음과 같다.[5]

$$\boldsymbol{R} = \frac{8P_cV_{m,c}}{3T_c}$$
$$= \frac{8(80.84\ \text{bar})(117.00\times10^{-3}\ \text{L mol}^{-1})}{3(521.50\ \text{K})}$$
$$= \mathbf{0.04836\ L\ bar\ K^{-1}\ mol^{-1}}$$

(주의) 여기서 구한 a, b, R 값은 부록 표 3.2의 값 및 이상 기체의 기체 상수와 차이가 있다. 이렇게 구한 값들은 대략적인 참고로만 사용하여야 한다.

답 (1) $a = 3.319\ \text{L}^2\ \text{bar mol}^{-2}$, $b = 0.0390\ \text{L mol}^{-1}$
(2) $R = 0.04836\ \text{L bar K}^{-1}\ \text{mol}^{-1}$

4강 열역학 제1법칙

4.1 내부 에너지의 개념을 정확히 파악하고 있는지를 확인하는 문제이다.
정의: 내부 에너지 U는 계가 가지는 전체 에너지를 말한다.
설명: 내부 에너지 U는 계가 가지는 전체 에너지로 계를 구성하는 모든 분자들의 운동 에너지와 퍼텐셜 에너지의 합이다.

답 풀이 참조

[5] 반데르발스 매개변수 a, b 및 기체 상수 R과 임계 상수들의 관계식
$a = 3P_cV_{m,c}^2 \quad b = \frac{1}{3}V_{m,c} \quad R = \frac{8P_CV_{m,c}}{3T_C}$

4.2 미분으로부터 상태 함수와 경로 함수를 판별하는 문제이다.

(1) 불완전 미분은 변수 간에 교차 편미분이 서로 일치하지 않는 미분이다. 두 변수 간에 교차 편미분이 서로 같지 않으면 그 함수의 적분 값은 경로에 의존하며 이러한 함수를 경로 함수라고 한다. 열역학 함수 중에는 일 w와 열량 q가 여기에 속한다.

(2) 완전 미분은 변수 간에 교차 편미분이 서로 같은 미분이다. 두 변수 간에 교차 편미분이 서로 같으면 그 함수의 적분 값은 경로에 의존하지 않으며 이러한 함수를 상태 함수라 한다. 열역학 함수 중에는 압력 P, 부피 V, 온도 T, 내부 에너지 U가 여기에 속한다.

답 (1) 풀이 참조 (2) 풀이 참조

4.3 열역학 제1법칙에서 내부 에너지 변화량, 일, 열량의 관계를 정확하게 파악하고 있는지를 확인하는 문제이다.

열역학 제1법칙의 수식 표현: $\Delta U = w + q$

설명: 내부 에너지 변화량은 일과 열로 나타나며, $\Delta U = 0$이면 $w = -q$이므로 일과 열은 동등한 에너지이다.

답 풀이 참조

4.4 등압 팽창 일과 가역 등온 팽창 일 간의 차이를 정확하게 파악하고 있는지를 묻는 문제이다.

등압 팽창 일의 크기 $|w| = P_{ex}\Delta V$로 아래 그림에서 면적 B에 해당하는 값이다. 가역 등온 팽창 일은 온도가 일정하게 유지되면서 부피가 팽창되면 압력은 부피 팽창에 따라 점진적으로 변한다. 다음 그림에서와 같이 면적 A에 해당하는 만큼의 일이 더 일어난다. 따라서 가역 등온 팽창에서는 등압 팽창에 비하여 면적 A만큼의 일이 더 일어난다.

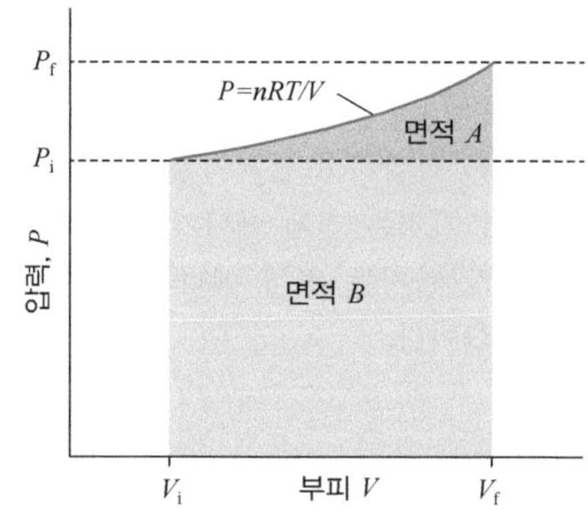

답 풀이 참조

4.5 열용량의 물리화학적 개념과 정의를 묻는 문제이다.

개념: 열용량 C는 어떤 계가 열을 얼마나 저장할 수 있는가의 척도이다.

정의: $C = \dfrac{dq}{dT}$

답 풀이 참조

4.6 완전 미분 기준을 사용하여 압력과 온도가 상태 함수임을 증명하는 문제이다.

어떤 함수가 상태 함수라면 그 함수의 미분이 완전 미분이어야 하며, 완전 미분은 오일러의 완전 미분 기준을 충족시켜야 한다.

$$\left[\frac{\partial}{\partial y}\left(\frac{\partial z}{\partial x}\right)_y\right]_x = \left[\frac{\partial}{\partial x}\left(\frac{\partial z}{\partial y}\right)_x\right]_y \quad \text{(오일러의 완전 미분 기준)}$$

(1) 이상 기체 상태식 $PV_m = RT$를 P에 대하여 정리하면 다음과 같다.

$$P = \frac{RT}{V_m}$$

그러므로 압력 P의 미분은 다음과 같다.

$$dP = \left(\frac{\partial P}{\partial V_m}\right)_T dV_m + \left(\frac{\partial P}{\partial T}\right)_{V_m} dT$$

$$= \left[\frac{\partial}{\partial V_m}\left(\frac{RT}{V_m}\right)\right]_T dV_m + \left[\frac{\partial}{\partial T}\left(\frac{RT}{V_m}\right)\right]_{V_m} dT$$

$$= -\frac{RT}{V_m^2} dV_m + \frac{R}{V_m} dT$$

P의 V_m에 대한 편미분 $-\dfrac{RT}{V_m^2}$와 P의 T에 대한 편미분 $\dfrac{R}{V_m}$에 대하여 교차 편미분을 구하면 다음과 같아진다.

$$\left[\frac{\partial}{\partial T}\left(-\frac{RT}{V_m^2}\right)\right]_P = -\frac{R}{V_m^2}, \quad \left[\frac{\partial}{\partial P}\left(\frac{R}{V_m}\right)\right]_T = -\frac{R}{V_m^2}$$

그러므로 $\left[\dfrac{\partial}{\partial T}\left(\dfrac{\partial P}{\partial V_m}\right)_T\right]_P = \left[\dfrac{\partial}{\partial P}\left(\dfrac{\partial P}{\partial T}\right)_{V_m}\right]_T$이므로 dP는 완전 미분이다.

따라서 **압력 P는 상태 함수**이다.

(2) 이상 기체 상태식 $PV_m = RT$를 T에 대하여 정리하면 다음과 같다.

$$T = \frac{1}{R} PV_m$$

그러므로 압력 P의 미분은 다음과 같다.

$$dT = \left(\frac{\partial T}{\partial P}\right)_{V_m} dP + \left(\frac{\partial T}{\partial V_m}\right)_P dV_m$$

$$= \frac{V_m}{R}\left(\frac{\partial P}{\partial P}\right)_{V_m} dP + \frac{P}{R}\left(\frac{\partial V_m}{\partial V_m}\right)_P dV_m$$

$$= \frac{V_m}{R} dP + \frac{P}{R} dV_m$$

T의 P에 대한 편미분 $\frac{V_m}{R}$과 T의 V_m에 대한 편미분 $\frac{P}{R}$에 대하여 교차 편미분을 구하면 다음과 같아진다.

$$\left[\frac{\partial}{\partial V_m}\left(\frac{V_m}{R}\right)\right]_T = \frac{1}{R} \qquad \left[\frac{\partial}{\partial P}\left(\frac{P}{R}\right)\right]_{V_m} = \frac{1}{R}$$

그러므로 $\left[\frac{\partial}{\partial V_m}\left(\frac{\partial T}{\partial P}\right)_{V_m}\right]_T = \left[\frac{\partial}{\partial P}\left(\frac{\partial T}{\partial V_m}\right)_P\right]_{V_m}$ 이므로 dT는 완전 미분이다.

따라서 **온도 $\boldsymbol{T}$는 상태 함수**이다.

답 (1) 풀이 참조 (2) 풀이 참조

4.7 이상 기체에 대하여 온도 변화에 따른 압력, 일, 열량, 내부 에너지 변화량을 구하는 문제이다.

(1) 이상 기체 상태식에서 부피가 일정하면 샤를 법칙이 적용되어 다음과 같은 관계가 성립한다.

$$\frac{P_i}{T_i} = \frac{P_f}{T_f}$$

이 식을 최종 압력 P_f에 대하여 정리하여 계산하면 다음과 같다.

$$\boldsymbol{P_f} = \frac{P_i T_f}{T_i} = \frac{(1.00\,\text{bar})(373\,\text{K})}{273\,\text{K}} = \mathbf{1.37\ bar}$$

(2) 일정 부피에서 일어나는 일 w는 $\Delta V = 0$이므로 $w = 0$이 된다.

$$\boldsymbol{w} = P\Delta V = \mathbf{0}$$

(3) 등부피 열량 $q = nC_{V,m}\Delta T$로 구한다.

$$\boldsymbol{q} = (1\ \text{mol})\left(\frac{3}{2} \times 8.314\ \text{J K}^{-1}\ \text{mol}^{-1}\right)(100\ \text{K}) = \mathbf{1.25\ kJ}$$

(4) 열역학 제1법칙의 식으로부터 ΔU를 구한다.

$$\boldsymbol{\Delta U} = w + q = 0 + 1.25\ \text{kJ} = \mathbf{1.25\ kJ}$$

답 (1) $P_f = 1.37$ bar (2) $w = 0$ (3) $q = 1.25$ kJ (4) $\Delta U = 1.25$ kJ

4.8 액체인 물이 기체인 수증기로 변하는 데 따른 부피 변화로부터 일어난 일과 내부 에너지 변화량을 구하는 문제이다.

(1) 외부 압력이 일정하므로 등압 팽창 일 $w = -P_{ex}\Delta V$를 구한다.

$\Delta V = (V_{수증기} - V_{물})$이므로 100°C에서 물과 수증기의 부피를 다음과 같이 구하여 사용한다.

$$V(물, 100°C) = \frac{m}{d} = \frac{100.0\ g}{0.958\ g\ mL^{-1}} = 104\ mL = 0.104\ L$$

$$V(수증기, 100°C) = \frac{nRT}{P}$$

$$= \frac{(100.0\ g/18.0\ g\ mol^{-1})(0.08314\ L\ bar\ K^{-1}\ mol^{-1})(373 K)}{756\ Torr/750\ Torr\ bar^{-1}}$$

$$= 171\ L$$

그러므로 한 일 w는 다음과 같다.

$$\boldsymbol{w} = -P_{ex}(V_{수증기} - V_{물})$$

$$= -\frac{756 Torr}{750 Torr\ bar^{-1}}(171\ L - 0.104\ L) = 172\ L\ bar$$

$$= -(172 \times 10^{-3}\ m^3)(1 \times 10^5\ Pa) = -17200\ J = \mathbf{-17.2\ kJ}$$

(2) 열역학 제1법칙에 의하면 $\Delta U = w + q$이므로 내부 에너지 변화량은 다음과 같이 계산된다.

$$\boldsymbol{\Delta U} = -17.2\ kJ + 226.0\ kJ = \mathbf{208.8\ kJ}$$

답 (1) $w = -17.2$ kJ (2) $\Delta U = 208.8$ kJ

4.9 등압 조건에서 이상 기체의 부피 변화에 따른 출입한 열량, 일, 내부 에너지 변화량을 구하는 문제이다.

(1) 열량 $q = C\Delta T$에서 온도가 일정하므로 $\Delta T = 0$이다. 따라서 출입한 열량은 다음과 같다.

$$\boldsymbol{q} = C\Delta T = \mathbf{0}$$

(2) 등온 팽창 일이므로 w는 다음과 같이 구한다.

$$\boldsymbol{w} = -nRT \ln\frac{V_f}{V_i}$$

$$= -(1.00\ mol)(8.314\ J\ K^{-1}\ mol^{-1})(298\ K) \ln\frac{45.0 L}{15.0 L}$$

$$= \mathbf{-2.72\ kJ}$$

(3) $\Delta U = w + q$이므로 내부 에너지 변화량은 다음과 같다.

$$\boldsymbol{\Delta U} = -2.72\ kJ + 0 = \mathbf{-2.72\ kJ}$$

답 (1) $q = 0$ (2) $w = -2.72$ kJ (3) $\Delta U = -2.72$ kJ

4.10 부록의 자료를 사용하여 등압 조건에서 반데르발스 기체의 부피 변화에 따른 출입한 열량, 일, 내부 에너지 변화량을 구하는 문제이다.

(1) 열량 $q = C\Delta T$에서 $\Delta T = 0$이므로 출입한 열량은 다음과 같다.

$$\boldsymbol{q} = C\Delta T = \mathbf{0}$$

그러므로 출입한 열량은 동일하다.

(2) 반데르발스 기체의 등온 팽창 일이므로 w는 다음과 같이 구한다.

NH_3의 반데르발스 매개변수 $a = 4.225\ \mathrm{L^2\ bar\ mol^{-2}}$, $b = 3.71 \times 10^{-2}\ \mathrm{L\ mol^{-1}}$ (부록 표 3.2의 자료로부터)

$$\boldsymbol{w} = -nRT\ln\frac{V_\mathrm{f} - nb}{V_\mathrm{i} - nb} - an^2\left(\frac{1}{V_\mathrm{f}} - \frac{1}{V_\mathrm{i}}\right)$$

$$= -(1.00\ \mathrm{mol})(0.08314\ \mathrm{L\ bar\ K^{-1}mol^{-1}})(298\ \mathrm{K})\ln\frac{(45.0 - 0.0371)\,\mathrm{L}}{(15.0 - 0.0371)\,\mathrm{L}}$$

$$-(4.225\ \mathrm{L^2\ bar\ mol^{-2}})(1.00\ \mathrm{mol^2})\left(\frac{1}{45.0\,\mathrm{L}} - \frac{1}{15.0\,\mathrm{L}}\right)$$

$$= -27.072\ \mathrm{L\ bar} = \mathbf{-2.71\ kJ}$$

그러므로 반데르발스 기체와 이상 기체의 일 차이는 다음과 같다.

$$w_{\text{반데르발스}} - w_{\text{이상}} = -2.71\ \mathrm{kJ} - (-2.72\ \mathrm{kJ}) = 0.01\ \mathrm{kJ}$$

반데르발스 기체가 이상 기체보다 0.01 kJ만큼 외부에 일을 적게 하였다.

(3) $\Delta U = w + q$이므로 내부 에너지 변화량은 다음과 같다.

$$\boldsymbol{\Delta U} = -2.71\ \mathrm{kJ} + 0 = \mathbf{-2.71\ kJ}$$

그러므로 반데르발스 기체와 이상 기체의 내부 에너지 변화량 차이는 다음과 같다.

$$\Delta U_{\text{반데르발스}} - \Delta U_{\text{이상}} = -2.71\ \mathrm{kJ} - (-2.72\ \mathrm{kJ}) = 0.01\ \mathrm{kJ}$$

그러므로 반데르발스 기체의 내부 에너지가 이상 기체의 내부 에너지보다 0.01 kJ만큼 덜 감소하였다.

답 (1) $q = 0$ (2) $w = -2.71$ kJ (3) $\Delta U = -2.71$ kJ

4.11 부록의 자료와 CO_2의 등온선을 사용하여 영역에 따라 일어나는 일과 내부 에너지 변화량을 구하는 문제이다.

(1) 3강의 연습 문제 3.10에서와 마찬가지로 두 영역으로 구분하여 등온 팽창 일을 구한다.

① 영역 1: 초기 몰부피 $0.50\ \mathrm{L\ mol^{-1}}$ ~ 응축 시작 몰부피 $0.3710\ \mathrm{L\ mol^{-1}}$의 일

CO_2의 반데르발스 매개변수: $a = 3.658\ \mathrm{L^2\ bar\ mol^{-2}}$, $b = 4.29 \times 10^{-2}\ \mathrm{L\ mol^{-1}}$ (부록의 표 3.2 자료로부터)

$$w = -nRT\ln\frac{V_\mathrm{f} - nb}{V_\mathrm{i} - nb} - an^2\left(\frac{1}{V_\mathrm{f}} - \frac{1}{V_\mathrm{i}}\right)$$

$$= -(1.00\ \mathrm{mol})(0.08314\ \mathrm{L\ bar\ K^{-1}\ mol^{-1}})(243\ \mathrm{K})\ln\frac{(0.3710 - 0.0429)\,\mathrm{L}}{(0.50 - 0.0429)\,\mathrm{L}}$$

$$-(3.658\ \mathrm{L^2\ bar\ mol^{-2}})\,(1.00\ \mathrm{mol^2})\left(\frac{1}{0.3710\,\mathrm{L}} - \frac{1}{0.50\,\mathrm{L}}\right)$$

$$= 416\ \mathrm{J}$$

② 응축 시작 몰부피 0.3710 L mol^{-1} ~ 응축 완료 0.06599 L mol^{-1}의 일

$$w = -P\Delta V$$
$$= -(35.0\text{ bar})(0.06599\text{ L mol}^{-1} - 0.03710\text{ L mol}^{-1})$$
$$= 1060\text{ J}$$

③ 전체 일

$$w_{tot} = 416\text{ J} + 1060\text{ J} = \mathbf{1476\ J}$$

(2) $\Delta U = w + q$이므로 내부 에너지 변화량은 다음과 같다.

$$\Delta U = 1476\text{ J} + 0 = \mathbf{1476\ J}$$

답 (1) $w_{tot} = 1476$ J (2) $\Delta U = 1476$ J

4.12 이상 기체 상태식 $P = nRT/V$으로부터 내부 압력 $\left(\frac{\partial U}{\partial V}\right)_T = T\left(\frac{\partial P}{\partial T}\right)_V - P$ 의 관계를 유도하는 문제이다.

$T\left(\frac{\partial P}{\partial T}\right)_V - P$ 에 $P = nRT/V$를 대입하면 다음과 같이 된다.

$$T\left(\frac{\partial P}{\partial T}\right)_V - P = T\left[\frac{\partial(nRT/V)}{\partial T}\right]_V - nRT/V$$
$$= T(nR/V) - nRT/V = 0$$

$U(T, V)$의 전체 미분은 다음과 같고, $\left(\frac{\partial U}{\partial V}\right)_T = 0$ 이므로 다음과 같이 된다.

$$dU = \left(\frac{\partial U}{\partial V}\right)_T dV + \left(\frac{\partial U}{\partial T}\right)_V dT = \left(\frac{\partial U}{\partial T}\right)_V dT$$

여기서 $\left(\frac{\partial U}{\partial T}\right)_V = C_V$이므로 $dU = C_V dT$이다.

답 풀이 참조

4.13 반데르발스 기체에 대하여 $\left(\frac{\partial U}{\partial V}\right)_T = T\left(\frac{\partial P}{\partial T}\right)_V - P$ 의 관계를 사용하여 등온 조건에서 내부 압력 π_T와 내부 에너지 변화량 ΔU_T를 구하는 문제이다.

(1) $\pi_T = \left(\frac{\partial U}{\partial V}\right)_T = T\left(\frac{\partial P}{\partial T}\right)_V - P$ 이므로 $P = \frac{nRT}{V-nb} - \frac{an^2}{V^2}$ 을 대입하여 π_T를 구하면 다음과 같이 된다.

$$\boldsymbol{\pi_T} = T\left(\frac{\partial\left[\frac{nRT}{V-nb} - \frac{an^2}{V^2}\right]}{\partial T}\right)_V - P = \frac{nRT}{V-nb} - P = \boldsymbol{\frac{an^2}{V^2}}$$

(2) ΔU_T는 $\Delta U_T = \int_{V_i}^{V_f} \left(\frac{\partial U}{\partial V}\right)_T dV$를 이용하여 구한다.

$$\boldsymbol{\Delta U_T} = \int_{V_i}^{V_f} \frac{an^2}{V^2} dV = \boldsymbol{an^2\left(\frac{1}{V_i} - \frac{1}{V_f}\right)}$$

답 (1) $\pi_T = \frac{an^2}{V^2}$ (2) $\Delta U_T = an^2\left(\frac{1}{V_i} - \frac{1}{V_f}\right)$

4.14 반데르발스 매개변수 값으로부터 실제 기체의 내부 압력 π_T와 내부 에너지 변화량 ΔU_T를 구하는 문제이다.

부록의 표 3.2에서 N_2의 매개변수 $a = 1.370\ L^2\ bar\ mol^{-2}$이다. 이 값을 위의 연습 문제 4.13에서 구한 식에 대입하여 다음과 같이 구한다.

(1) $\boldsymbol{\pi_T} = \frac{an^2}{V^2}$

$= (1.370\ L^2\ bar\ mol^{-2})(1.00\ mol)^2/(0.788\ L)^2 = \mathbf{2.21\ bar}$

(2) $\boldsymbol{\Delta U_T} = an^2\left(\frac{1}{V_i} - \frac{1}{V_f}\right)$

$= (1.370\ L^2\ bar\ mol^{-2})(1.00\ mol)^2\left(\frac{1}{3.28\ L} - \frac{1}{0.788\ L}\right)$

$= -1.32\ L\ bar = \mathbf{-132\ J}$

답 (1) $\pi_T = 2.21$ bar (2) $\Delta U_T = -132$ J

5강 엔탈피와 열화학

5.1 엔탈피의 정의와 개념을 정확하게 이해하고 있는지를 확인하는 문제이다.

엔탈피 정의 식: $H = U + PV$

설명: 엔탈피 H는 등압 조건에서 계에 출입하는 에너지 가운데 열의 형태로만 출입하는 에너지를 말한다.

답 풀이 참조

5.2 주울-톰슨 효과와 반전 온도에 대한 이해를 묻는 문제이다.

주울-톰슨 효과: 단열계에서 기체가 단열 팽창을 하면 압력과 온도 사이에는 $\mu_{JT} = \left(\frac{\partial T}{\partial P}\right)_H$ 의 관계가 있다.

주울-톰슨 계수에서 반전 온도 T_I의 의의: 주울-톰슨 효과를 주울-톰슨 계수 μ_{JT}라 하며, $\mu_{JT} = 0$이 되는 온도를 반전 온도 T_I라고 한다. 주울-톰슨 계수 μ_{JT}는 반전 온도를 중심으로 다음과 같은 성질을 가진다.

$\mu_{JT} > 0$: $dP < 0$이면 $dT < 0$, 기체가 팽창할 때 온도 하락

$\mu_{JT} < 0$: $dP < 0$이면 $dT > 0$, 기체가 팽창할 때 온도 상승

답 풀이 참조

5.3 표준 반응 엔탈피를 구하는 방법을 묻는 문제이다.

표준 상태에서 각 물질들에 대한 엔탈피 기준을 정하여 그 기준에 대한 상대적인 값으로 각 물질에 대한 엔탈피 값을 사용한다. 각 물질에 대한 엔탈피 기준은 298.15 K, 표준 상태에서 가장 안정한 상태에 있는 원소 물질의 에너지를 0으로 하여 기준을 삼는다. 각 화합물의 생성 엔탈피는 이 기준 원소 물질로부터 합성될 때의 상대적인 엔탈피 차이로 정하여 사용한다.

답 풀이 참조

5.4 부피 일정 조건에서 온도 변화에 따른 엔탈피 변화 $\left(\frac{\partial H}{\partial T}\right)_V = \left[1 - \frac{\alpha\mu_{JT}}{\kappa_T}\right] C_P$를 유도하는 문제이다.

압력과 온도 변화에 따른 엔탈피 변화는

$$dH = \left(\frac{\partial H}{\partial P}\right)_T dP + C_P dT \qquad (1)$$

이고, 오일러 순환 관계식 $\left(\frac{\partial x}{\partial y}\right)_Z \left(\frac{\partial y}{\partial z}\right)_X \left(\frac{\partial z}{\partial x}\right)_y = -1$이다.

$\left(\frac{\partial H}{\partial T}\right)_V = \left[1 - \frac{\alpha\mu_{JT}}{\kappa_T}\right] C_P$에서 $\left(\frac{\partial H}{\partial T}\right)_V$는 등부피에서 온도 변화에 따른 엔탈피 변화이므로 (1)식을 dT로 나누고 오일러 순환 관계식을 이용하여 α와 κ_T에 관련된 형태로 식을 고쳐 나간다.

(1)식을 dT로 나누면 다음과 같이 된다.

$$\left(\frac{\partial H}{\partial T}\right)_V = \left(\frac{\partial H}{\partial P}\right)_T \left(\frac{\partial P}{\partial T}\right)_V + C_P \qquad (2)$$

$\alpha = \frac{1}{V}\left(\frac{\partial V}{\partial T}\right)_P$, $\kappa_T = -\frac{1}{V}\left(\frac{\partial V}{\partial P}\right)_T$ 이므로 $\left(\frac{\partial P}{\partial T}\right)_V$는 오일러 관계식을 이용하면 $\left(\frac{\partial P}{\partial T}\right)_V$와 $\left(\frac{\partial V}{\partial T}\right)_P$, $\left(\frac{\partial V}{\partial P}\right)_T$ 간에 다음과 같은 관계임을 알 수 있다.

$$\left(\frac{\partial P}{\partial T}\right)_V \left(\frac{\partial T}{\partial V}\right)_P \left(\frac{\partial V}{\partial P}\right)_T = -1 \qquad (3)$$

$$\left(\frac{\partial P}{\partial T}\right)_V = -1/\left(\frac{\partial T}{\partial V}\right)_P\left(\frac{\partial V}{\partial P}\right)_T \tag{4}$$

편도함수의 역수를 취하면 위 식은 다음과 같이 고쳐 쓸 수 있다.

$$\left(\frac{\partial P}{\partial T}\right)_V = -\left(\frac{\partial V}{\partial T}\right)_P/\left(\frac{\partial V}{\partial P}\right)_T \tag{5}$$

여기서 $\left(\frac{\partial V}{\partial T}\right)_P = \alpha V, \left(\frac{\partial V}{\partial T}\right)_P = -\kappa_T V$를 (5)식에 대입하면 다음과 같다.

$$\left(\frac{\partial P}{\partial T}\right)_V = -\left(\frac{\partial V}{\partial T}\right)_P/\left(\frac{\partial V}{\partial P}\right)_T = \frac{\alpha}{\kappa_T} \tag{6}$$

(2)식의 $\left(\frac{\partial H}{\partial P}\right)_T$ 에 대해서도 오일러 순환 관계와 편도함수의 역수 관계를 적용하면 다음과 같은 결과를 얻는다.

$$\left(\frac{\partial H}{\partial P}\right)_T = -\left(\frac{\partial T}{\partial P}\right)_H\left(\frac{\partial H}{\partial T}\right)_P = -\left(\frac{\partial T}{\partial P}\right)_H C_P = -\mu_{JT}C_P \tag{7}$$

(6), (7)식을 (2)식에 대입하면 다음과 같이 된다.

$$\left(\frac{\partial H}{\partial T}\right)_V = -\mu_{JT}C_P\frac{\alpha}{\kappa_T} + C_P = \left[1 - \frac{\alpha\mu_{JT}}{\kappa_T}\right]C_P$$

답 풀이 참조

5.5 열역학 제1법칙과 열역학 제2법칙으로부터 $\left(\frac{\partial H}{\partial P}\right)_T = V - T\left(\frac{\partial H}{\partial T}\right)_P$ 와 이상 기체에서 $\left(\frac{\partial H}{\partial P}\right)_T = 0$ 을 증명하는 문제이다.

(1) 엔탈피의 정의 $H = U + PV$와 $dH(P, T)$와 $dU(V, T)$로부터 $\left(\frac{\partial H}{\partial T}\right)_P = V - T\left(\frac{\partial H}{\partial T}\right)_P$ 를 유도한다.

$H = U + PV$를 전체 미분하면 다음과 같이 전개된다.

$$dH = dU + PdV + VdP \tag{1}$$

$dH(P, T)$와 $dU(V, T)$의 전체 미분은 다음과 같이 전개된다.

$$dH(P, T) = \left(\frac{\partial H}{\partial P}\right)_T dP + \left(\frac{\partial H}{\partial T}\right)_P dT \tag{2}$$

$$dU(V, T) = \left(\frac{\partial U}{\partial V}\right)_T dV + \left(\frac{\partial U}{\partial T}\right)_V dT \tag{3}$$

(2), (3)식을 (1)식에 대입하면 다음과 같다.

$$\left(\frac{\partial H}{\partial P}\right)_T dP + \left(\frac{\partial H}{\partial T}\right)_P dT = \left(\frac{\partial U}{\partial V}\right)_T dV + \left(\frac{\partial U}{\partial T}\right)_V dT + PdV + VdP$$

등온에서 $dT = 0$이므로 위 식은 다음과 같이 축소된다.

$$\left(\frac{\partial H}{\partial P}\right)_T dP = \left(\frac{\partial U}{\partial V}\right)_T dV + PdV + VdP$$

이 식의 양변을 dP로 나누면 다음과 같이 된다.

$$\left(\frac{\partial H}{\partial P}\right)_T = \left[\left(\frac{\partial U}{\partial V}\right)_T + P\right]\left(\frac{\partial V}{\partial P}\right)_T + V$$

이 식에 $\left(\frac{\partial U}{\partial V}\right)_T = T\left(\frac{\partial P}{\partial T}\right)_V - P$ 를 대입하면 다음과 같이 되고,

$$\left(\frac{\partial H}{\partial P}\right)_T = T\left(\frac{\partial P}{\partial T}\right)_V\left(\frac{\partial V}{\partial P}\right)_T + V \tag{4}$$

오일러 관계식으로부터 $\left(\frac{\partial P}{\partial T}\right)_V\left(\frac{\partial V}{\partial P}\right)_T = -\left(\frac{\partial V}{\partial T}\right)_P$ 가 되므로 (4)식은 다음과 같이 정리된다.

$$\left(\frac{\partial H}{\partial P}\right)_T = V - T\left(\frac{\partial V}{\partial T}\right)_P \tag{5}$$

(2) 이상 기체 상태식에서 $V = nRT/P$를 (5)식에 대입하여 정리하면 다음과 같이 된다.

$$\left(\frac{\partial H}{\partial P}\right)_T = V - T\left(\frac{\partial (nRT/P)}{\partial T}\right)_P$$

$$= V - \frac{nRT}{P}\left(\frac{\partial T}{\partial T}\right)_P = V - V = 0$$

답 (1) 풀이 참조 (2) 풀이 참조

5.6 일정 부피, 가역 조건에서 온도 변화에 따른 내부 에너지 변화량과 출입한 열량을 구하는 문제이다.

(1) $\Delta U = nC_{V,m}\Delta T$ 관계를 사용하여 계산하면 다음과 같이 ΔU를 구할 수 있다.

$$\boldsymbol{\Delta U} = (1.00\text{ mol})[\frac{5}{2}(8.314\text{ J K}^{-1}\text{ mol}^{-1})](350 - 273.15)\text{ K}$$

$$= \mathbf{1.60\ kJ}$$

(2) 열역학 제1법칙을 이용하여 구한다.

$\Delta U = q + w$

$\boldsymbol{q} = \Delta U - w = 1.60\text{ kJ} - 0 = \mathbf{1.60\ kJ}$ (등부피이므로 $w = 0$)

답 (1) $\Delta U = 1.60$ kJ (2) $q = 1.60$ kJ

5.7 일정 압력 조건에서 온도가 100 K 이내에서 변화했을 때 일어나는 여러 가지 열역학 함수들의 변화량을 구하는 문제이다.

부록의 표 5.4에서 찾은 $C_{P,m}{}^{o} = 35.31\text{ J K}^{-1}\text{ mol}^{-1}$이고, 변화한 온도 영역이 100 K 이내이므

로 $C_{P,m}{}^{o}$ 값을 그대로 사용하여 계산한다.

(1) $\boldsymbol{\Delta H} = nC_{P,m}\Delta T$

$= (2.00 \text{ mol})(35.31 \text{ J K}^{-1} \text{ mol}^{-1})(370 - 298.15) \text{ K}$

$= \mathbf{5.07\ kJ}$

(2) $\boldsymbol{\Delta U} = nC_{V,m}\Delta T = n(C_{P,m} - R)\Delta T = nC_{P,m}\Delta T - nR\Delta T$

$= \Delta H - nR\Delta T$

$= 5.07 \text{ kJ} - (2.00 \text{ mol})(8.314 \text{ J K}^{-1} \text{ mol}^{-1})(71.85 \text{ K}) = \mathbf{3.88\ kJ}$

(3) 등압에서 $\boldsymbol{q_P} = \Delta H = \mathbf{5.07\ kJ}$

(4) 열역학 제1법칙에서

$\boldsymbol{w} = \Delta U - q = (3.88 - 5.07) \text{ kJ} = \mathbf{-1.19\ kJ}$

답 (1) $\Delta H = 5.07$ kJ (2) $\Delta U = 3.88$ kJ
(3) $q_P = 5.07$ kJ (4) $w = -1.19$ kJ

5.8 일정 부피 조건에서 온도가 100 K 이상으로 변화했을 때 일어나는 내부 에너지 변화량을 구하는 문제이다.

$\Delta U = n\int_{T_i}^{T_f} C_{V,m}\, dT$에 $C_{V,m} = a' + b'T + c'T^2$를 적용하여 구한다.

$$\int_{T_i}^{T_f} C_{V,m}\, dT = \int_{T_i}^{T_f} (a' + b'T + c'T^2)\, dT$$

$$= a'(T_f - T_i) + \frac{1}{2}b'(T_f^2 - T_i^2) + \frac{1}{3}c'(T_f^3 - T_i^3)$$

$$= (17.23 \text{ J K}^{-1} \text{ mol}^{-1})(750 - 298.15) \text{ K} + \frac{1}{2}(13.61 \times 10^{-3} \text{ J K}^{-2} \text{ mol}^{-1}) \times (750^2 - 298.15^2) \text{ K}^2$$

$$+ \frac{1}{3}(42.55 \times 10^{-7} \text{ J K}^{-3} \text{ mol}^{-1})(750^3 - 298.15^3) \text{ K}^3$$

$$= 11572 \text{ J mol}^{-1}$$

그러므로 $\boldsymbol{\Delta U} = (2.00 \text{ mol})(11572 \text{ J mol}^{-1}) = \mathbf{23.15\ kJ}$

답 $\Delta U = 23.15$ kJ

5.9 일정 압력 조건에서 온도가 100 K 이상으로 변화했을 때 일어나는 엔탈피 변화량을 구하는 문제이다.

온도 변화 범위가 100 K를 벗어나므로 $C_{P,m} = a + bT + cT^2$을 사용하여 계산한다.

부록의 자료로부터 얻은 메테인의 매개변수 a = 30.65 J K^{-1} mol^{-1}, b = −17.39 × 10^{-3} J K^{-2} mol^{-1}, c = 13.90 × 10^{-5} J K^{-3} mol^{-1}이다.

문제 5.8에서 구한 $\int_{T_i}^{T_f} C_{V,m}\, dT = a'(T_f - T_i) + \frac{1}{2}b'(T_f^2 - T_i^2) + \frac{1}{3}c'(T_f^3 - T_i^3)$을 $C_{P,m}$에 적용하여 계산하면 다음과 같다.

$$\int_{T_i}^{T_f} C_{P,m}\,dT = a(T_f - T_i) + \frac{1}{2}b(T_f^2 - T_i^2) + \frac{1}{3}c(T_f^3 - T_i^3)$$

$$= (30.65\ J\ K^{-2}\ mol^{-1})(700 - 298.15)\ K + \frac{1}{2}(-17.39 \times 10^{-3}\ J\ K^{-2}\ mol^{-1})$$

$$\times (700^2 - 298.15^2)\ K^2 + \frac{1}{3}(13.90 \times 10^{-5}\ J\ K^{-3}\ mol^{-1})(700^3 - 298.15^3)\ K^3$$

$$= 23.493\ kJ\ mol^{-1}$$

그러므로 $\Delta \boldsymbol{H} = (2.00\ mol)(23.49\ J\ mol^{-1}) = \mathbf{46.99\ kJ}$

답 $\Delta H = 46.99\ kJ$

5.10 일정 압력 조건에서 단열 팽창에서의 열역학 함수들의 변화량을 구하는 문제이다.

(1) 단열이나 등압이므로 등압 팽창 일을 한다.

$$w = -P_{ex}\Delta V = -(0.800\ bar)(50.0 - 25.0)L = -20.0\ L\ bar$$
$$= \mathbf{-2000\ J}$$

(2) 열역학 제1법칙을 이용하여 구한다. 단열 변화이므로 $q = 0$을 사용한다.

$$\Delta \boldsymbol{U} = q + w = 0 + (-2.00\ kJ) = \mathbf{-2000\ J}$$

(3) ΔU와 ΔT의 관계를 이용하여 구한다.

$$\Delta U = nC_{V,m}\Delta T = n(C_{P,m} - R)\Delta T$$

$$\Delta T = \frac{\Delta U}{n(C_{P,m} - R)}$$

부록의 열역학 자료에서 $N_2(g)$의 $C_{P,m}°$ = 29.13 J $K^{-1}mol^{-1}$이므로 ΔT는 다음과 같이 구해진다.

$$\Delta \boldsymbol{T} = \frac{-2000\ J}{(3.00\ mol)(29.13 - 0.08314)\ J K^{-1}\ mol^{-1}}$$
$$= \mathbf{-30.0\ K}$$

(4) ΔH와 ΔT의 관계를 이용하여 구한다.

$$\Delta \boldsymbol{H} - nC_{P,m}\Delta T$$
$$= (3.00\ mol)(29.13\ J\ K^{-1}\ mol^{-1})(-30.0\ K)$$
$$= \mathbf{-2620\ J}$$

답 (1) $w = -2000$ J (2) $\Delta U = -2000$ J (3) $\Delta T = -30.0$ K (4) $\Delta H = -2620$ J

5.11 가역 단열 과정에서 압력 변화에 따른 부피, 온도, 일어난 일을 구하는 문제이다.

(1) 가역 단열 과정의 $P-V$ 관계를 이용하여 구한다.[6]

여기서 $C_{P,m}° = 29.13\ J\ K^{-1}\ mol^{-1}$, $C_{V,m}° = C_{P,m}° - R$이므로 γ는 다음과 같다.

---

[6] 가역 단열 과정의 P-V 관계: $P_iV_i^\gamma = P_fV_f^\gamma$

$$\gamma = C_{p,m}/C_{v,m} = \left(\frac{29.13}{29.13 - 8.314}\right) = 1.399$$

그러나 $P_iV_i^\gamma = P_fV_f^\gamma$로부터 P_f를 구하려면 초기 부피 V_i를 알아야 한다. 초기 부피 V_i는 기체 상태식을 사용하여 구한다.

$$\begin{aligned} V_i &= nRT/P_i \\ &= (2.05\ \text{mol})(0.08314\ \text{L bar K}^{-1}\ \text{mol}^{-1})(298.15\ \text{K})/(1.00\ \text{bar}) \\ &= 50.82\ \text{L} \end{aligned}$$

그러므로 최종 부피 V_f는 다음과 같이 구해진다.

$$\boldsymbol{V_f} = V_i\left(\frac{P_i}{P_f}\right)^{1/\gamma} = (50.82\ \text{L})\left(\frac{1.00\ \text{bar}}{2.50\ \text{bar}}\right)^{1/1.399} = \mathbf{26.40\ L}$$

(2) 최종 부피를 구하였으므로 이상 기체 상태식으로부터 다음과 같이 T_f를 구할 수 있다.

$$\begin{aligned} \boldsymbol{T_f} &= P_fV_f/nR \\ &= \frac{(2.50\ \text{bar})(26.40\ \text{L})}{(2.05\ \text{mol})(0.08314\ \text{L bar K}^{-1}\ \text{mol}^{-1})} = \mathbf{387.2\ K} \end{aligned}$$

(3) 단열 과정이므로 $q = 0$이고 $\Delta U = w$이다. 그러므로 일은 다음과 같다.

$$\begin{aligned} \boldsymbol{w} &= \Delta U = C_V\Delta T \\ &= [(29.13 - 8.314)\ \text{J K}^{-1}\ \text{mol}^{-1}](387.2 - 298.15)\ \text{K} = \mathbf{1854\ J} \end{aligned}$$

답 (1) $V_f = 26.40$ L (2) $T_f = 387.2$ K (3) $w = 1854$ J

5.12 부피의 온도 의존 관계로부터 팽창 계수를 구하는 문제이다.

팽창 계수 $\alpha = \frac{1}{V}\left(\frac{\partial V}{\partial T}\right)_P$ 이므로 이 액체의 300 K에서의 부피와 온도 변화에 따른 부피 변화를 구하여 계산해야 한다.

300 K에서의 부피는 다음과 같이 구한다.

$$\begin{aligned} V_m(300\ \text{K}) &= V_m'[0.77 + (3.8 \times 10^{-4}\ \text{K}^{-1})(300\ \text{K}) + (1.49 \times 10^{-6}\ \text{K}^{-2})(300\ \text{K})^2] \\ &= 1.018\ V_m' \end{aligned}$$

그러므로 $\frac{1}{V_m(300\ \text{K})} = \frac{1}{1.018V_m'}$ 이다.

등압에서 온도 변화에 따른 부피 변화는 다음과 같이 구한다.

$$\left(\frac{\partial V}{\partial T}\right)_P = \left[\frac{\partial(a + bT + cT^2)}{\partial T}\right]_P = V_m'(b + 2cT)$$

300 K에 대하여 계산하면 다음과 같이 된다.

$$\begin{aligned} \left(\frac{\partial V}{\partial T}\right)_P &= V_m'[(3.8 \times 10^{-4}\ \text{K}^{-1}) + 2(1.49 \times 10^{-6}\ \text{K}^{-2})(300\ \text{K})] \\ &= 0.00127\ \text{K}^{-1}\ V_m' \end{aligned}$$

그러므로 300 K에서 팽창 계수는 다음과 같이 구해진다.

$$\boldsymbol{\alpha(300\ \mathrm{K})} = \frac{0.00127\,\mathrm{K}^{-1}V'_\mathrm{m}}{1.018V'_\mathrm{m}} = \mathbf{1.25 \times 10^{-3}\ K^{-1}}$$

답 $\alpha(300\ \mathrm{K}) = 1.25 \times 10^{-3}\ \mathrm{K}^{-1}$

5.13 등온 압축률 $\kappa_\mathrm{T} = -\frac{1}{V}\left(\frac{\partial V}{\partial P}\right)_\mathrm{T}$ 로부터 부피 변화량과 압력 변화량의 관계를 구하는 문제이다.

등온에서 부피와 압력과의 관계는 등온 압축률 $\kappa_\mathrm{T} = -\frac{1}{V}\left(\frac{\partial V}{\partial P}\right)_\mathrm{T}$ 를 이용하여 구한다.

$\kappa_\mathrm{T} = -\frac{1}{V}\left(\frac{\partial V}{\partial P}\right)_\mathrm{T}$ 를 압력 변화 dP에 대하여 정리하면 다음과 같이 된다.

$$\mathrm{d}P = -\frac{\mathrm{d}V}{V}\frac{1}{\kappa_\mathrm{T}}$$

부록의 표 5.1에서 구한 에탄올의 $\kappa_\mathrm{T} = 110 \times 10^{-6}\ \mathrm{bar}^{-1}$이므로 압력 변화 ΔP는 다음과 같이 계산된다.

$$\boldsymbol{\Delta P} = -\frac{1}{\kappa_\mathrm{T}}\int_{V_\mathrm{i}}^{V_\mathrm{f}}\frac{\mathrm{d}V}{V} = -\frac{1}{\kappa_\mathrm{T}}\ln\frac{V_\mathrm{f}}{V_\mathrm{i}}$$

$$= -\frac{1}{110\times10^{-6}\ \mathrm{bar}^{-1}}\ln\frac{0.9V}{V} = \mathbf{958\ bar}$$

답 $\Delta P = 958$ bar

5.14 계수 $\mu_\mathrm{JT} = \left(\frac{\partial T}{\partial P}\right)_\mathrm{H}$ 로부터 온도 변화량과 압력 변화량의 관계를 구하는 문제이다.

단열계에서 온도와 압력과의 관계는 주울–톰슨 계수 $\mu_\mathrm{JT} = \left(\frac{\partial T}{\partial P}\right)_\mathrm{H}$ 를 사용하여 구한다.

$\mu_\mathrm{JT} = \left(\frac{\partial T}{\partial P}\right)_\mathrm{H}$ 를 압력 변화에 대하여 정리하면 다음과 같이 된다.

$$\mathrm{d}P = \frac{1}{\mu_\mathrm{JT}}\mathrm{d}T$$

CO_2의 $\mu_\mathrm{JT} = 1.11\ \mathrm{K\ atm}^{-1}$이므로 압력 변화량 ΔP는 다음과 같이 구해진다.

$$\boldsymbol{\Delta P} = \frac{1}{\mu_\mathrm{JT}}\Delta T = \frac{1}{1.11\ \mathrm{K\ atm}^{-1}}(-5.0\ \mathrm{K}) = \mathbf{-4.5\ atm}$$

답 $\Delta P = -4.5$ atm

5.15 증발 엔탈피로부터 일정량의 액체가 증발할 때 변화하는 엔탈피와 내부 에너지를 구하는 문제이다.

(1) 총 엔탈피 변화량 $\Delta H = n\Delta_\mathrm{vap}H^\circ$이다. 그러므로 ΔH는 다음과 같이 구한다.

물 100.0 g의 몰수 $n = 100.0\ g/18.016\ g\ mol^{-1} = 5.551\ mol$

$\mathbf{\Delta H} = n\Delta_{vap}H^{\circ} = (5.551\ mol)(44.016\ kJ\ mol^{-1}) = \mathbf{244.3\ kJ}$

(2) ΔU는 열역학 제1법칙을 이용하여 구한다.

$\Delta U = \Delta H + w$이므로 w를 구하면 다음과 같다.

$w = -P_{ex}\Delta V = -P_{ex}(V_{기체} - V_{액체})$

$= -(1.00\ bar)(5.551\ mol \times 24.789\ L\ mol^{-1}) = 137.59\ L\ bar$

$= \mathbf{-13.76\ kJ}$ ($V_{액체} << V_{기체}$로 액체의 부피 무시)

그러므로 ΔU는 다음과 같다.

$\mathbf{\Delta U} = \Delta H + w = (244.3 - 13.76)\ kJ = \mathbf{230.5\ kJ}$

답 (1) $\Delta H = 244.3\ kJ$ (2) $\Delta U = 230.5\ kJ$

5.16 화합물의 생성 엔탈피를 구하는 문제이다.

반응식들을 사용하여 $B_2H_6(g)$ 합성에 대한 균형 반응식을 작성하여 구한다.

$B_2H_6(g)$ 합성 반응이므로 첫 번째 반응식에 초점을 맞추어 문제에 주어진 반응식들을 다음과 같이 조정한다.

$$2B(s) + \frac{3}{2}O_2(g) \longrightarrow B_2O_3(s) \qquad \Delta H^{\circ} = -2368\ kJ\ mol^{-1}$$

$$\mathbf{3}H_2(g) + \frac{3}{2}O_2(g) \longrightarrow \mathbf{3}H_2O(g) \qquad \Delta H^{\circ} = \mathbf{3}(-241.8\ kJ\ mol^{-1})$$

$$B_2O_3(s) + 3H_2O(g) \longrightarrow B_2H_6(g) + 3O_2(g) \qquad \Delta H^{\circ} = 1941\ kJ\ mol^{-1}$$

$$2B(s) + 3H_2(g) \longrightarrow B_2H_6(g)$$

$$\mathbf{\Delta H^{\circ}} = (-2368 - 725.4 + 1941)\ kJ\ mol^{-1} = \mathbf{-1152\ kJ\ mol^{-1}}$$

답 $\Delta H^{\circ} = -1152\ kJ\ mol^{-1}$

5.17 화학 반응에 수반되는 표준 반응 엔탈피를 구하는 문제이다.

부록의 열역학 자료를 사용하여 구한다.

부록에서 얻은 표준 생성 엔탈피 $\Delta_f H^{\circ}$

$\Delta_f H^{\circ}(CH_2(NH_2)COOH, s) = -532.9\ kJ\ mol^{-1}$

$\Delta_f H^{\circ}(H_2O, l) = -285.83\ kJ\ mol^{-1}$

$\Delta_f H^{\circ}(CH_4, g) = -74.81\ kJ\ mol^{-1}$

$\Delta_f H^{\circ}(NH_3, g) = -46.11\ kJ\ mol^{-1}$

$\Delta_f H^{\circ}(O_2(g)) = 0$

표준 상태에서 엔탈피 변화량(즉 표준 반응 엔탈피)은 다음과 같이 구한다.

$$\mathbf{\Delta_r H^{\circ}(298.15\ K)} = \sum_{생성물} \nu H_f^{\circ} - \sum_{반응물} \nu H_f^{\circ}$$

$$= \{\Delta_f H^{\circ}(글라이신) + 3\Delta_f H^{\circ}(H_2O, l)\} - \{2\Delta_f H^{\circ}(CH_4, g) + \Delta_f H^{\circ}(NH_3, g) + \frac{5}{2}\Delta_f H^{\circ}(O_2, g)\}$$

$= \{-532.9 + 3(-285.83)\} - \{2(-74.81) + (-46.11) + 0\}$ kJ mol^{-1}
$= \mathbf{-1194.66\ kJ\ mol^{-1}}$

답 $\Delta_r H°(298.15\ K) = -1194.66$ kJ mol^{-1}

5.18 서로 다른 온도 조건에서 일어나는 화학 반응의 표준 반응 엔탈피를 구하는 문제이다. 문제의 반응에 대한 균형 반응식을 작성한 후 표준 반응 엔탈피를 구한다.

균형 화학 반응식: $4HCl(g) + O_2(g) \longrightarrow 2Cl_2(g) + 2H_2O(g)$

(1) 부록의 열역학 자료들과 동일한 온도 조건이므로 부록의 자료로부터 직접 계산한다.

$$\Delta_r \boldsymbol{H}°(\mathbf{298.15}\ \boldsymbol{K}) = \sum_{\text{생성물}} \nu H_f° - \sum_{\text{반응물}} \nu H_f°$$

$$= \{2\Delta_f H°(H_2O, g) + \Delta_f H°(Cl_2, g)\} - \{4\Delta_f H°(HCl, g) + \Delta_f H°(O_2, g)\}$$

$$= (2\ mol)(-241.82\ kJ\ mol^{-1}) - (4\ mol)(-92.31\ kJ\ mol^{-1}) = \mathbf{-114.4\ kJ}$$

(2) 298.15 K가 아니므로 키르히호프의 법칙을 사용한다.[7]

$$\Delta_r C_P° = \sum_{\text{생성물}} \nu C°_{P,m} - \sum_{\text{반응물}} \nu C°_{P,m}$$

$$= \{2C_{P,m}°(H_2O, g) + 2C_{P,m}°(Cl_2, g)\} - \{4C_{P,m}°(HCl, g) + C_{P,m}°(O_2, g)\}$$

$$= [2(33.58) + 2(33.91)] - [4(29.12) + 29.36]\ J\ K^{-1}$$

$$= -10.86\ J\ K^{-1}$$

$$\Delta_r \boldsymbol{H}°(\boldsymbol{T}_f) = -114.46\ kJ + (-10.86\ J\ K^{-1})(380.0 - 298.15)\ K$$

$$= (-114.46 - 0.89)\ kJ = \mathbf{-115.35\ kJ}$$

답 (1) $\Delta_r H°(298.15\ K) = -114.4$ kJ (2) $\Delta_r H°(T_f) = -115.35$ kJ

6강 열역학 제2법칙과 엔트로피

6.1 엔트로피와 관련된 열역학 법칙들의 정의를 말하는 문제이다.

열역학 제2법칙: 고립계에서 자발적 변화는 무질서도가 증가하는 방향으로 일어난다. 고립계에서 자발적인 변화는 엔트로피가 증가하는($\Delta S > 0$) 변화이다.

열역학 제3법칙: 절대 엔트로피에 대한 기준으로 모든 완전 결정체의 엔트로피는 절대 영도(0 K)에서 0이다.

답 풀이 참조

---

[7] 키르히호프의 법칙: $\Delta_r H°(T_f) = \Delta_r H°(T_i) + \Delta_r C_P°(T_f - T_i)$

6.2 고립계에 대하여 클라우지우스 부등식이 어떻게 나타나는지와 그 의미를 알고 있는지를 확인하는 문제이다.

클라우지우스 부등식: $dS \geq 0$

클라우지우스 부등식의 의미: 고립계에서 자발적 변화가 일어날 때 엔트로피는 감소할 수 없다.

답 풀이 참조

6.3 기체 상태식과 이상 기체에 대한 $C_{P,m}$과 $C_{V,m}$의 관계를 이용하여 $\Delta S = nR\ln\frac{V_f}{V_i} + nC_{V,m}\ln\frac{T_f}{T_i}$ 로부터 $\Delta S = -nR\ln\frac{P_f}{P_i} + nC_{P,m}\ln\frac{T_f}{T_i}$ 를 유도하는 문제이다.

문제에 주어진 두 식은 다음과 같다.

$$\Delta S = nR\ln\frac{V_f}{V_i} + nC_{V,m}\ln\frac{T_f}{T_i} \qquad (1)$$

$$\Delta S = -nR\ln\frac{P_f}{P_i} + nC_{P,m}\ln\frac{T_f}{T_i} \qquad (2)$$

한편 이상 기체 상태식을 온도 T에 대하여 정리하면 V_f와 V_i는 다음과 같이 된다.

$V_i = RT_i/P_i \qquad V_f = RT_f/P_f$

이 두 식을 (1)식에 대입하여 정리하면 다음과 같이 된다.

$$\begin{aligned}\Delta S &= nR\ln\frac{T_fP_i}{T_iP_f} + nC_{V,m}\ln\frac{T_f}{T_i}\\ &= nR\ln\frac{T_f}{T_i} - nR\ln\frac{P_f}{P_i} + nC_{V,m}\ln\frac{T_f}{T_i} = -nR\ln\frac{P_f}{P_i} + n(C_{V,m}+R)\ln\frac{T_f}{T_i}\\ &= -nR\ln\frac{P_f}{P_i} + nC_{P,m}\ln\frac{T_f}{T_i}\end{aligned}$$

답 풀이 참조

6.4 서로 다른 온도를 갖는 물체의 접촉에 의한 엔트로피 변화를 구하는 식을 유도하는 문제이다. 두 금속 덩어리의 전체 엔트로피 변화량은 각 금속 덩어리 변화량의 합이므로 두 금속 덩어리 각각의 엔트로피 변화를 계산하여 합한다.

두 금속 덩어리를 A와 B로 나누어 엔트로피 변화량을 구하면 다음과 같이 된다.

$$\Delta S_A = C_p\int_{T_1}^{(T_1+T_2)/2}\frac{1}{T}\,dT = C_p\ln\frac{T_1+T_2}{2T_1}$$

$$\Delta S_B = C_p\int_{T_2}^{(T_1+T_2)/2}\frac{1}{T}\,dT = C_p\ln\frac{T_1+T_2}{2T_2}$$

그러므로 전체 엔트로피는 다음과 같이 된다.

$$\Delta S = \Delta S_A + \Delta S_B$$

$$= C_p \ln \frac{T_1 + T_2}{2T_1} + C_p \ln \frac{T_1 + T_2}{2T_2} = C_p \ln \frac{(T_1 + T_2)^2}{4T_1T_2}$$

답 풀이 참조

6.5 엔트로피 변화의 정의 $dS = \frac{dq_{rev}}{T}$ 로부터 엔트로피 변화량을 구하는 문제이다.

(1) $\Delta S = \frac{q_{rev}}{T} = (30.0\ \text{kJ})/273.15\ \text{K} = \mathbf{110\ J\ K^{-1}}$

(2) $\Delta S = \frac{q_{rev}}{T} = (30.0\ \text{kJ})/373.15\ \text{K} = \mathbf{80\ J\ K^{-1}}$

답 (1) $\Delta S = 110\ \text{J K}^{-1}$ (2) $\Delta S = 80\ \text{J K}^{-1}$

6.6 열기관의 최대 일을 구하는 문제이다.
열효율의 정의와 열효율과 온도 관계식을 사용하여 구한다.

열효율 $\varepsilon = \frac{-w}{q_h} = \frac{T_h - T_C}{T_h}$ 이므로 이 식을 w에 대하여 정리하여 계산한다.

$$w = -\frac{T_h - T_C}{T_h} \times q_h$$

$$= -\frac{(473.15 - 298.15)\text{K}}{473.15\text{K}} \times (1500\ \text{J}) = \mathbf{-554.8\ J}$$

답 $w = -554.8\ \text{J}$

6.7 열효율의 정의로부터 열기관이 어떤 값의 일을 하기 위하여 필요한 열량을 구하는 문제이다.

열효율 $\varepsilon = \frac{|w|}{|q_h|} = \frac{T_h - T_c}{T_h}$ 에서 식을 q_h에 대하여 정리하여 계산한다.

$$q_h = w \times \frac{T_h}{T_h - T_c}$$

$$= (250\ \text{J}) \times \frac{373.15\text{K}}{(373.15 - 298.15)\text{K}} = \mathbf{1240\ J}$$

답 $q_h = 1240\ \text{J}$

6.8 부록의 열역학 자료를 활용하여 온도 변화에 따른 엔트로피 변화량을 구하는 문제이다.
일정한 압력에서 온도 변화에 따른 엔트로피 변화량은 다음과 같이 계산하여 구한다.[8]
350.0 K에서의 표준 몰엔트로피는 다음과 같다.

$$S_m^o(350.0\ \text{K}) = S_m^o(298.15\ \text{K}) + \Delta S_m^o$$

$$\Delta S_m^o = C_{p,m} \ln \frac{T_f}{T_i}$$

부록의 열역학 자료로부터 이산화 탄소 기체의 $C_{P,m}^o$ = 37.11 J K^{-1} mol^{-1}이므로 ΔS_m^o는 다음과 같이 계산된다.

$$\Delta S_m^o = (37.11\ \text{J K}^{-1}\ \text{mol}^{-1}) \ln \frac{350.0}{298.15} = 5.95\ \text{J K}^{-1}\ \text{mol}^{-1}$$

그러므로 $S_m^o(350.0\ \text{K})$는 다음과 같이 구해진다.

$$\mathbf{S_m^o(350.0\ K)} = (213.74 + 5.95)\ \text{J K}^{-1}\ \text{mol}^{-1} = \mathbf{219.69\ J\ K^{-1}\ mol^{-1}}$$

답 $S_m^o(350.0\ \text{K}) = 219.69\ \text{J K}^{-1}\ \text{mol}^{-1}$

6.9 일정 부피 조건에서 특정 온도의 기체의 몰엔트로피를 구하는 문제이다.
일정한 부피에서 350.0 K에서의 몰엔트로피를 구하기 위해서는 ΔS_m을 구하는 데 $C_{V,m}$을 사용하여 계산한다.
$C_{V,m} = C_{P,m} + R$이므로 $C_{V,m}$과 ΔS_m은 다음과 같이 계산된다.

$$C_{V,m} = (37.11 + 8.314)\ \text{J K}^{-1}\ \text{mol}^{-1} = 45.424\ \text{J K}^{-1}\ \text{mol}^{-1}$$

$$\Delta S_m = (45.424\ \text{J K}^{-1}\ \text{mol}^{-1}) \ln \frac{350.0}{298.15} = 7.28\ \text{J K}^{-1}\ \text{mol}^{-1}$$

그러므로 $S_m(350.0\ \text{K})$는 다음과 같다.

$$\mathbf{S_m(350.0\ K)} = (213.74 + 7.28)\ \text{J K}^{-1}\ \text{mol}^{-1} = \mathbf{221.02\ J\ K^{-1}\ mol^{-1}}$$

답 $S_m^o(350.0\ \text{K}) = 221.02\ \text{J K}^{-1}\ \text{mol}^{-1}$

6.10 온도와 압력이 동시에 변할 때의 엔트로피 변화량을 구하는 문제이다.
온도와 압력이 변하였으므로 두 단계로 나누어 계산한다.
그러므로 전체 엔트로피 변화량 ΔS는 다음과 같이 구성된다.

$$\Delta S = \Delta S(T_i \to T_f) + \Delta S(P_i \to P_f)$$

온도 변화에 따른 엔트로피 변화량

$$\Delta S(T_i \to T_f) = nC_{p,m} \ln \frac{T_f}{T_i}$$

$$= (3.00\ \text{mol})(29.13\ \text{J K}^{-1}\ \text{mol}^{-1}) \ln \frac{398.15}{298.15} = 25.3\ \text{J K}^{-1}$$

---

8 등압에서 온도 변화에 의한 엔트로피 변화: $\Delta S_m^o = C_{p,m} \ln \frac{T_f}{T_i}$

압력 변화에 따른 엔트로피 변화량

$$\Delta S(P_i \rightarrow P_f) = nR\ln\frac{P_i}{P_f}$$

$$= (3.00\ \text{mol})(8.314\ \text{J K}^{-1}\ \text{mol}^{-1})\ln\frac{1.00}{5.00} = -40.1\ \text{J K}^{-1}$$

따라서 전체 엔트로피 변화량은 다음과 같다.

$$\boldsymbol{\Delta S} = \Delta S(T_i \rightarrow T_f) + \Delta S(P_i \rightarrow P_f) = (25.3 - 40.1) = \mathbf{-14.8\ J\ K^{-1}}$$

답 $\Delta S = -14.8\ \text{J K}^{-1}$

6.11 서로 다른 온도의 물체가 접촉하여 온도 평형을 이룰 때, 엔트로피 변화량을 구하여 자발성 여부를 판단하는 문제이다.

문제 6.4의 식을 사용하여 계산하면 다음과 같이 된다.

$$\boldsymbol{\Delta S} = C_{p,m}\ln\frac{(T_1+T_2)^2}{4T_1T_2}$$

$$= (26.44\ \text{J K}^{-1}\ \text{mol}^{-1})\ln\frac{(273.15+373.15)^2}{4(273.15)(373.15)} = \mathbf{0.6407\ J\ K^{-1}\ mol^{-1}}$$

$\boldsymbol{\Delta S} > 0$이므로 이 과정은 자발적으로 일어난다.

답 $\Delta S = 0.6407\ \text{J K}^{-1}\ \text{mol}^{-1}$, 자발적

6.12 자료를 활용하여 상전이 엔트로피를 구하는 문제이다.

부록의 표 5.3에서 문제들을 풀기 위하여 필요한 자료를 찾으면 다음과 같다.

Ag:	$T_b = 2436\ \text{K}$	$\Delta_{vap}H^o = 250.6\ \text{kJ mol}^{-1}$
Cl_2:	$T_f = 172.1\ \text{K}$	$\Delta_{fus}H^o = 6.45\ \text{kJ mol}^{-1}$
CO_2:	$T_{sub} = 194.6\ \text{K}$	$\Delta_{sub}H^o = 25.23\ \text{kJ mol}^{-1}$
CH_3OH:	$T_b = 337.2\ \text{K}$	$\Delta_{vap}H^o = 35.27\ \text{kJ mol}^{-1}$

(1) 증발 과정으로 증발 과정의 엔트로피 변화량은 다음과 같다.[9]

$$\boldsymbol{\Delta_{vap}S^o} = \frac{\Delta_{vap}H}{T_b} = \frac{250.6\ \text{kJ mol}^{-1}}{2436\ \text{K}} = \mathbf{102.9\ J\ K^{-1}\ mol^{-1}}$$

(2) 용융 과정으로 용융 과정의 엔트로피 변화량은 다음과 같다.

$$\boldsymbol{\Delta_{fus}S^o} = \frac{\Delta_{fus}H}{T_f} = \frac{6.45\ \text{kJ mol}^{-1}}{172.1\ \text{K}} = \mathbf{37.48\ J\ K^{-1}\ mol^{-1}}$$

---

[9] 표준 전이 엔트로피: $\Delta_{trs}S^o = \dfrac{\Delta_{trs}H}{T_{trs}}$

(3) 승화 과정으로 승화 과정의 엔트로피 변화량은 다음과 같다.

$$\Delta_{\text{sub}}S^{\circ} = \frac{\Delta_{\text{sub}}H}{T_{\text{sub}}} = \frac{25.23\,\text{kJ mol}^{-1}}{194.6\,\text{K}} = \mathbf{129.65\ J\ K^{-1}\ mol^{-1}}$$

(4) 증발 과정으로 증발 과정의 엔트로피 변화량은 다음과 같다.

$$\Delta_{\text{vap}}S^{\circ} = \frac{\Delta_{\text{vap}}H}{T_{\text{b}}} = \frac{35.27\,\text{kJ mol}^{-1}}{337.2\,\text{K}} = \mathbf{104.6\ J\ K^{-1}\ mol^{-1}}$$

답 (1) $\Delta_{\text{vap}}S^{\circ} = 102.9\ \text{J K}^{-1}\ \text{mol}^{-1}$ (2) $\Delta_{\text{fus}}S^{\circ} = 37.48\ \text{J K}^{-1}\ \text{mol}^{-1}$
(3) $\Delta_{\text{sub}}S^{\circ} = 129.65\ \text{J K}^{-1}\ \text{mol}^{-1}$ (4) $\Delta_{\text{vap}}S^{\circ} = 104.6\ \text{J K}^{-1}\ \text{mol}^{-1}$

6.13 열역학 자료를 활용하여 화합물의 생성 반응에 대한 표준 반응 엔트로피를 구하는 문제이다.

부록의 열역학 자료로부터 필요한 값들을 찾으면 다음과 같다.

반응물

$S_{\text{m}}^{\circ}(N_2, g)$: 191.61 J K^{-1} mol^{-1}, $S_{\text{m}}^{\circ}(O_2, g)$: 205.14 J K^{-1} mol^{-1}

생성물

$S_{\text{m}}^{\circ}(\text{NO}, g)$: 210.76 J K^{-1} mol^{-1}

표준 반응 엔트로피는 다음과 같이 구한다.

$$\Delta_{\text{r}}S^{\circ} = \sum_{\text{생성물}} \nu S_{\text{m}}^{\circ} - \sum_{\text{반응물}} \nu S_{\text{m}}^{\circ}$$

$$= [2(210.76) - (191.61 + 205.14)]\ \text{J K}^{-1}\ \text{mol}^{-1} = \mathbf{24.77\ J\ K^{-1}\ mol^{-1}}$$

답 $\Delta_{\text{r}}S^{\circ} = 24.77\ \text{J K}^{-1}\ \text{mol}^{-1}$

6.14 열역학 자료를 활용하여 침전 반응에 대한 표준 반응 엔트로피를 구하는 문제이다.

부록의 열역학 자료로부터 필요한 값들을 찾으면 다음과 같다.

반응물

$S_{\text{m}}^{\circ}(\text{Hg}, l)$: 76.02 J K^{-1} mol^{-1}, $S_{\text{m}}^{\circ}(\text{HCl}, aq)$: 56.5 J K^{-1} mol^{-1}

생성물

$S_{\text{m}}^{\circ}(\text{HgCl}_2, s)$: 146.0 J K^{-1} mol^{-1}, $S_{\text{m}}^{\circ}(H_2, g)$: 130.68 J K^{-1} mol^{-1}

표준 반응 엔트로피는 다음과 같이 구한다.

$$\Delta_{\text{r}}S^{\circ} = \sum_{\text{생성물}} \nu S_{\text{m}}^{\circ} - \sum_{\text{반응물}} \nu S_{\text{m}}^{\circ}$$

$$= \{(146.0 + 130.68) - [76.02 + 2(56.5)]\}\ \text{J K}^{-1}\ \text{mol}^{-1}$$

$$= \mathbf{87.7\ J\ K^{-1}\ mol^{-1}}$$

답 $\Delta_{\text{r}}S^{\circ} = 87.7\ \text{J K}^{-1}\ \text{mol}^{-1}$

6.15 열역학 자료를 활용하여 생화학 반응에 대한 표준 반응 엔트로피를 구하는 문제이다. 부록의 열역학 자료로부터 필요한 값들을 찾으면 다음과 같다.

반응물

$S_m°(CO_2, g)$: 213.74 J K^{-1} mol^{-1}, $S_m°(H_2O, g)$: 188.83 J K^{-1} mol^{-1}

생성물

$S_m°(C_6H_{12}O_6, s)$: 212 J K^{-1} mol^{-1}, $S_m°(O_2, g)$: 205.14 J K^{-1} mol^{-1}

표준 반응 엔트로피는 다음과 같이 구한다.

$$\Delta_r \boldsymbol{S}° = \sum_{\text{생성물}} \nu S_m° - \sum_{\text{반응물}} \nu S_m°$$

$$= \{(212 + 6 \times 205.14) - [6(213.74) + 6(188.83)]\}\ \text{J K}^{-1}\ \text{mol}^{-1}$$

$$= \mathbf{-973\ J\ K^{-1}\ mol^{-1}}$$

답 $\Delta_r S° = -973$ J K^{-1} mol^{-1}

6.16 열역학 자료를 활용하여 산·염기 반응에 대한 표준 반응 엔트로피를 구하는 문제이다. 이 반응은 수용액에서 이온으로 해리되므로 해리 상태의 이온 반응식으로 고치면 다음과 같이 된다.

$$Mg^{2+}(aq) + 2OH^-(aq) + 2H^+(aq) + SO_4^{2-}(aq) \rightarrow MgSO_4(s) + 2H_2O(l)$$

부록의 열역학 자료로부터 필요한 값들을 찾으면 다음과 같다.

반응물

$S_m°(Mg^{2+}, aq)$: −138.1 J K^{-1} mol^{-1}, $S_m°(OH^-, aq)$: −10.75 J K^{-1} mol^{-1}

$S_m°(2H^+, aq)$: 0 J K^{-1} mol^{-1}, $S_m°(SO_4^{2-}, aq)$: 20.1 J K^{-1} mol^{-1}

생성물

$S_m°(MgSO_4, s)$: 91.6 J K^{-1} mol^{-1}, $S_m°(H_2O, l)$: 188.83 J K^{-1} mol^{-1}

표준 반응 엔트로피는 다음과 같이 구한다.

$$\Delta_r \boldsymbol{S}° = \sum_{\text{생성물}} \nu S_m° - \sum_{\text{반응물}} \nu S_m°$$

$$= \{[91.6 + 2(188.83)] - [-138.1 + 2(-10.75) + 0 + 20.1]\}\ \text{J K}^{-1}\ \text{mol}^{-1}$$

$$= \mathbf{608.8\ J\ K^{-1}\ mol^{-1}}$$

답 $\Delta_r S° = 608.8$ J K^{-1} mol^{-1}

7강 자유 에너지와 변화의 방향

7.1 계의 변화의 자발성을 판단하는 두 자유 에너지의 정의와 그 둘 사이의 차이점을 말하는 문제이다.

정의

헬름홀츠 자유 에너지: $A \equiv U - TS$

깁스 자유 에너지: $G \equiv H - TS$

차이점

헬름홀츠 자유 에너지: 등부피 변화에서 자발성의 척도가 되는 함수

깁스 자유 에너지: 등압 변화에서 자발성의 척도가 되는 함수

답 풀이 참조

7.2 G, A, U, H의 분몰 성질에 대한 정의와 그 의미를 말하는 문제이다.

정의: $\mu_i = \left(\frac{\partial G}{\partial n_i}\right)_{T,P,n'} = \left(\frac{\partial A}{\partial n_i}\right)_{T,V,n'} = \left(\frac{\partial U}{\partial n_i}\right)_{S,V,n'} = \left(\frac{\partial H}{\partial n_i}\right)_{S,P,n'}$

의미: 화학 퍼텐셜은 다른 조건이 일정한 상태에서 특정 성분 물질의 양의 변화에 의하여 변화되는 G, A, U, H의 변화량을 말한다.

답 풀이 참조

7.3 열역학 함수들의 맥스웰 관계식을 유도하는 문제이다.

$\left(\frac{\partial T}{\partial V}\right)_S = -\left(\frac{\partial P}{\partial S}\right)_V$ 는 S와 V가 변할 때의 관계식이므로 S와 V가 변화량으로 들어 있는 열역학 기본식 $dU = TdS - PdV$로부터 이 관계식을 유도한다.

$$dU = TdS - PdV \tag{1}$$

여기서 dU는 완전 미분으로 다음과 같이 된다.

$$dU(S, V) = \left(\frac{\partial U}{\partial S}\right)_V dS + \left(\frac{\partial U}{\partial V}\right)_S dV \tag{2}$$

(1)과 (2)식을 비교하면 다음과 같은 관계가 성립한다.

$$\left(\frac{\partial U}{\partial S}\right)_V = T \qquad \left(\frac{\partial U}{\partial V}\right)_S = -P \tag{3}$$

오일러의 완전 미분 기준을 사용하면 다음과 같이 된다.[10]

$$\left[\frac{\partial}{\partial V}\left(\frac{\partial U}{\partial S}\right)_V\right]_S = \left[\frac{\partial}{\partial S}\left(\frac{\partial U}{\partial V}\right)_S\right]_V \qquad (4)$$

이 식의 좌변과 우변에 각각 (3)식의 관계를 적용하면 다음과 같이 된다.

$$\left[\frac{\partial}{\partial V}\left(\frac{\partial U}{\partial S}\right)_V\right]_S = \left(\frac{\partial T}{\partial V}\right)_S$$

$$\left[\frac{\partial}{\partial S}\left(\frac{\partial U}{\partial V}\right)_S\right]_V = -\left(\frac{\partial P}{\partial S}\right)_V$$

그러므로 다음과 같은 관계가 성립된다.

$$\left(\frac{\partial T}{\partial V}\right)_S = -\left(\frac{\partial P}{\partial S}\right)_V$$

답 풀이 참조

7.4 열역학 기본식으로부터 열역학 상태식을 유도하는 문제이다.

열역학 기본식 $dU = TdS - PdV$를 온도가 일정한 조건에서 dV로 나누면 다음과 같이 된다.

$$\left(\frac{\partial U}{\partial V}\right)_T = T\left(\frac{\partial S}{\partial V}\right)_T - P$$

이 식에 맥스웰 관계식 $\left(\frac{\partial P}{\partial T}\right)_V = \left(\frac{\partial S}{\partial V}\right)_T$ 를 대입하면 다음과 같이 된다.[11]

$$\left(\frac{\partial U}{\partial V}\right)_T = T\left(\frac{\partial P}{\partial T}\right)_V - P$$

$\left(\frac{\partial U}{\partial V}\right)_T = \pi_T$이므로 위 식은 다음과 같은 형태의 열역학 상태식이 된다.

$$\boldsymbol{\pi_T = T\left(\frac{\partial P}{\partial T}\right)_V - P}$$

답 풀이 참조

---

[10] 오일러의 완전 미분 기준

$z = f(x, y)$가 완전 미분이려면 $dz = \left(\frac{\partial z}{\partial x}\right)_y dx + \left(\frac{\partial z}{\partial y}\right)_x dy$ 에서 교차 미분이 다음 조건을 만족하여야 한다.

$$\left[\frac{\partial}{\partial y}\left(\frac{\partial z}{\partial x}\right)_y\right]_x = \left[\frac{\partial}{\partial x}\left(\frac{\partial z}{\partial y}\right)_x\right]_y$$

[11] 맥스웰 관계식

$$\left(\frac{\partial T}{\partial V}\right)_S = -\left(\frac{\partial P}{\partial S}\right)_V \qquad \left(\frac{\partial T}{\partial P}\right)_S = \left(\frac{\partial V}{\partial S}\right)_P \qquad \left(\frac{\partial P}{\partial T}\right)_V = \left(\frac{\partial S}{\partial V}\right)_T \qquad \left(\frac{\partial V}{\partial T}\right)_P = -\left(\frac{\partial S}{\partial P}\right)_T$$

7.5 열역학 상태식으로부터 이상 기체와 반데르발스 기체의 등온 내부 압력을 구하는 문제이다.

(1) 이상 기체에 대한 $\left(\frac{\partial P}{\partial T}\right)_V$ 는 다음과 같다.

$$\left(\frac{\partial P}{\partial T}\right)_V = \left[\frac{\partial(nRT/V)}{\partial T}\right]_V = \frac{nR}{V}$$

열역학 상태식 $\pi_T = T\left(\frac{\partial P}{\partial T}\right)_V - P$ 에 대입하면 다음과 같이 된다.

$$\boldsymbol{\pi_T} = T\frac{nR}{V} - P = P - P = \mathbf{0}$$

(2) 반데르발스 상태식에서 압력 P는 다음과 같다.

$$P = \frac{nRT}{V-nb} - a\frac{n^2}{V^2}$$

반데르발스 기체에 대한 $\left(\frac{\partial P}{\partial T}\right)_V$ 는 다음과 같다.

$$\left(\frac{\partial P}{\partial T}\right)_V = \left\{\frac{\partial[nRT/(V-nb)]}{\partial T}\right\}_V = \frac{nR}{V-nb}$$

그러므로 π_T는 다음과 같이 된다.

$$\boldsymbol{\pi_T} = \frac{nRT}{V-nb} - \left(\frac{nRT}{V-nb} - a\frac{n^2}{V^2}\right) = \boldsymbol{a\frac{n^2}{V^2}}$$

답 풀이 참조

7.6 실제 기체의 화학 퍼텐셜을 구하는 데 필요한 퓨가시티 f를 구하는 식을 유도하는 문제이다.
퓨가시티 f를 계산하는 식은 실제 기체의 화학 퍼텐셜을 구하는 식에서부터 시작한다.[12]

$\mu = \mu_i + \Delta\mu$이므로 $\Delta\mu = RT\ln\frac{f}{P}$ 이다. 여기서 $\mu_J = \left(\frac{\partial G}{\partial n_J}\right)_{T,P,n'}$ 이고, n_J가 1 mol이면 $\mu_J = dG_m$이므로 실제 기체와 이상 기체 간의 몰당 화학 퍼텐셜 차 $\Delta\mu = \Delta G$는 다음과 같이 구해진다.

$\left(\frac{\partial G_m}{\partial P}\right)_T = V_m$ 이므로 실제 기체와 이상 기체의 dG_m은 다음과 같다.

$$dG_m^{real} = V_m^{real}dP \qquad dG_m^{ideal} = V_m^{ideal}dP$$

그러므로 어떤 낮은 압력 P^*에서 압력 P까지에서 실제 기체와 이상 기체 간의 깁스 에너지 차 ΔG는 다음과 같다.

[12] 실제 기체의 화학 퍼텐셜: $\mu = \mu_i + RT\ln\frac{f}{P}$

$$\int_{P^*}^{P} d(G_m^{real} - G_m^{ideal})$$

$$= (G_m^{real} - G_m^{ideal})_P - (G_m^{real*} - G_m^{ideal*})_{P^*} = \int_{P^*}^{P} (V_m^{real} - V_m^{ideal}) dP$$

$P^* \to 0$이면 $G_m^{real*} \to G_m^{ideal*}$ 이므로 다음과 같은 관계가 성립된다.

$$(G_m^{real} - G_m^{ideal})_P = \int_0^P (V_m^{real} - V_m^{ideal}) dP$$

$\Delta\mu = \Delta G = RT \ln \frac{f}{P}$ 를 위 식에 대입하여 $\ln \frac{f}{P}$ 에 대하여 정리하면 다음과 같이 된다.

$$\ln \frac{f}{P} = \frac{1}{RT} \int_0^P (V_m^{real} - V_m^{ideal}) dP$$

$$\frac{f}{P} = \exp\left[\frac{1}{RT} \int_0^P (V_m^{real} - V_m^{ideal}) dP\right]$$

압축 인자 $Z = \frac{PV_m}{RT}$ 이므로 $V_m^{real} = ZRT/P$이고, 이상 기체 상태식으로부터 $V_m^{ideal} = RT/P$이므로 $\frac{f}{P}$는 다음과 같이 된다.

$$\frac{f}{P} = \exp\left[\frac{1}{RT} \int_0^P \left(\frac{ZRT}{P} - \frac{RT}{P}\right) dP\right]$$

그러므로 퓨가시티 f는 다음과 같다.

$$\boldsymbol{f = P \exp\left[\int_0^P \left(\frac{Z-1}{P}\right) dP\right]}$$

답 풀이 참조

7.7 반데르발스 기체에 대한 퓨가시티를 구하는 식을 유도하는 문제이다.
문제 7.6에서 증명한 실제 기체의 퓨가시티 식에 반데르발스 기체의 압축 인자 Z를 대입하여 구한다.

실제 기체의 퓨가시티 f의 가운데 $\int_0^P \left(\frac{Z-1}{P}\right) dP$ 에 반데르발스 기체의 압축 인자 z를 대입하여 풀면 다음과 같이 된다.

$$\int_0^P \left(\frac{Z-1}{P}\right) dP = \int_0^P \frac{1}{P}\left\{1 + \left[\left(b - \frac{a}{RT}\right)\frac{P}{RT}\right] - 1\right\} dP$$

$$= \int_0^P \left[b - \left(\frac{a}{RT}\right)\right]\frac{1}{RT} dP$$

$$= \left[b - \left(\frac{a}{RT}\right)\right]\frac{P}{RT}$$

그러므로 반데르발스 기체의 퓨가시티 f는 다음과 같다.

$$f = P\exp\left[\int_0^P \frac{Z-1}{P}\mathrm{d}P\right]$$
$$= \boldsymbol{P}\exp\left\{\left[b-\left(\frac{a}{RT}\right)\right]\frac{P}{RT}\right\}$$

답 풀이 참조

7.8 표준 반응 깁스 에너지의 정의와 표준 생성 깁스 에너지로부터 각각 표준 반응 깁스 에너지를 구하는 문제이다.

(1) 298.15 K에서의 표준 반응 깁스 에너지는 부록의 표준 생성 깁스 에너지 $\Delta_f G^o$를 사용하여 계산한다.

부록에서 얻은 각 물질들의 $\Delta_f G^o$는 다음과 같다.

$\Delta_f G^o(HCl, g) = -95.30\ kJ\ mol^{-1}$ $\Delta_f G^o(O_2, g) = 0$

$\Delta_f G^o(H_2O, l) = -237.13\ kJ\ mol^{-1}$ $\Delta_f G^o(Cl_2, g) = 0$

이 값들을 반응 깁스 에너지를 구하는 식에 넣어 계산하면 다음과 같이 된다.

$$\boldsymbol{\Delta_r G^o} = \sum_{\text{생성물}} \nu\Delta_f G^o - \sum_{\text{반응물}} \nu\Delta_f G^o$$
$$= 2\Delta_f G^o(H_2O, l) - 4\Delta_f G^o(HCl, g)$$
$$= 2(-237.13\ kJ\ mol^{-1}) - 4(-95.30\ kJ\ mol^{-1})$$
$$= \boldsymbol{-93.06\ kJ\ mol^{-1}}$$

$\Delta_r G^o < 0$이므로 이 반응은 298.15 K에서 **자발적**으로 일어난다.

(2) 부록의 자료는 298.15 K이므로 350.0 K에서의 반응 깁스 에너지를 구하기 위해서는 표준 반응 깁스 에너지를 정의하는 식 $\Delta G^o = \Delta H^o - T\Delta S^o$을 사용하여 계산하여야 한다.

$$\Delta_r H^o = \sum_{\text{생성물}} \nu\Delta_f H^o - \sum_{\text{반응물}} \nu\Delta_f H^o$$
$$= 2\Delta_f H^o(H_2O, l) - 4\Delta_f H^o(HCl, g)$$
$$= 2(-285.83\ kJ\ mol^{-1}) - 4(-92.31\ kJ\ mol^{-1})$$
$$= -202.42\ kJ\ mol^{-1}$$

$$\Delta_r S^o = \sum_{\text{생성물}} \nu S_m^o - \sum_{\text{반응물}} \nu S_m^o$$
$$= 2S_m^o(Cl_2, g) + 2S_m^o(H_2O, l) - [4S_m^o(HCl, g) + S_m^o(O_2, g)]$$
$$= \{2(223.07) + 2(69.91) - [4(186.91) + 205.14]\}\ J\ K^{-1}\ mol^{-1}$$
$$= -366.82\ J\ K^{-1}\ mol^{-1} = -0.36682\ kJ\ K^{-1}\ mol^{-1}$$

그러므로 350.0 K에서 표준 반응 깁스 에너지 $\Delta_r G^o$는 다음과 같다.

$$\boldsymbol{\Delta_r G^o} = \Delta_r H^o - T\Delta_r S^o$$
$$= -202.42\ kJ\ mol^{-1} - (350.0\ K)(-0.36682\ kJ\ K^{-1}\ mol^{-1})$$
$$= \boldsymbol{-74.03\ kJ\ mol^{-1}}$$

$\Delta_r G^o < 0$이므로 이 반응은 350.0 K에서 **자발적**으로 일어난다. (그러나 298.15 K에서보다

반응의 강도는 약하다.)

답 (1) $\Delta_r G^\circ = -93.06\ \text{kJ mol}^{-1}$, 자발적
(2) $\Delta_r G^\circ = -74.03\ \text{kJ mol}^{-1}$, 자발적

7.9 등온 가역 팽창의 최대 일을 구하는 문제이다.

$$\begin{aligned} \boldsymbol{w}_{\mathbf{max}} &= \Delta A = -RT\ln\frac{P_i}{P_f} \\ &= -(8.314\ \text{J K}^{-1}\ \text{mol}^{-1})(298.15\ \text{K})\ln\left(\frac{10}{1}\right) \\ &= \mathbf{-5707\ J\ mol^{-1}} \end{aligned}$$

답 $w_{max} = -5707\ \text{J mol}^{-1}$

7.10 혼합물의 몰부피와 물질의 혼합에 따른 부피 변화를 구하는 문제이다.

(1) 혼합물의 전체 몰부피는 $V_m = V_{A,m}n_A + V_{B,m}n_B$로 구한다.

$$\begin{aligned} \boldsymbol{V}_{\mathbf{m}} &= V_m(CCl_4) \times n(CCl_4) + V_m(C_6H_6) \times n(C_6H_6) \\ &= (0.1001\ \text{L mol}^{-1})(0.5) + (0.1064\ \text{L mol}^{-1})(0.5) \\ &= \mathbf{0.1033\ L\ mol^{-1}} \end{aligned}$$

(2) 혼합에 의한 부피 변화는 혼합물의 몰부피에서 순수한 물질로 있을 때의 부피와의 차로 다음과 같이 구한다.

$$\begin{aligned} \Delta \boldsymbol{V}_{\mathbf{m,mix}} &= V_{m,mix} - \sum n_J V_{J,m} \\ &= \{0.1033 - [(0.5)(0.09719) + (0.5)(0.08927)]\}\ \text{L mol}^{-1} \\ &= \mathbf{0.01007\ L\ mol^{-1}} \end{aligned}$$

그러므로 사염화 탄소와 벤젠을 동일한 몰수로 혼합하여 용액 1 mol이 생성되면 부피가 0.01007 L 증가한다.

답 (1) $V_m = 0.1033\ \text{L mol}^{-1}$ (2) $\Delta V_{m,mix} = 0.01007\ \text{L mol}^{-1}$

7.11 응축상(액체, 고체) 물질의 압축에 따른 몰 깁스 에너지 변화량을 구하는 문제이다.

응축상 물질의 몰 깁스 에너지 변화량은 다음과 같이 계산한다.

$$\begin{aligned} \Delta \boldsymbol{G}_{\mathbf{m}} &= \int_{P_i}^{P_f} V_m \mathrm{d}P = V_m(P_f - P_i) \\ &= (18.0 \times 10^{-6}\ \text{m}^3\ \text{mol}^{-1})[(500 - 1) \times 10^5\ \text{Pa}] \\ &= \mathbf{898\ J\ mol^{-1}} \end{aligned}$$

답 $\Delta G_m = 898\ \text{J mol}^{-1}$

7.12 기체상 물질의 압축에 따른 몰 깁스 에너지 변화량을 구하는 문제이다.

기체상 물질의 몰 깁스 에너지 변화량은 다음과 같이 계산한다.

$$\Delta \boldsymbol{G}_{\mathbf{m}} = RT\ln P$$

$= (8.314\ \mathrm{J\ K^{-1}\ mol^{-1}})(298.15\ \mathrm{K})\ \ln 500$

$= \mathbf{-15405\ J\ mol^{-1}}$

답 $\Delta G_m = -15405\ \mathrm{J\ mol^{-1}}$

7.13 기체상 물질의 혼합에 의한 깁스 에너지의 변화량과 엔트로피 변화량을 구하는 문제이다. 이상 기체에 대한 혼합 깁스 에너지는 $\Delta_{mix}G = nRT(x_A \ln x_A + x_B \ln x_B)$를 사용하여 구한다.

$\Delta_{mix}\boldsymbol{G} = nRT(x_A \ln x_A + x_B \ln x_B)$

$= (1.0\ \mathrm{mol})(8.314\ \mathrm{J\ K^{-1}\ mol^{-1}})(298.15\ \mathrm{K})(0.5\ \ln 0.5 + 0.5\ \ln 0.5)$

$= \mathbf{-1718\ J\ mol^{-1}}$

또한 $\Delta_{mix}G = -T\Delta_{mix}S$이므로 $\Delta_{mix}S$는 다음과 같이 구한다.

$\Delta_{mix}\boldsymbol{S} = \Delta_{mix}G/T$

$= 1718\ \mathrm{J\ mol^{-1}}/298.15\ \mathrm{K} = \mathbf{5.763\ J\ K^{-1}\ mol^{-1}}$

답 $\Delta G_m = 1718\ \mathrm{J\ mol^{-1}}$, $\Delta_{mix}S = 5.763\ \mathrm{J\ K^{-1}\ mol^{-1}}$

7.14 반데르발스 기체로서의 질소 기체의 퓨가시티를 구하는 문제이다.
문제 7.7에서 얻은 반데르발스 기체의 퓨가시티를 구하는 식에 부록에서 얻은 질소 기체의 매개변수 a, b를 넣어서 계산한다.
부록에서 얻은 질소 기체의 반데르발스 매개변수는 다음과 같다.

$a = 1.370\ \mathrm{L^2\ bar\ mol^{-2}}$ $\qquad b = 0.0387\ \mathrm{L\ mol^{-1}}$

반데르발스 기체의 퓨가시티를 구하는 식에 위의 매개변수들을 대입하여 계산하면 다음과 같이 된다.

$$\boldsymbol{f} = P\exp\left\{\left[b - \left(\frac{a}{RT}\right)\right]\frac{P}{RT}\right\}$$

$$= (50.0\ \mathrm{bar})\exp\left\{\left[(0.0387) - \left(\frac{1.370}{(0.08314)(298.15)}\right)\right]\frac{50.0}{(0.08314)(298.15)}\right\}$$

$= \mathbf{48.4\ bar}$

답 $f = 48.4\ \mathrm{bar}$

7.15 퓨가시티 계수로부터 실제 기체의 화학 퍼텐셜과 이상 기체의 화학 퍼텐셜의 차이가 얼마나 되는지 살펴보는 문제이다.

모든 기체에 대한 화학 퍼텐셜 $\mu = \mu^\circ + RT\ln\frac{P}{P^\circ} + RT\ln\varphi$를 사용하여 이상 기체와 실제 기체의 화학 퍼텐셜을 구하면 다음과 같다.
이상 기체의 화학 퍼텐셜 식은 다음과 같다.

$\varphi = P/P = 1 \rightarrow \ln\varphi = 0$

$\mu(\text{이상 기체}) = \mu^\circ + RT\ln\frac{P}{P^\circ}$

실제 기체와 이상 기체 간의 화학 퍼텐셜 차는 다음과 같이 계산된다.

$$\begin{aligned}\boldsymbol{\Delta\mu} &= \mu(\text{실제 기체}) - \mu(\text{이상 기체}) \\ &= \mu^\circ + RT\ln\frac{P}{P^\circ} + RT\ln\varphi - (\mu^\circ + RT\ln\frac{P}{P^\circ}) = RT\ln\varphi \\ &= (8.314\ \mathrm{J\ K^{-1}\ mol^{-1}})(298.15\ \mathrm{K})\ln 1.5 \\ &= \mathbf{1.01\ kJ\ mol^{-1}}\end{aligned}$$

답 $\Delta\mu = 1.01\ \mathrm{kJ\ mol^{-1}}$

7.16 실제 기체의 압력 변화에 따른 화학 퍼텐셜 변화를 구하는 문제이다.
실제 기체의 1 bar와 300 bar에서의 화학 퍼텐셜은 각각 다음과 같다. [13]

$$\mu(1\ \text{bar}) = \mu^\circ + RT\ln\frac{0.9995}{P^\circ}$$

$$\mu(300\ \text{bar}) = \mu^\circ + RT\ln\frac{301.6}{P^\circ}$$

그러므로 화학 퍼텐셜 변화량은 다음과 같다.

$$\begin{aligned}\boldsymbol{\Delta\mu} &= \mu(300\ \text{bar}) - \mu(1\ \text{bar}) \\ &= RT(\ln\frac{301.6}{P^\circ} - \ln\frac{0.9995}{P^\circ}) = RT(\ln\frac{301.6}{0.9995}) \\ &= (8.314\ \mathrm{J\ K^{-1}\ mol^{-1}})(298.15\ \mathrm{K})(\ln\frac{301.6}{0.9995}) \\ &= \mathbf{14.15\ kJ\ mol^{-1}}\end{aligned}$$

답 $\Delta\mu = 14.15\ \mathrm{kJ\ mol^{-1}}$

8강 순물질의 물리적 변화

8.1 온도 변화에 따른 화학 퍼텐셜의 변화로부터 상전이가 일어나는 이유를 설명하는 문제이다.
T_f보다 낮은 온도에서는 고체의 화학 퍼텐셜 $\mu(s)$가 $\mu(l)$과 $\mu(g)$보다 낮아 고체 상태로 존재한다. 그러나 온도가 상승하여 T_f에 도달하면 $\mu(s) = \mu(l)$이 되어 고체상과 액체상이 평형을 이루며 공존하게 되며, 이 온도보다 미세하게 온도가 상승하면 $\mu(l)$이 가장 낮은 값을 갖게 되어 T_f를 전후하여 고체 ↔ 액체 상전이가 일어나게 된다.
마찬가지로 T_b에서는 T_b보다 약간 낮은 온도에서는 $\mu(l)$이 가장 낮은 값, 약간 높은 온도에서는 $\mu(g)$가 가장 낮은 값을 갖게 되어 T_b를 전후하여 액체 ↔ 기체 상전이가 일어나게 된다.

답 풀이 참조

[13] 실제 기체의 화학 퍼텐셜: $\mu = \mu^\circ + RT\ln\frac{f}{p^\circ}$

8.2 압력 변화에 따른 화학 퍼텐셜 변화의 개념을 묻는 문제이다.

화학 퍼텐셜의 압력에 따른 변화는 $\left(\frac{\partial \mu}{\partial P}\right)_T = V_m$이다. 따라서 화학 퍼텐셜의 변화 $d\mu = V_m dP$이다. 여기서 몰부피 V_m은 0이 아니므로 압력 변화 dP에 따라 화학 퍼텐셜 μ는 항상 $V_m dP$만큼 변한다.

답 풀이 참조

8.3 상들이 공존하는 공존 곡선의 기울기에 대한 성격을 묻는 문제이다.[14]

고체-액체 공존 곡선의 기울기

고체-액체 평형에서 $\frac{dP}{dT} = \frac{\Delta_{fus}H_m}{T\Delta_{fus}V_m}$ 이다. 여기서 $\Delta_{fus}H_m$은 양(+)이고 $\Delta_{fus}V_m$은 대부분의 물질에서 작은 양(+)의 값이다. 따라서 고체-액체 상 경계선은 가파른 양의 기울기를 나타낸다.

액체-기체 공존 곡선의 기울기

액체-기체 평형에서 $\frac{dP}{dT} = \frac{\Delta_{vap}H_m}{T\Delta_{vap}V_m}$ 이다. 여기서 $\Delta_{vap}H_m$은 양(+)이고 $\Delta_{vap}V_m$은 큰 양(+)의 값이다. 따라서 액체-액체 상 경계선은 완만한 양(+)의 기울기를 나타낸다.

고체-기체 공존 곡선의 기울기

고체-기체 평형에서 $\frac{dP}{dT} = \frac{\Delta_{sub}H_m}{T\Delta_{sub}V_m}$ 이다. 여기서 $\Delta_{sub}H_m$은 일반적으로 $\Delta_{vap}H_m$보다 큰 양(+)의 값이다. 따라서 고체-액체 상 경계선은 완만하나 액체-기체 경계선보다는 큰 양(+)의 기울기를 나타낸다.

답 풀이 참조

8.4 에렌페스트의 상전이 분류에서 1차 상전이, 2차 상전이의 열역학적 특성을 설명하는 문제이다.

1차 상전이

정의: 화학 퍼텐셜의 온도에 대한 1차 도함수가 불연속인 전이

특성: 1차 상전이에서는 다음 그림과 같이 부피, 엔탈피, 엔트로피는 상전이 전후에서 불연속적인 값을 가지며, 등압 열용량 C_P는 무한대가 된다.

[14] 공존 곡선 기울기

$\frac{dP}{dT} = \frac{\Delta_{fus}H_m}{T\Delta_{fus}V_m}$ (고체-액체) $\frac{dP}{dT} = \frac{\Delta_{vap}H_m}{T\Delta_{vap}V_m}$ (액체-기체) $\frac{dP}{dT} = \frac{\Delta_{sub}H_m}{T\Delta_{sub}V_m}$ (고체-기체)

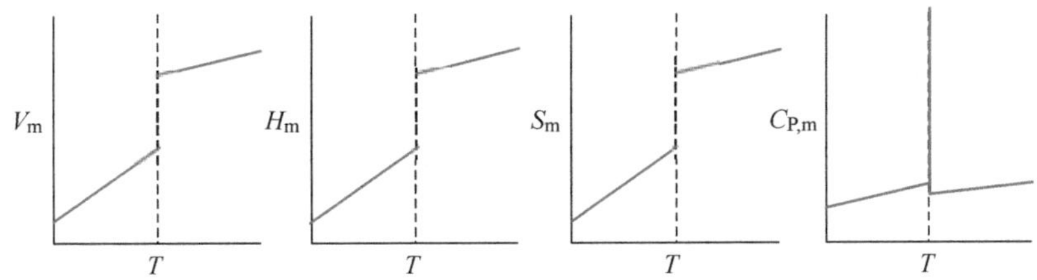

2차 상전이

정의: 화학 퍼텐셜의 온도에 대한 1차 도함수는 연속적이나 2차 도함수가 불연속인 상전이

특성: 2차 상전이에서는 다음 그림과 같이 부피, 엔탈피, 엔트로피는 상전이 전후에서 연속적이나 기울기는 불연속적으로 변한다. 한편 등압 열용량 C_P는 상전이 전후에서 불연속적인 값을 가진다.

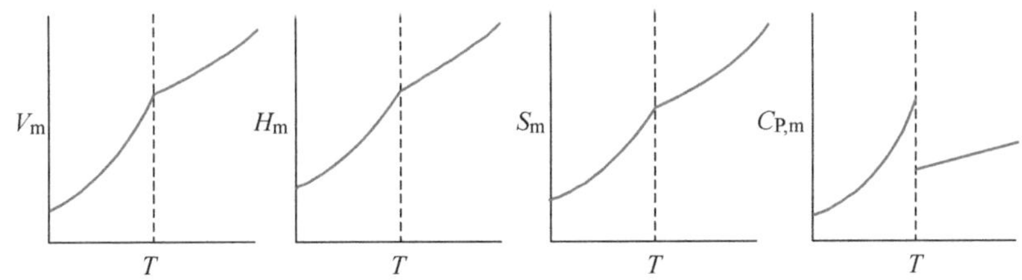

답 풀이 참조

8.5 λ-전이의 열역학적 특성을 말하는 문제이다.

λ-전이는 1차 상전이는 아니지만, 즉 부피, 엔탈피, 엔트로피를 온도에 대하여 나타냈을 때 전이점에서 불연속, 열용량은 전이점 훨씬 전부터 커지기 시작하여 전이점에서 무한대의 크기를 나타내는 전이이다. 예로는 유체-초유체 전이, 합금의 질서-무질서 전이 등이 있다.

답 풀이 참조

8.6 등압 열용량 $C_{P,m}$과 화학 퍼텐셜의 관계를 유도하는 문제이다.

몰 등압 열용량의 정의는 다음과 같다.

$$C_{P,m}=\left(\frac{\partial H_m}{\partial T}\right)_P$$

따라서 문제에서 주어진 $S=-\left(\frac{\partial G}{\partial T}\right)_P$ 를 $G=H-TS$에 대입한 후 H에 대하여 정리하면 다음과 같이 된다.

$$H=G-T\left(\frac{\partial G}{\partial T}\right)_P$$

그러므로 H_m은 다음과 같다.

$$H_m = G_m - T\left(\frac{\partial\mu}{\partial T}\right)_P$$

이 식을 $C_{P,m} = \left(\frac{\partial H_m}{\partial T}\right)_P$ 에 대입하여 전개하면 다음과 같이 된다.

$$C_{p,m} = \left(\frac{\partial H_m}{\partial T}\right)_P = \left(\frac{\partial\mu}{\partial T}\right)_P - T\left(\frac{\partial^2\mu}{\partial T^2}\right)_P - \left(\frac{\partial\mu}{\partial T}\right)_P$$

$$= -T\left(\frac{\partial^2\mu}{\partial T^2}\right)_P$$

답 풀이 참조

8.7 주어진 두 식을 결합하여 $d\left(\frac{\Delta_{trs}H_m}{T}\right) = \Delta C_P d\ln T$를 유도하는 문제이다.

$dH = C_P dT + VdP$이므로 일정 압력에서 $d\Delta H$는 다음과 같다.

$$d\Delta H = \Delta C_P dT + \Delta V dP \quad (1)$$

한편 $d\left(\frac{\Delta H}{T}\right)$를 전개하면 다음과 같이 된다.

$$d\left(\frac{\Delta H}{T}\right) = \frac{1}{T}\Delta C_P dT + \frac{1}{T}\Delta V dP - \frac{\Delta H}{T^2}dT \quad (2)$$

클라페이롱 식 $dP = \frac{\Delta H}{T\Delta V}dT$로부터 $\frac{1}{T}\Delta V dP$는 다음과 같이 된다.

$$\frac{1}{T}\Delta V dP = \frac{\Delta H}{T^2}dT$$

이 식을 (2)식에 대입하면 다음과 같은 결과를 얻는다.

$$d\left(\frac{\Delta H}{T}\right) = \frac{1}{T}\Delta C_P dT + \frac{\Delta H}{T^2}dT - \frac{\Delta H}{T^2}dT = \Delta C_P \frac{1}{T}dT = \Delta C_P d\ln T$$

여기서 엔탈피 변화량 ΔH로 전이점에서의 값을 취하면 다음과 같이 표현된다.

$$d\left(\frac{\Delta_{trs}H_m}{T}\right) = \Delta C_P d\ln T$$

답 풀이 참조

8.8 상 규칙으로부터 동시에 존재할 수 있는 상의 최대 수를 구하는 문제이다. [15]
상 규칙 식을 상의 수 P에 대하여 정리하면 다음과 같이 된다.

$$P = C + 2 - F$$

여기서 자유도 $F = 0$일 때 상의 수 P가 최대가 된다.

---

[15] 상 규칙: $F = C - P + 2$

(1) $C=1$이므로 최대 상의 수는 다음과 같다.

$$\boldsymbol{P}=1+2-0=\mathbf{3}$$

(2) $C=2$이므로 최대 상의 수는 다음과 같다.

$$\boldsymbol{P}=2+2-0=\mathbf{4}$$

(3) $C=3$이므로 최대 상의 수는 다음과 같다.

$$\boldsymbol{P}=3+2-0=\mathbf{5}$$

(4) $C=n$이므로 최대 상의 수는 다음과 같다.

$$\boldsymbol{P}=n+2-0=\boldsymbol{n}+\mathbf{2}$$

답 (1) $P=3$ (2) $P=4$ (3) $P=5$ (4) $P=n+2$

8.9 여러 형태의 평형 계에 대한 독립 성분 수와 자유도 수를 구하는 문제이다.[16]

(1) 독립 성분 수: $C=2-1=1$

자유도 수: $\boldsymbol{F}=C+2-P=1+2-1=\mathbf{2}$

변수: ***T*와 *P***

(2) 독립 성분 수: $C=3-1=2$

상: $CuSO_4(s)$, $H_2O(g)$, $CuSO_4\cdot 5H_2O(s)$

자유도 수: $\boldsymbol{F}=C+2-P=2+2-3=\mathbf{1}$

변수: ***T* 또는 *P***

(3) $Na_2SO_4(s)$ 수용액에 존재하는 화학종: $Na_2SO_4(s)$, Na^+, SO_4^{2-}, H_2O, H^+, OH^- (6종)

평형 관계:

$$Na_2SO_4 + 2H_2O \rightleftarrows 2NaOH + H_2SO_4$$

$$Na_2SO_4 \rightleftarrows 2Na^+ + SO_4^{2-}$$

$$H_2O \rightleftarrows H^+ + OH^-$$

$$[H^+]+2[Na^+] \rightleftarrows [OH^-] + [SO_4^{2-}] \text{ (전기적 중성)}$$

독립 성분 수: $C=6-4=2$

상: $Na_2SO_4(s)$, 액체(수용액)

자유도 수: $\boldsymbol{F}=C+2-P=2+2-2=\mathbf{2}$

변수: ***T*와 *P***

답 (1) $F=2$, T와 P (2) $F=1$, T 또는 P (3) $F=2$, T와 P

8.10 고체-액체 경계선 기울기 식으로부터 온도 변화에 따른 압력 변화 $\dfrac{\Delta P}{\Delta T}$ 를 구하는 문제이다.

고체-액체 경계선 기울기 식은 다음과 같다.

---

[16] 독립 성분 수 $C=$ 화학종 수 − 평형 관계 수

$$\frac{dP}{dT} = \frac{\Delta_{fus}H_m}{T\Delta_{fus}V_m}$$

밀도로부터 얼음과 물의 몰부피와 ΔV_m을 구하면 다음과 같다.

$$V_m = (1/d)m$$

$$V_m(\text{얼음}) = (1/0.9168\ \text{g mL}^{-1}) \times 18.016\ \text{g mol}^{-1} = 1.965 \times 10^{-5}\ \text{m}^3\ \text{mol}^{-1}$$

$$V_m(\text{물}) = (1/0.9998\ \text{g mL}^{-1}) \times 18.016\ \text{g mol}^{-1} = 1.802 \times 10^{-5}\ \text{m}^3\ \text{mol}^{-1}$$

$$\Delta V_m = (1.802 - 1.965) \times 10^{-5}\ \text{m}^3\ \text{mol}^{-1} = -1.631 \times 10^{-6}\ \text{m}^3\ \text{mol}^{-1}$$

그러므로 $\frac{dP}{dT}$는 다음과 같이 계산된다.

$$\frac{dP}{dT} = \frac{6008\ \text{J mol}^{-1}}{(273.15\text{K})(-1.631\times10^{-6}\ \text{m}^3\ \text{mol}^{-1})} = -1.348 \times 10^7\ \text{Pa K}^{-1}$$

$$= \mathbf{-134.8\ bar\ K^{-1}}$$

따라서 **얼음의 녹는점을 1 K 변화시키기 위해서는 134.8 bar의 압력이 필요하다.**

답 $\frac{dP}{dT} = -134.8\ \text{bar K}^{-1}$, 얼음의 녹는점을 1 K 변화시키기 위해서는 134.8 bar의 압력이 필요

8.11 임의의 온도에서 화학 퍼텐셜 차이로부터 액체-기체 상전이에 의한 증기압을 구하는 문제이다.

액체에서 기체로 변하는 과정을 화학 반응식으로 나타내면 다음과 같다.

$$H_2O(l) \rightarrow H_2O(g)$$

이 과정에서 화학 퍼텐셜 차 $\Delta\mu = \Delta_{vap}G$로 표준 반응 깁스 에너지를 구하는 방법을 사용하면 다음과 같이 계산된다.

$$\Delta\mu = \Delta_{vap}G = \Delta_f G^o(H_2O, g) - \Delta_f G^o(H_2O, l)$$

$$= (-228.57 + 237.13)\ \text{kJ mol}^{-1} = 8.56\ \text{kJ mol}^{-1}$$

여기서 표준 상태에서 $\Delta_{vap}G = -RT\ln\left(\frac{P}{P^o}\right)$이므로 P는 다음과 같이 구해진다.

$$\frac{P}{P^o} = \exp(-\Delta_{vap}G/RT)$$

$$= \exp\{(-8560\ \text{J mol}^{-1}/(8.314\ \text{J K}^{-1}\ \text{mol}^{-1} \times 298.15\ \text{K})\}$$

$$= \exp(-3.4533) = 0.03164$$

그러므로 증기압 P는 다음과 같다.

$$\boldsymbol{P} = (0.03164)(1\ \text{bar}) = \mathbf{0.03164\ bar}$$

답 $P = 0.03164$ bar

8.12 압력이 $P^* \rightarrow P$, 온도가 $T^* \rightarrow T$로 변할 때에 대하여 $\Delta_{vap}H_m$와 $\Delta_{vap}S_m$를 구하는 문제이다.

(1) 클라우지우스-클라페이롱 식 $\ln\frac{P}{P^*} = -\frac{\Delta_{vap}H_m}{R}\left(\frac{1}{T} - \frac{1}{T^*}\right)$을 $\Delta_{vap}H_m$에 대하여 정리하면

다음과 같이 된다.

$$\Delta_{vap}H_m = -R\ln\frac{P}{P^*}/\left(\frac{1}{T}-\frac{1}{T^*}\right)$$

여기서 정상 끓는점에서의 증기압은 1 atm이므로 압력과 온도에 대한 값들은 다음과 같다.

$P^* = 101\ 325$ Pa　　$T^* = (80.09 + 273.15)$ K $= 353.24$ K

$P = 1.19 \times 10^4$ Pa　　$T = (20.00 + 273.15)$ K $= 293.15$ K

그러므로 $\Delta_{vap}H_m$는 다음과 같이 구해진다.

$$\boldsymbol{\Delta_{vap}H_m} = -[(8.314\text{ J K}^{-1}\text{ mol}^{-1})\ln\frac{11900}{101325}]/\left(\frac{1}{293.15\text{K}}-\frac{1}{353.24\text{K}}\right)$$

$$= 30\ 686\text{ J mol}^{-1} \mathbf{= 30.7\ kJ\ mol^{-1}}$$

(2) $\Delta_{vap}S_m = \Delta_{vap}H_m/T_b$이므로 $\Delta_{vap}S_m$은 다음과 같이 계산된다.

$$\boldsymbol{\Delta_{vap}S_m} = (30\ 686\text{ J mol}^{-1})/353.24\text{ K} \mathbf{= 86.9\ J\ K^{-1}\ mol^{-1}}$$

답 (1) $\Delta_{vap}H_m = 30.7$ kJ mol^{-1}　(2) $\Delta_{vap}S_m = 86.9$ J K^{-1} mol^{-1}

8.13 고체–액체 경계선 기울기 식을 이용하여 ΔT를 구하는 문제이다.[17]

고체–액체 경계선 기울기 식으로부터 압력 차에 의한 녹는 온도 차 ΔT는 다음과 같이 된다.

$$\Delta T = \frac{T_f\Delta_{fus}V_m}{\Delta_{fus}H_m}\times\Delta P$$

문제 8.10의 결과와 부록의 자료로부터 얻은 값은 다음과 같다.

$\Delta_{fus}V_m = -1.631 \times 10^{-6}$ m^3 mol^{-1},

$\Delta_{fus}H^\circ = 6.008$ kJ mol^{-1}, $T_f = 273.15$ K

그러므로 ΔT는 다음과 같이 계산된다.

$$\boldsymbol{\Delta T} \approx \frac{(273.15\text{K})(-1.631\times10^{-6}\text{ m}^3\text{ mol}^{-1})}{6008\text{J mol}^{-1}}\times(101325-100000)\text{ Pa}$$

$$= \mathbf{-9.83\times10^{-5}\ K}$$

답 $\Delta T \approx -9.83 \times 10^{-5}$ K

[17] 고체-액체 경계선 기울기: $\dfrac{dP}{dT} = \dfrac{\Delta_{fus}H_m}{T\Delta_{fus}V_m}$

8.14 증발 엔탈피와 용융 엔탈피로부터 삼중점의 온도와 압력을 구하는 문제이다. 삼중점에서 고체와 액체의 증기압이 동일하다는 성질을 이용하여 구한다.[18]

압력과 온도가 모두 변하여 삼중점에 도달했을 때의 증기압은 다음과 같이 된다.

$$\ln\frac{P_{tp}}{P^\circ}=\ln\frac{P_i}{P^\circ}-\ln\frac{P_{tp}}{P_i}$$

$$\ln\frac{P_{tp}}{P_i}=-\frac{\Delta_{trs}H_m}{R}\left(\frac{1}{T_{tp}}-\frac{1}{T_i}\right)$$

따라서 삼중점에서의 증발 증기압과 승화 증기압에 대한 식은 다음과 같이 된다.

$$\text{증발: }\ln\frac{P_{tp}(l)}{P^\circ}=\ln\frac{P_i(l)}{P^\circ}-\frac{\Delta_{vap}H_m}{R}\left(\frac{1}{T_{tp}}-\frac{1}{T_i(l)}\right)$$

$$\text{승화: }\ln\frac{P_{tp}(s)}{P^\circ}=\ln\frac{P_i(s)}{P^\circ}-\frac{\Delta_{sub}H_m}{R}\left(\frac{1}{T_{tp}}-\frac{1}{T_i(s)}\right)$$

삼중점에서 고체와 액체의 증기압은 동일하므로 다음과 같은 관계가 얻어진다.

$$\ln\frac{P_i(l)}{P^\circ}-\frac{\Delta_{vap}H_m}{R}\left(\frac{1}{T_{tp}}-\frac{1}{T_i(l)}\right)=\ln\frac{P_i(s)}{P^\circ}-\frac{\Delta_{sub}H_m}{R}\left(\frac{1}{T_{tp}}-\frac{1}{T_i(s)}\right)$$

$$\ln\frac{P_i(l)}{P^\circ}-\ln\frac{P_i(s)}{P^\circ}-\frac{\Delta_{sub}H_m}{RT_i(s)}+\frac{\Delta_{vap}H_m}{RT_i(l)}=\frac{\Delta_{vap}H_m-\Delta_{sub}H_m}{RT_{tp}}$$

이 식을 T_{tp}에 대하여 정리하여 계산하면 다음과 같이 삼중점에서의 온도 T_{tp}를 구할 수 있다.

$$T_{tp}=\frac{\Delta_{vap}H_m-\Delta_{sub}H_m}{R\left(\ln\frac{P_i(l)}{P^\circ}-\ln\frac{P_i(s)}{P^\circ}-\frac{\Delta_{sub}H_m}{RT_i(s)}+\frac{\Delta_{vap}H_m}{RT_i(l)}\right)}$$

여기서 $\Delta_{sub}H_m=\Delta_{fus}H_m+\Delta_{vap}H_m$이므로 $\Delta_{vap}H_m-\Delta_{sub}H_m=-\Delta_{fus}H_m$이다.

$$\boldsymbol{T_{tp}}=\frac{-9950\,\mathrm{J\,mol^{-1}}}{(8.314\,\mathrm{J\,K^{-1}\,mol^{-1}})\left(\ln\frac{11900}{1}-\ln\frac{137}{1}-\frac{(30700+9950)\,\mathrm{J\,mol^{-1}}}{8.314\,\mathrm{J\,K^{-1}\,mol^{-1}}\times 228.85\,\mathrm{K}}+\frac{30700\,\mathrm{J\,mol^{-1}}}{8.314\,\mathrm{J\,K^{-1}\,mol^{-1}}\times 293.15\,\mathrm{K}}\right)}$$

$$=\mathbf{278.0\ K}$$

삼중점에서의 압력은 삼중점에 대한 온도 T_{tp}와 정상 끓는점에서의 온도와 압력을 다음 식에 적용하여 계산하면 구해진다.

---

[18] 공존 곡선에서 압력과 온도 관계

$$\ln\frac{P_f}{P^\circ}=\ln\frac{P_i}{P^\circ}-\ln\frac{P_f}{P_i}\qquad \ln\frac{P_f}{P_i}=-\frac{\Delta_{trs}H_m}{R}\left(\frac{1}{T_f}-\frac{1}{T_i}\right)$$

$$\ln\frac{P_{tp}}{P_i} = -\frac{\Delta_{trs}H_m}{R}\left(\frac{1}{T_{tp}} - \frac{1}{T_i}\right)$$

$$\ln\frac{P_{tp}}{101\,325\,P_a} = -\frac{30\,700\,\mathrm{J\,mol^{-1}}}{8.314\,\mathrm{J\,K^{-1}\,mol^{-1}}}\left(\frac{1}{278.0\,\mathrm{K}} - \frac{1}{353.24\,\mathrm{K}}\right)$$

$$= -2.8292$$

$$\frac{P_{tp}}{101\,325\,P_a} = \exp(-2.8292) = 0.05906$$

그러므로 삼중점에서의 증기압 P_{tp}는 다음과 같다.

$\boldsymbol{P_{tp}} = \mathbf{5984\ Pa}$

답 $T_{tp} = 278.0\ \mathrm{K}$, $P_{tp} = 5984\ \mathrm{Pa}$

9강 혼합물의 물리적 변화

9.1 혼합물의 상 평형 기준과 그 기준이 적용되는 이유를 말하는 문제이다.

용액-증기 평형 기준: $\mu_J(l) = \mu_J(g)$

일정 온도와 압력에서 두 상 간의 변화가 평형을 이룰 때 깁스 에너지의 변화량 $\Delta G = 0$이다. 여기서 모든 성분 J에 대한 액체-증기 상전이에 대하여 $\Delta G = \mu_J(g) - \mu_J(l) = 0$이므로 $\mu_J(l) = \mu_J(g)$이 된다.

답 풀이 참조

9.2 혼합물의 물리적 변화를 다루는 기본 두 법칙인 라울의 법칙과 헨리의 법칙이 적용되는 두 용액에 대한 정의를 설명하는 문제이다.

이상 용액: 증기가 이상 기체라면 한 성분 A의 분압은 전체 농도 범위에서 다음과 같은 라울의 법칙을 만족시키는 용액

$P_A = x_A P_A^*$ (x_A: 성분 A의 몰분율, P_A^*: 순수한 A 물질의 증기압)

이상적 묽은 용액: 농도가 낮은 실제 용액에서 용매는 라울의 법칙을 따르고, 용질은 다음과 같은 헨리의 법칙을 따르는 용액

$P_B = x_B K_B$ (x_B: 용질의 몰분율, K_B: 비례 상수)

답 풀이 참조

9.3 혼합물의 총괄성의 원인을 묻는 문제이다.

혼합물의 총괄성은 비휘발성 용질의 존재에 의한 용매의 화학 퍼텐셜 강하의 결과이다. 이 화학 퍼텐셜 강하는 어는점 내림과 끓는점 오름을 야기시킨다. 이러한 효과는 용액 속에 용질이 존재함으로써 용매의 증기압이 낮아지기 때문이다.

답 풀이 참조

9.4 활동도의 정의와 그 성질을 설명하는 문제이다.

활동도의 정의: 실제 용액에 대한 화학 퍼텐셜 식에 적용하는 유효 몰분율로 화학 퍼텐셜 식에 다음과 같이 쓰여지며, 그 값은 $a_A = \dfrac{P_A}{P_A^*}$ 로 구한다.

$$\mu_A(l) = \mu_A^*(l) + RT\ln a_A \quad (a_A\text{: 성분 A의 활동도})$$

따라서 용질의 활동도는 실제 용액에 대하여 용질의 화학 퍼텐셜을 결정하게 하는 성질이다.

답 풀이 참조

9.5 깁스-뒤앙 식을 이용하여 용액에서 용매의 분몰부피를 구하는 식을 유도하는 문제이다.

용매인 물을 A, 용질인 K_2SO_4를 B라 하면, 이 두 성분의 분몰부피에 대한 깁스-뒤앙 식은 다음과 같이 된다.

$$n_A dV_A + n_B dV_B = 0$$

이 식을 물 A의 부피 변화 dV_A에 대하여 정리하면 다음과 같이 된다.

$$dV_A = -\frac{n_B}{n_A} dV_B$$

이 식을 적분하면 다음과 같이 순수한 물(b = 0)에서 관심 대상 몰랄 농도 b까지 변화한 부피 ΔV_A는 다음과 같이 된다.

$$\Delta V_A = -\int_0^b \frac{n_B}{n_A} dV_B$$

그러므로 A의 몰부피 V_A는 다음과 같이 구할 수 있다.

$$V_A = V_A^* - \int_0^b \frac{n_B}{n_A} dV_B \quad (V_A^*\text{: 순수한 A의 몰부피}) \tag{1}$$

문제에서 V_B가 몰랄 농도를 변수로 하는 식으로 주어졌으므로 dV_B는 다음과 같이 구할 수 있다.

$$\frac{dV_B}{db} = 9.11 b^{-1/2}$$

$$dV_B = 9.11 b^{-1/2}\, db \tag{2}$$

한편 몰랄 농도는 $\dfrac{\text{용질의 몰 수}}{\text{용매의 kg수}}$ 이므로 몰랄 농도 b는 A와 B의 양들과는 다음과 같은 관계에 있다.

$$b = \frac{n_B}{n_A M_A} \quad (M_A\text{: 물의 몰질량(kg mol}^{-1}))$$

따라서 $\frac{n_B}{n_A}$는 다음과 같다.

$$\frac{n_B}{n_A} = M_A b \tag{3}$$

(2)식과 (3)식을 (1)식에 대입하면 V_A는 다음과 같이 구해진다.

$$V_A = V_A^* - 9.11 \int_0^b \frac{n_B}{n_A} b^{-1/2} \mathrm{d}b$$

$$= V_A^* - 9.11 M_A \int_0^b b^{1/2}\ \mathrm{d}b$$

$$= V_A^* \quad \frac{2}{3}(9.11 M_A b^{3/2}) \tag{4}$$

주어진 값을 (4)식에 대입하면 다음과 같이 된다.

$$\boldsymbol{V_A} = 18.08\ \text{mL mol}^{-1} - \frac{2}{3}(9.11)(0.018\ \text{kg mol}^{-1})\ b^{3/2}$$

$$= \mathbf{18.08\ mL\ mol^{-1} - 0.109\ kg\ mol^{-1}}\ \boldsymbol{b^{3/2}}$$

답 $V_A = 18.08\ \text{mL mol}^{-1} - 0.109\ \text{kg mol}^{-1}\ b^{3/2}$

9.6 이상 기체의 혼합에 따른 깁스 에너지 변화량과 엔트로피 변화량을 구하는 문제이다.

(1) 이 경우에는 질소와 수소 각각의 기체가 부피 변화에 따라 압력이 변하므로 각 기체에 초기 압력과 나중 압력을 고려하여 계산하여야 한다. 따라서 $\Delta_{\text{mix}}G$를 구하는 식은 다음과 같이 된다.

$$\Delta_{\text{mix}}G = n_A RT \ln \frac{P_{A,f}}{P_{A,i}} + n_B RT \ln \frac{P_{B,f}}{P_{B,i}}$$

여기에서 수소의 처음 압력을 p라고 하면 각 상태에서의 압력은 다음과 같이 된다.

$$P_{A,i} = 3p \quad P_{B,i} = p$$

$$P_{A,f} = \frac{3}{2}p \quad P_{B,f} = \frac{1}{2}p$$

그러므로 $\Delta_{\text{mix}}G$는 다음과 같이 구해진다.

$$\Delta_{\text{mix}}\boldsymbol{G} = (3.0\ \text{mol})RT \ln \frac{\frac{3}{2}p}{3p} + (1.0\ \text{mol})RT \ln \frac{\frac{1}{2}p}{p}$$

$$= RT \ln \frac{1}{2}(3.0\ \text{mol} + 1.0\ \text{mol})$$

$$= (8.314\ \text{J K}^{-1}\ \text{mol}^{-1})(298\ \text{K})(\ln \frac{1}{2})(4.0\ \text{mol})$$

$$= \mathbf{-6.9\ kJ}$$

(2) 같은 압력 하에서 혼합했을 때에는 전체 압력이 동일하므로 이상 기체 혼합 깁스 에너지 $\Delta_{mix}G$를 구하는 식은 다음과 같다.

$$\Delta_{mix}G = n_A RT \ln\frac{P_A}{P} + n_B RT \ln\frac{P_B}{P}$$

$$= nRT(x_A \ln x_A + x_B \ln x_B)$$

여기서 몰분율은 다음과 같다.

$$x_A = \frac{3}{4},\ x_B = \frac{1}{4}$$

그러므로 $\Delta_{mix}G$는 다음과 같이 구해진다.

$$\Delta_{mix}\boldsymbol{G} = (4.0\ \text{mol})(8.314\ \text{J K}^{-1}\ \text{mol}^{-1})(298\ \text{K})(\frac{3}{4}\ln\frac{3}{4} + \frac{1}{4}\ln\frac{1}{4})$$

$$= \mathbf{-5.6\ kJ}$$

답 (1) $\Delta_{mix}G = -6.9$ kJ (2) $\Delta_{mix}G = -5.6$ kJ

9.7 이상 용액의 혼합에 따른 깁스 에너지 변화와 엔트로피 변화를 구하는 문제이다.

(1) 혼합 깁스 에너지를 구하는 식은 다음과 같다.

$$\Delta_{mix}G = nRT(x_A \ln x_A + x_B \ln x_B)$$

각 물질에 대한 몰분율을 구하면 다음과 같다.

$$x_{\text{벤젠}} = \frac{5}{8},\quad x_{\text{톨루엔}} = \frac{3}{8}$$

$$\therefore\ \Delta_{mix}\boldsymbol{G} = (8.00\ \text{mol})(8.314\ \text{J K}^{-1}\ \text{mol}^{-1})(298\ \text{K})(\frac{5}{8}\ln\frac{5}{8} + \frac{3}{8}\ln\frac{3}{8})$$

$$= \mathbf{-13.1\ kJ}$$

(2) 혼합 엔트로피는 다음과 같으므로

$$\Delta_{mix}S = -nR(x_A \ln x_A + x_B \ln x_B)$$

이상적인 계에서 $\Delta_{mix}S$와 $\Delta_{mix}G$는 다음과 같은 관계에 있다.

$$\Delta_{mix}G = -T\Delta_{mix}S$$

$$\therefore\ \Delta_{mix}\boldsymbol{S} = -\Delta_{mix}G/T = 13.1\ \text{kJ} / 298\ \text{K} = \mathbf{44.0\ J\ K^{-1}}$$

(3) 이상적인 계에 대한 혼합 엔탈피는 0이며 다음과 같이 증명된다.

$$\Delta_{mix}G = \Delta_{mix}H - T\Delta_{mix}S$$

이 식을 $\Delta_{mix}H$에 대하여 정리하여 계산하면 다음과 같다.

$$\Delta_{mix}\boldsymbol{H} = \Delta_{mix}G + T\Delta_{mix}S = -13.1\ \text{kJ} + (298\ \text{K})(44.0\ \text{J K}^{-1}) = \mathbf{0}$$

답 (1) $\Delta_{mix}G = 13.1$ kJ (2) $\Delta_{mix}S = 44.0\ \text{J K}^{-1}$ (3) $\Delta_{mix}H = 0$

9.8 라울의 법칙을 이용하여 이상 용액의 증기에 대한 조성을 구하는 문제이다. [19]

성분 A, B의 몰분율이 $x_{\rm A}$ = 0.35, $x_{\rm B}$ = 1 – 0.35 = 0.65이므로 라울의 법칙에 따라 각 성분의 증기압은 다음과 같이 계산된다.

$$P_{\rm A} = x_{\rm A}\,P_{\rm A}^* = (0.35)(65\ {\rm Torr}) = 22.75\ {\rm Torr}$$

$$P_{\rm B} = x_{\rm B}\,P_{\rm B}^* = (0.65)(86\ {\rm Torr}) = 55.9\ {\rm Torr}$$

그러므로 전체 증기압 $P_{\rm tot}$는 다음과 같다.

$$P_{\rm tot} = P_{\rm A} + P_{\rm B} = (22.75 + 55.9)\ {\rm Torr} = 78.65\ {\rm Torr}$$

따라서 증기상에서의 A와 B의 몰분율은 다음과 같이 구해진다.

$$\boldsymbol{x}_{\mathbf{A,vap}} = \frac{22.75\,{\rm Torr}}{78.65\,{\rm Torr}} = \mathbf{0.29}$$

$$\boldsymbol{x}_{\mathbf{B,vap}} = \frac{55.9\,{\rm Torr}}{78.65\,{\rm Torr}} = \mathbf{0.71}$$

답 $x_{\rm A,vap} = 0.29,\ x_{\rm B,vap} = 0.71$

9.9 라울의 법칙을 이용하여 이상 용액에 대한 혼합물의 구성 성분의 몰질량을 구하는 문제이다.

용매인 벤젠을 B, 용질인 비휘발성 화합물을 A라 놓으면, B의 증기압과 몰분율은 다음과 같다.

$$P_{\rm B} = x_{\rm B}P_{\rm B}^* \qquad (1)$$

$$x_{\rm B} = \frac{n_{\rm B}}{n_{\rm A} + n_{\rm B}} \qquad (2)$$

(2)식을 (1)식에 대입하면 다음과 같이 된다.

$$P_{\rm B} = \frac{n_{\rm B}}{n_{\rm A} + n_{\rm B}}\ P_{\rm B}^*$$

이 식을 $n_{\rm A}$에 대하여 정리하면 다음과 같다.

$$n_{\rm A} = \frac{n_{\rm B}P_{\rm B}^*}{P_{\rm B}} - n_{\rm D} = \frac{n_{\rm B}P_{\rm B}^*}{P_{\rm B}} - \frac{n_{\rm B}P_{\rm B}}{P_{\rm B}} = \frac{n_{\rm B}(P_{\rm B}^* - P_{\rm B})}{P_{\rm B}}$$

여기서 $n_{\rm A} = \dfrac{m_{\rm A}}{M_{\rm A}},\ n_{\rm B} = \dfrac{m_{\rm B}}{M_{\rm B}}$ 이므로

$$M_{\rm A} = \frac{m_{\rm A}P_{\rm B}}{n_{\rm B}(P_{\rm B}^* - P_{\rm B})} = \frac{m_{\rm A}M_{\rm B}P_{\rm B}}{m_{\rm B}(P_{\rm B}^* - P_{\rm B})}$$ [20]

---

[19] 라울의 법칙: $P_{\rm A} = x_{\rm A}\,P_{\rm A}^*$

$P_{\rm A}$: A 성분의 증기압, $P_{\rm A}^*$: 순수한 A의 증기압

[20] 이상 용액 구성 성분의 몰질량: $M_{\rm A} = \dfrac{m_{\rm A}P_{\rm B}}{n_{\rm B}(P_{\rm B}^* - P_{\rm B})} = \dfrac{m_{\rm A}M_{\rm B}P_{\rm B}}{m_{\rm B}(P_{\rm B}^* - P_{\rm B})}$

그러므로 주어진 자료로부터 비휘발성 화합물의 몰질량을 계산하면 다음과 같다.

$$M_A = \frac{(51.0\,\text{g})(78.11\,\text{g mol}^{-1})(49.0\,\text{kPa})}{(500\,\text{g})\{(54.0-49.0)\,\text{kPa}\}} = \mathbf{78.1\ g\ mol^{-1}}$$

답 $M = 78.1\ \text{g mol}^{-1}$

9.10 혼합물의 부분 증기 압력 곡선을 도시하고, 이를 보고 헨리의 법칙이 적용되는 구간에서 헨리의 법칙 상수를 구하는 문제이다.

(1) 주어진 자료를 도시하면 다음과 같다.

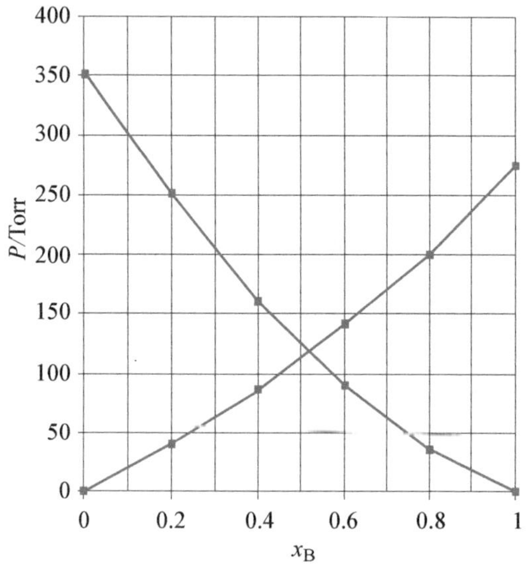

(2) 헨리의 법칙은 이상적 묽은 용액 상태에 적용되는 법칙이므로 각 성분에 대한 묽은 용액의 접선의 기울기로 구하면 다음과 같이 된다.

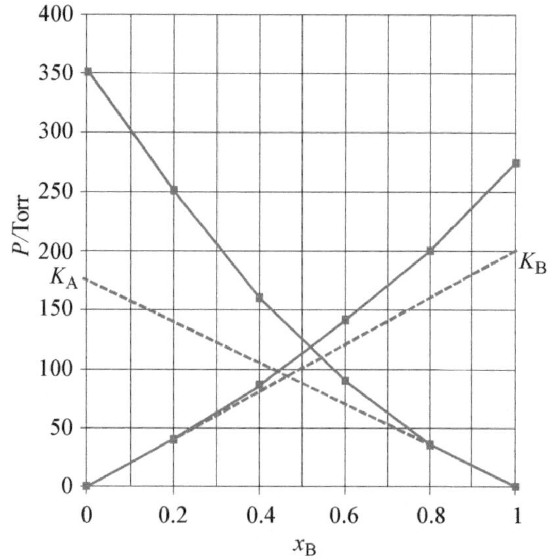

각 용액에 대하여 묽은 용액 영역에서 기울기를 구하면 다음과 같이 각 물질에 대한 헨리의 상수가 구해진다.

$$\boldsymbol{K_A} = \frac{(35-0)\,\text{Torr}}{(1.0-0.8)} = \mathbf{175\ Torr}$$

$$\boldsymbol{K_B} = \frac{(40-0)\,\text{Torr}}{(0.2-0)} = \mathbf{200\ Torr}$$

답 (1) 풀이 참조 (2) $K_A = 175$ Torr, $K_B = 200$ Torr

9.11 활동도를 구하는 식을 이용하여 특정 조성을 가진 용액 중의 각 성분의 활동도를 구하는 문제이다.

활동도를 구하는 식은 $a_A = \frac{P_A}{P_A^*}$ 이므로 라울의 법칙을 이용하여 각 성분의 증기압을 구하면 다음과 같다.

$P_{벤젠} = x_{벤젠}P_{벤젠}^* = (0.300)(0.513\ \text{bar}) = 0.1539\ \text{bar}$

$P_{톨루엔} = x_{톨루엔}P_{톨루엔}^* = (1-0.300)(0.185\ \text{bar}) = 0.1295\ \text{bar}$

그러므로 각 성분의 활동도는 다음과 같다.

$$\boldsymbol{a_{벤젠}} = \frac{P_{벤젠}}{P_{벤젠}^*} = \frac{0.1539\,\text{bar}}{0.513\,\text{bar}} = \mathbf{0.300}$$

$$\boldsymbol{a_{톨루엔}} = \frac{P_{톨루엔}}{P_{톨루엔}^*} = \frac{0.1295\,\text{bar}}{0.185\,\text{bar}} = \mathbf{0.700}$$

※ 이 용액은 이상 용액이므로 활동도와 몰분율이 서로 같다.

답 $a_{벤젠} = 0.300$, $a_{톨루엔} = 0.700$

9.12 끓는점 상승 현상으로부터 물질의 총괄성과 관련된 다양한 값들을 구하는 문제이다.[21]

(1) 끓는점 오름은 $\Delta T_b = K_b b$이다. 여기서 b는 몰랄 농도이므로 다음과 같다.

$$b = \frac{n_{용질}}{n_{용매}} = \frac{m_{용질}/M_{용질}}{m_{용매}(\text{kg})}$$

그러므로 끓는점 오름 식은 다음과 같이 된다.

$$\Delta T_b = K_b \times \frac{m_{용질}/M_{용질}}{m_{용매}(\text{kg})}$$

이 식을 $M_{용질}$에 대하여 정리하여 계산하면 다음과 같이 용질에 대한 몰질량을 구할 수 있다.

---

[21] 끓는점 오름: $\Delta T_b = K_b b$
어는점 내림: $\Delta T_f = K_f b$

$$M_{용질} = \frac{K_b}{\Delta T_b} \times \frac{m_{용질}}{m_{용매}(\text{kg})}$$

$$= \frac{4.95\,\text{K kg mol}^{-1}}{0.794\,\text{K}} \times \frac{5.50\,\text{g}}{0.125\,\text{kg}} = \mathbf{274\ g\ mol^{-1}}$$

(2) 끓는점 오름 식과 어는점 내림 식은 다음과 같다.

$\Delta T_b = K_b b, \quad \Delta T_f = K_f b$

이 두 식을 몰랄 농도 b에 대하여 정리하면 다음과 같이 된다.

$$b = \frac{\Delta T_b}{K_b}, \quad b = \frac{\Delta T_f}{K_f}$$

그러므로 이 둘 사이에는 다음과 같은 관계가 성립된다.

$$\frac{\Delta T_b}{K_b} = \frac{\Delta T_f}{K_f}$$

이 식을 ΔT_f에 대하여 정리하여 계산하면 다음과 같이 어는점 내림을 구할 수 있다.

$$\Delta T_f = \Delta T_b \times \frac{K_f}{K_b}$$

$$= (0.794\,\text{K})\left(\frac{30\,\text{K kg mol}^{-1}}{4.95\,\text{K kg mol}^{-1}}\right) = 4.81\,\text{K}$$

어는점은 내려가는 값이므로 $\mathbf{\Delta T_f = -4.81\ K}$가 된다.

(3) 증기압 강하율은 순수한 용매의 증기압에 대한 용액의 증기압이므로 다음과 같은 식으로 나타내진다.

$$증기압\ 강하율 = \frac{P_{용매}}{P^*_{용매}}$$

라울의 법칙에서 $P_{용매} = x_{용매} P_{용매}^*$이므로 위 식은 다음과 같이 된다.

$$\frac{P_{용매}}{P^*_{용매}} = x_{용매} = \frac{n_{용매}}{n_{용질} + n_{용매}}$$

따라서 증기압 강하율은 다음과 같이 구해진다.

$$증기압\ 강하율 = \frac{125\,\text{g}/153.8\,\text{g mol}^{-1}}{(5.50\,\text{g}/274\,\text{g mol}^{-1}) + (125\,\text{g}/153.8\,\text{g mol}^{-1})} = \mathbf{0.976}$$

답 (1) $M_{용질} = 274\,\text{g mol}^{-1}$ (2) $\Delta T_f = -4.81\,\text{K}$ (3) 증기압 강하율 $= 0.976$

9.13 혼합물의 증기상와 액체상의 조성으로부터 상평형 그림을 그리고, 연결선을 이용하여 한 상이 특정 조성에 있을 때 다른 상의 조성을 구하는 문제이다.

(1) 주어진 자료를 그래프로 도시하면 다음과 같은 상평형 그림을 그릴 수 있다.

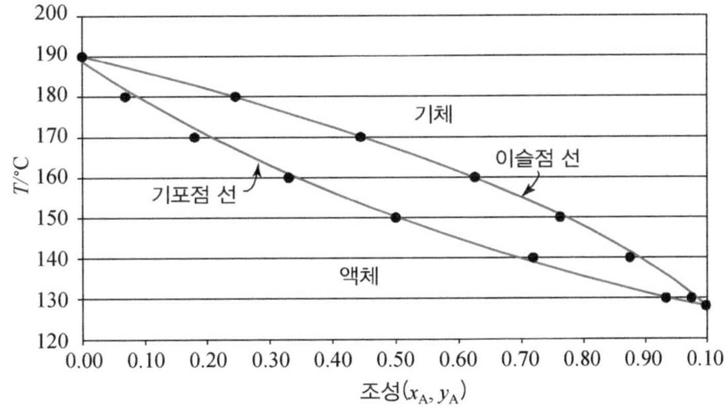

(2) 액체의 조성이 0.40일 때에 대하여 기포점 선과 이슬점 선 사이에 연결선을 그어 증기의 조성을 구하면 다음 그림과 같이 $y_A = 0.40$인 액체와 평형을 이루고 있는 증기의 조성을 구할 수 있다.

그러므로 $y_A = 0.40$에서 만나는 증기 조성 $\mathbf{x_A = 0.68}$이다.

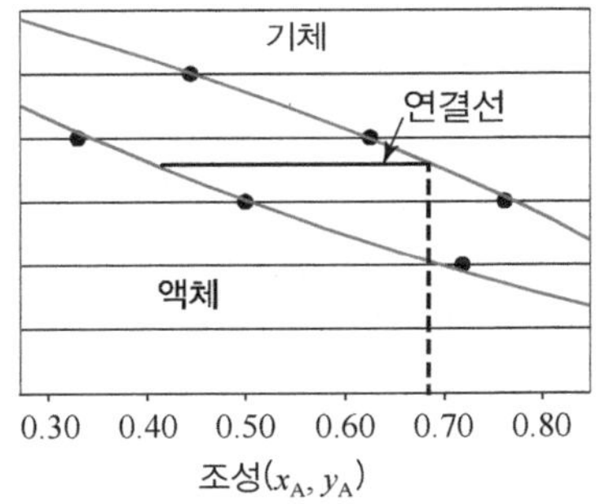

답 (1) 풀이 참조 (2) $x_A = 0.68$

9.14 주어진 증류물로부터 필요로 하는 조성을 가진 응축물을 얻는 데 필요한 분별 증류 단계 수를 구하는 문제이다.

문제 9.13의 상평형 그림에 $y_A = 0.21$에서부터 $y_A = 0.99$가 될 때까지 이론단수를 그리면 다음 그림과 같다.

따라서 **최소 이론단수 = 4**이다.

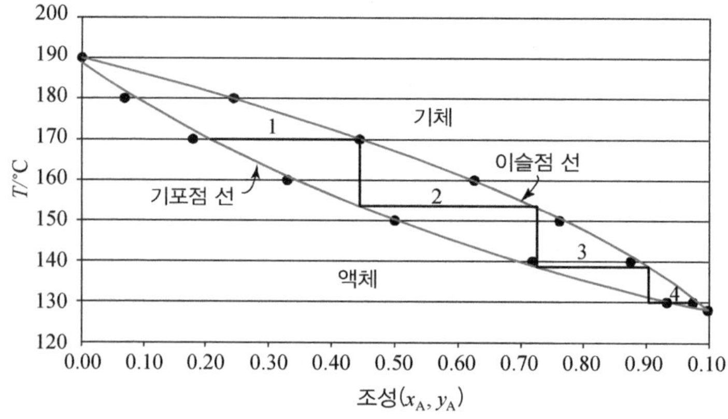

답 최소 이론단수 = 4

9.15 상평형 그림에서 각 영역에 존재하는 물질을 말하는 문제이다.

각 영역에 존재하는 물질은 다음과 같다.

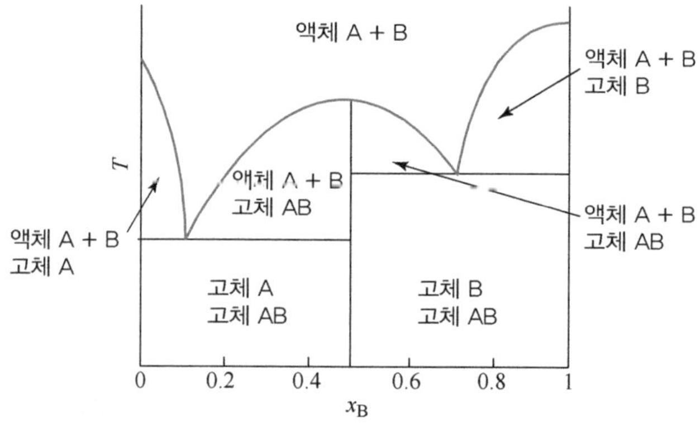

답 풀이 참조

9.16 상평형 그림에서 특정 조성의 화합물을 온도를 변화시킬 때 나타나는 물질을 판단하는 문제이다.

문제의 상평형 그림에 *a*와 *b*점에서 수직선을 내리고, 각 상 경계선에서 수평선을 그리면 다음과 같다.

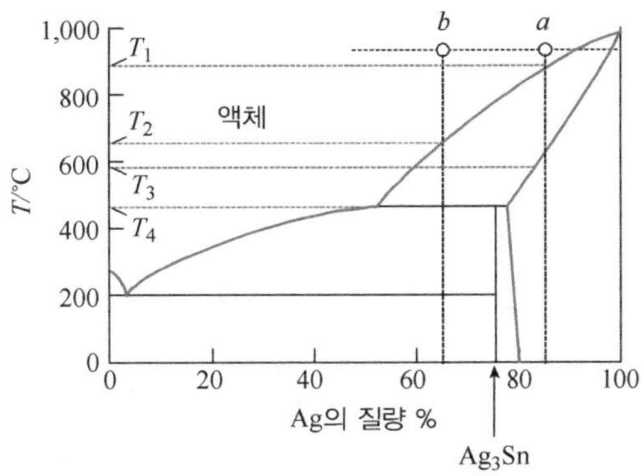

조성 a와 b의 액체를 냉각할 때 나타나는 현상은 다음과 같다.

조성 a인 액체의 냉각

a에서 T_2까지 냉각: 온도 T_1에서 Ag 고체가 석출되기 시작

T_1에서 T_3까지 냉각: 온도 $T_1 \sim T_3$에서 액체와 Ag 고체가 공존

T_3 이하로 냉각: Ag 고체만 존재

조성 b인 액체의 냉각

b에서 T_2까지 냉각: 온도 T_2에서 Ag 고체가 석출되기 시작

T_2에서 T_4까지 냉각: 온도 $T_2 \sim T_4$에서 액체와 Ag 고체가 공존, T_4에서 Ag_3Sn이 석출되기 시작

T_4에서 200°C까지 냉각: 온도 T_4~200°C에서 액체와 Ag_3Sn 고체가 공존, 200°C에서 Sn이 석출되기 시작

200°C 이하로 냉각: Sn 고체와 Ag_3Sn 고체가 공존

답 풀이 참조

10강 화학 반응과 화학 평형

10.1 기체 반응에서 각 기체 성분의 분압으로부터 반응 깁스 에너지를 구하여 자발적 반응의 방향을 예측하는 문제이다.

(1) 반응 지수 Q

암모니아 1 mol이 생성되는 화학 반응식은 다음과 같다.

$$\frac{1}{2}N_2(g) + \frac{3}{2}H_2(g) \rightarrow NH_3(g)$$

따라서 반응 지수 Q는 정의에 의하여 다음과 같이 구해진다.

$$\boldsymbol{Q} = \frac{P_{NH_3}}{P_{N_2}^{1/2}P_{H_2}^{3/2}} = \frac{5.0}{(3.0)^{1/2}(2.0)^{3/2}} = \frac{5.0}{(24.0)^{1/2}} = \mathbf{1.0}$$

(2) 반응 깁스 에너지 $\Delta_r G$

$\Delta_r G = \Delta_r G^o + RT\ln Q$로부터 다음과 같이 계산된다.

$$\boldsymbol{\Delta_r G} = -16.5\ \text{kJ mol}^{-1} + (0.008314\ \text{kJ K}^{-1}\ \text{mol}^{-1})(298.15\ \text{K}) \times \ln\left(\frac{5.0}{(24.0)^{1/2}}\right)$$

$$= \mathbf{-16.4\ kJ\ mol^{-1}}$$

(3) 자발적 반응의 방향

$\boldsymbol{\Delta_r G} < 0$이므로 자발적 반응의 방향은 **암모니아가 생성되는 방향**이다.

답 (1) $Q = 1.0$ (2) $\Delta_r G = -16.4\ \text{kJ mol}^{-1}$ (3) 암모니아가 생성되는 방향

10.2 반트호프의 법칙 $\Delta\ln K = \ln K_2 - \ln K_1 = \frac{\Delta_r H^\circ}{R}\left(\frac{1}{T_1} - \frac{1}{T_2}\right)$을 활용하여 표준 반응 엔탈피를 구하는 문제이다.

$\ln x = \ln 10 \times \log x$를 이용하여 반트호프의 법칙을 log 항과 pK들에 대한 항으로 나타내면 다음과 같이 된다.

$$\log K_2 - \log K_1 - \frac{\Delta_r H^\circ}{\ln 10 \times R}\left(\frac{1}{T_1}\ \ \frac{1}{T_2}\right)$$

$$\log K_2 - \log K_1 = \text{p}K_1 - \text{p}K_2 = \frac{\Delta_r H^\circ}{\ln 10 \times R}\left(\frac{1}{T_1} - \frac{1}{T_2}\right)$$

pK_1에 대하여 정리하면

$$\text{p}K_1 = \frac{\Delta_r H^\circ}{\ln 10 \times R}\left(\frac{1}{T_1} - \frac{1}{T_2}\right) + \text{p}K_2$$

$$= \frac{\Delta_r H^\circ}{\ln 10 \times R}\left(\frac{1}{T_1}\right) + \text{p}K_2 - \frac{\Delta_r H^\circ}{\ln 10 \times R}\left(\frac{1}{T_2}\right)$$

T_2를 특정 온도라 놓으면 위 식은 다음과 같은 꼴의 식이 된다.

$$\text{p}K = a\left(\frac{1}{T}\right) + c$$

여기서 기울기 $a = \frac{\Delta_r H^\circ}{\ln 10 \times R}$, 절편 $c = \text{p}K_2 - \frac{\Delta_r H^\circ}{\ln 10 \times R}\left(\frac{1}{T_2}\right)$이다.

따라서 주어진 자료를 pK_w와 $\frac{1}{T}$에 대하여 환산하여 그래프로 도시를 그리면 다음과 같이 된다.

T/K	283.15	288.15	293.15	298.15	303.15	308.15
$1/T$	3.53×10^{-3}	3.47×10^{-3}	3.41×10^{-3}	3.35×10^{-3}	3.30×10^{-3}	3.25×10^{-3}
pK_w	14.535	14.364	14.167	13.997	13.833	13.680

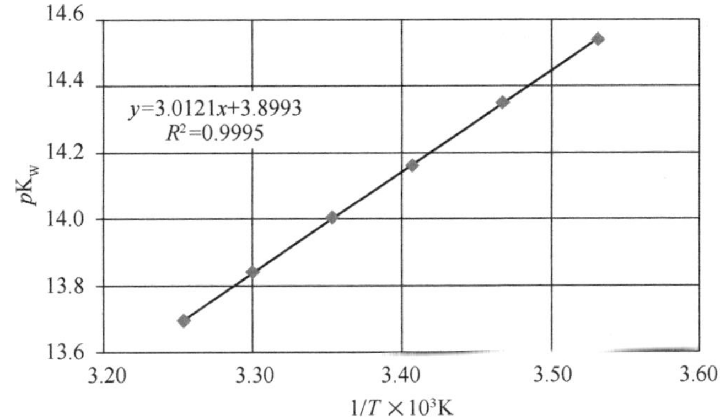

그래프에서 기울기 $a = 3.0121$이므로 물의 표준 양성자 첨가 엔탈피는 다음과 같이 구해진다.

$$a = \frac{\Delta_r H°}{\ln 10 \times R}$$

$$\mathbf{\Delta_r H°} = (3.0121 \times 10^3\,\text{K})(\ln 10)(8.314 \times 10^{-3}\,\text{kJ K}^{-1}\,\text{mol}^{-1}) = \mathbf{57.7\ kJ\ mol^{-1}}$$

답 $\Delta_r H° = 57.7\ \text{kJ mol}^{-1}$

10.3 K_a 또는 K_b 값으로부터 양성자 이탈 또는 양성자 첨가 분율을 구하는 문제이다.

(1) 0.50 M 옥살산

$$(\text{COOH})_2(aq) + H_2O(l) \rightleftarrows \text{HOOCCOO}^-(aq) + H_3O^+(aq)$$

초기 농도: 0.50 　 0 　 0

평형 농도: $0.50 - x$ 　 $+x$ 　 $+x$

$$\therefore\ K_a = \frac{x^2}{0.50 - x} = 5.6 \times 10^{-2}$$

이 식은 다음과 같은 이차 방정식이며, 그 근은 다음과 같다.

$x^2 + 5.6 \times 10^{-2}x - 2.8 \times 10^{-2} = 0,\ x = 0.142$ 또는 -0.198

그러므로 양성자 이탈 분율 $= \dfrac{0.142}{0.50} \times 100\% = \mathbf{28\%}$

(2) 0.25 M 황화 수소산

$$H_2S(aq) + H_2O(l) \rightleftarrows HS^-(aq) + H_3O^+(aq)$$

초기 농도: 0.25 　 0 　 0

평형 농도: $0.25 - x$ 　 $+x$ 　 $+x$

$$\therefore\ K_a = \frac{x^2}{0.25 - x} = 8.9 \times 10^{-8}$$

$x^2 + 8.9 \times 10^{-8}x - 2.23 \times 10^{-8} = 0,\ x = 1.49 \times 10^{-4}$ 또는 -1.49×10^{-4}

그러므로 양성자 이탈 분율 $= \dfrac{1.49 \times 10^{-4}}{0.25} \times 100\% =$ **0.060%**

(3) 0.50 M 하이드라진

$$NH_2NH_2(aq) + H_2O(l) \rightleftarrows NH_2NH_3^+(aq) + OH^-(aq)$$

초기 농도:	0.50	0	0
평형 농도:	$0.50 - x$	$+x$	$+x$

$\therefore\ K_b = \dfrac{x^2}{0.50 - x} = 1.7 \times 10^{-6}$

$x^2 + 1.7 \times 10^{-6}x - 8.5 \times 10^{-7} = 0,\ x = 9.22 \times 10^{-4}$ 또는 -9.22×10^{-4}

그러므로 양성자 첨가 분율 $= \dfrac{9.22 \times 10^{-4}}{0.50} \times 100\% =$ **0.18%**

(4) 0.25 M 니코틴

$$C_{10}H_{11}N_2(aq) + H_2O(l) \rightleftarrows C_{10}H_{11}N_3^+(aq) + OH^-(aq)$$

초기 농도:	0.25	0	0
평형 농도:	$0.25 - x$	$+x$	$+x$

$\therefore\ K_b = \dfrac{x^2}{0.25 - x} = 1.0 \times 10^{-6}$

$x^2 + 1.0 \times 10^{-6}x - 2.5 \times 10^{-7} = 0,\ x = 5.00 \times 10^{-4}$ 또는 -5.00×10^{-4}

그러므로 양성자 첨가 분율 $= \dfrac{5.00 \times 10^{-4}}{0.25} \times 100\% =$ **0.20%**

답 (1) 28% (2) 0.060% (3) 0.18% (4) 0.20%

10.4 산도 상수로부터 다양성자산의 pH를 구하는 문제이다.

H_3PO_4의 연속적 산도 상수는 다음과 같다.

$K_{a1} = 7.6 \times 10^{-3},\ K_{a2} = 6.2 \times 10^{-8},\ K_{a3} = 2.1 \times 10^{-13}$

여기서 $K_{a1} \gg K_w,\ K_{a1} \gg K_{a2} \gg K_{a3}$이므로 $K_w,\ K_{a2},\ K_{a3}$는 무시할 수 있다. 따라서 H_3PO_4의 1차 양성자 이탈 반응만을 고려하면 다음과 같다.

$$H_3PO_4(aq) + H_2O(l) \rightleftarrows H_2PO_4^-(aq) + H_3O^+(aq)$$

초기 농도:	0.025	0	0
평형 농도:	$0.025 - x$	$+x$	$+x$

$\therefore\ K_{a1} = \dfrac{x^2}{0.025 - x} = 7.6 \times 10^{-3}$

$x^2 + 7.6 \times 10^{-3}x - 2.5 \times 10^{-7} = 0,\ x = 1.38 \times 10^{-2}$ 또는 -1.38×10^{-2}

그러므로 **pH** $= -\log(1.38 \times 10^{-2}) =$ **1.86**

답 pH = 1.86

10.5 약산의 양성자 이탈 분율과 몰전도도의 관계로부터 산의 pK_a를 구하는 문제이다.

에탄산의 양성자 이탈 반응 평형은 다음과 같다.

$$CH_3COOH(aq) + H_2O(l) \rightleftarrows CH_3COO^-(aq) + H_3O^+(aq)$$

	CH_3COOH	CH_3COO^-	H_3O^+
초기 농도:	0.010	0	0
평형 농도:	$0.010 - x$	$+x$	$+x$

$$K_a = \frac{x^2}{0.010 - x}$$

약산으로 $0.010 \gg x$이므로 $0.010 - x = 0.010$로 놓으면 x는 다음과 같이 된다.

$$x^2 = 0.010K_a,\ x = (0.010K_a)^{1/2}$$

그러므로 에탄산이 이온으로 존재할 분율 α는 다음과 같다.

$$\alpha = \frac{x}{0.010} = \frac{(0.010K_a)^{1/2}}{0.010} = \left(\frac{K_a}{0.010}\right)^{1/2}$$

용액의 몰전도도 Λ_m은 용액 중에 존재하는 이온의 전도도 λ_+, λ_-와 $\Lambda_m = \lambda_+ + \lambda_-$ 관계이므로 주어진 몰전도도 $1.65\ \text{mS m}^{-2}\ \text{mol}^{-1}$은 다음과 같다.

$$\Lambda_m = \alpha(\lambda_+ + \lambda_-) = \left(\frac{K_a}{0.010}\right)^{1/2}(\lambda_{H_3O^+} + \lambda_{CH_3COO^-})$$

부록의 표 10.5 자료를 적용하면

$$\alpha(34.96 + 4.09)\ \text{mS m}^{-2}\ \text{mol}^{-1} = 1.65\ \text{mS m}^{-2}\ \text{mol}^{-1}$$

$$\therefore\ \alpha = 1.65/39.05 = 0.04225$$

그러므로 $\alpha = \left(\frac{K_a}{0.010}\right)^{1/2}$ 로부터 K_a는 다음과 같이 된다.

$$K_a = 0.010\alpha^2 = (0.010)(0.04225)^2 = 1.8 \times 10^{-5}$$

$$\mathbf{p}\boldsymbol{K}_\mathbf{a} = -\log(1.8 \times 10^{-5}) = \mathbf{4.7}$$

답 $pK_a = 4.7$

10.6 주어진 이온 전도도로부터 전해질의 한계 몰전도도를 구하고, 헤스의 법칙을 응용하여 주어지지 않은 전해질의 한계 몰전도도를 구하는 문제이다.

(1) KCl과 KNO_3의 한계 몰전도도

표 10.5의 자료로부터 $\Lambda_m°$를 구하면 다음과 같다.

$$\boldsymbol{\Lambda}_\mathbf{m}°\mathbf{(KCl)} = \lambda_{K^+} + \lambda_{Cl^-} = (7.35 + 7.64)\ \text{mS m}^2\ \text{mol}^{-1}$$

$$= \mathbf{14.99\ mS\ m^2\ mol^{-1}}$$

$$\boldsymbol{\Lambda}_\mathbf{m}°\mathbf{(KNO_3)} = \lambda_{K^+} + \lambda_{NO_3^-} = (7.35 + 7.15)\ \text{mS m}^2\ \text{mol}^{-1}$$

$$= \mathbf{14.50\ mS\ m^2\ mol^{-1}}$$

(2) AgCl의 한계 몰전도도

염의 해리 반응

$$KCl \rightleftarrows K^+ + Cl^- \quad \Lambda_m° = 14.99\ \text{mS m}^{-2}\ \text{mol}^{-1} \ \cdots\cdots ①$$

$$KNO_3 \rightleftarrows K^+ + NO_3^- \quad \Lambda_m° = 14.50 \text{ mS m}^2 \text{ mol}^{-1} \quad \cdots\cdots ②$$

$$AgNO_3 \rightleftarrows Ag^+ + NO_3^- \quad \Lambda_m° = 13.34 \text{ mS m}^2 \text{ mol}^{-1} \quad \cdots\cdots ③$$

③ + ① − ②를 하면 양이온과 음이온은 Ag^+ + Cl^-이 되므로 AgCl의 한계 몰전도도는 다음과 같이 구해질 수 있다.

$$\begin{aligned}\boldsymbol{\Lambda_m°(AgCl)} &= \Lambda_m°(AgNO_3) + \Lambda_m°(KCl) - \Lambda_m°(KNO_3) \\ &= (13.34 + 14.99 - 14.50) \text{ mS m}^2 \text{ mol}^{-1} \\ &= \mathbf{13.83 \text{ mS m}^2 \text{ mol}^{-1}}\end{aligned}$$

답 (1) $\Lambda_m°(KCl) = 14.99 \text{ mS m}^2 \text{ mol}^{-1}$, $\Lambda_m°(KNO_3) = 14.50 \text{ mS m}^2 \text{ mol}^{-1}$
(2) $\Lambda_m°(AgCl) = 13.83 \text{ mS m}^2 \text{ mol}^{-1}$

10.7 콜라우슈 경험식을 사용하여 $\Lambda_m°$와 K를 구하는 문제이다.

콜라우슈 경험식 $\Lambda_m = \Lambda_m° - KM^{1/2}$은 $y = b + ax$ 꼴의 1차 방정식이다. 따라서 주어진 자료를 Λ_m과 $M^{1/2}$에 대하여 도시하면 절편은 $\Lambda_m°$이 되고 기울기는 $-K$가 된다.

주어진 자료를 Λ_m과 $M^{1/2}$에 대한 값으로 변환하여 도시하면 다음과 같이 된다. ($\kappa = C/R$)

$M^{1/2}$/mol$^{1/2}$ L$^{-1/2}$	**0.032**	**0.071**	**0.100**	**0.141**	**0.224**
κ/Ω^{-1} cm^{-1}	1.23×10^{-4}	6.02×10^{-4}	1.18×10^{-3}	2.31×10^{-3}	5.42×10^{-3}
Λ_m/mS m^2 mol^{-1}	12.3	12.0	11.8	11.6	10.8

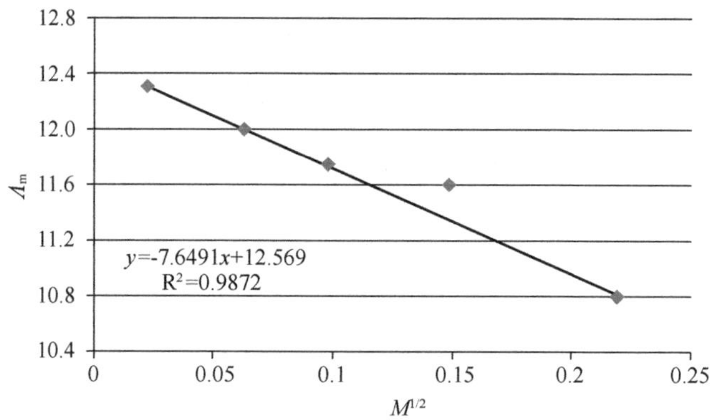

(1) 한계 몰전도도

그래프에서 절편이 12.569이므로 $\boldsymbol{\Lambda_m° = 12.6 \text{ mS m}^2 \text{ mol}^{-1}}$

(2) 계수 K

그래프에서 기울기가 −7.6491이므로 $\boldsymbol{K = 7.65 \text{ mS m}^2 \text{ mol}^{-1} M^{-1/2}}$

답 (1) $\Lambda_m° = 12.6 \text{ mS m}^2 \text{ mol}^{-1}$ (2) $K = 7.65 \text{ mS m}^2 \text{ mol}^{-1} M^{-1/2}$

10.8 K_a 값으로부터 전해질 용액의 몰전도도를 구하는 문제이다.

문제 10.5에서 $\Lambda_m = \alpha(\lambda_+ + \lambda_-) = \left(\dfrac{K_a}{0.0200}\right)^{1/2} (\lambda_{H_3O^+} + \lambda_{HCOO^-})$

그러므로 몰전도도 Λ_m은 다음과 같이 구해진다.

$$\Lambda_m = \left(\frac{1.8\times10^{-4}}{0.0200}\right)^{1/2}(34.96+5.46)\text{ mS m}^2\text{ mol}^{-1} = \mathbf{3.8\text{ mS m}^2\text{ mol}^{-1}}$$

답 $\Lambda_m = 3.8\text{ mS m}^2\text{ mol}^{-1}$

10.9 전극 반응에 대한 각 반쪽 반응에 대한 전위로부터 전체 전극 반응의 표준 전위를 구하는 문제이다.

전지의 오른쪽(R)과 왼쪽(L) 양 전극에서 일어나는 두 환원 반쪽 반응은 다음과 같다.

R: $Cl_2(g) + 2e^- \rightarrow 2Cl^-(aq)$ $\quad E° = +1.36\text{ V}$

L: $Mg^{2+}(aq) + 2e^- \rightarrow Mg(s)$ $\quad E° = -2.36\text{ V}$

그러므로 이 전극 반응에 대한 표준 전극 전위는 다음과 같다.

$E°(R) - E°(L) = 1.36\text{ V} - (-2.36\text{ V}) = \mathbf{3.72\text{ V}}$

답 3.72 V

10.10 표준 전지 전위와 평형 상수 K와의 관계 $\ln K = \frac{\nu F}{RT}E_{cell}°$, $K = e^{\nu FE_{cell}^{\circ}/RT}$ 로부터 표준 환원 전위 자료를 사용하여 전지 반응의 평형 상수를 구하는 문제이다.

(1) $Pb(s) + Pb^{4+}(aq) \rightleftarrows 2Pb^{2+}(aq)$

R: $Pb^{4+}(aq) + 2e^- \rightarrow 2Pb^{2+}(aq)$ $\quad E° = +1.67\text{ V}$

L: $Pb^{2+}(aq) + 2e^- \rightarrow Pb(s)$ $\quad E° = -0.13\text{ V}$

$E_{cell}° = E°(R) - E°(L) = +1.67\text{ V} - (-0.13\text{ V}) = 1.80\text{ V}$

그러므로 평형 상수 K는 다음과 같이 구해진다.

$$\boldsymbol{K} = \exp\left\{\frac{(2)(96485\text{ C mol}^{-1})(1.80\text{ V})}{(8.314\text{ J K}^{-1}\text{ mol}^{-1})(298.15\text{ K})}\right\} = \mathbf{7.2\times10^{60}}$$

(2) $Zn(s) + 2AgCl(s) \rightleftarrows ZnCl_2(aq) + 2Ag(s)$

R: $2AgCl(s) + 2e^- \rightarrow 2Ag(s) + Cl^-(aq)$ $\quad E° = +0.44\text{ V}$

L: $Zn^{2+}(aq) + 2e^- \rightarrow Zn(s)$ $\quad E° = -0.76\text{ V}$

$E_{cell}° = E°(R) - E°(L) = +0.22\text{ V} - (-0.76\text{ V}) = 1.20\text{ V}$

그러므로 평형 상수 K는 다음과 같다.

$$\boldsymbol{K} = \exp\left\{\frac{(2)(96485\text{ C mol}^{-1})(1.20\text{ V})}{(8.314\text{ J K}^{-1}\text{ mol}^{-1})(298.15\text{ K})}\right\} = \mathbf{3.72\times10^{40}}$$

(3) $Sn(s) + CuSO_4(aq) \rightleftarrows Cu(s) + SnSO_4(aq)$

R: $Cu^{2+}(aq) + 2e^- \rightarrow Cu(s)$ $\quad E° = +0.34\text{ V}$

L: $Sn^{2+}(aq) + 2e^- \rightarrow Sn(s)$ $\quad E° = -0.14\text{ V}$

$E_{cell}° = E°(R) - E°(L) = +0.34\text{ V} - (-0.14\text{ V}) = 0.48\text{ V}$

그러므로 평형 상수 K는 다음과 같다.

$$K = \exp\left\{\frac{(2)(96485\,\text{C mol}^{-1})(0.48\,\text{V})}{(8.314\,\text{J K}^{-1}\,\text{mol}^{-1})(298.15\,\text{K})}\right\} = \mathbf{1.7 \times 10^{16}}$$

(4) $2\text{Au}(s) + \text{Au}^{3+}(aq) \rightleftarrows 3\text{Au}^{+}(aq)$

$\text{Au}^{3+}(aq) + 2e^- \rightarrow \text{Au}^+(aq) \qquad E° = ?\,\text{V}$

$\text{Au}^+(aq) + e^- \rightarrow \text{Au}(s) \qquad E_1° = +1.69$ ⋯ ①,

$\text{Au}^{3+}(aq) + 3e^- \rightarrow \text{Au}(s) \qquad E_2° = +1.40\,\text{V}$ ⋯ ②이므로 ② – ①하면

$\text{Au}^{3+}(aq) + 2e^- \rightarrow \text{Au}^+(aq)$

$\Delta_r G° = \Delta_r G_2° - \Delta_r G_1°$

$-vFE° = -v_2FE_2° + v_1FE_1°$

$$E° = \frac{v_2E_2° - v_1E_1°}{v} = \frac{(3)(1.40\,\text{V}) - (1)(1.69\,\text{V})}{2} = 1.26\,\text{V}$$

그러므로 두 환원 반쪽 반응과 전지의 표준 전위는 다음과 같다.

R: $\text{Au}^{3+}(aq) + 2e^- \rightarrow \text{Au}^+(aq) \qquad E° = +1.26\,\text{V}$

L: $2\text{Au}^+(aq) + 2e^- \rightarrow \text{Au}(s) \qquad E° = +3.38\,\text{V}$

$E_{cell}° = E°(R) - E°(L) = +1.26\,\text{V} - (1.69\,\text{V}) = -2.12\,\text{V}$

그러므로 평형 상수 K는 다음과 같이 구해진다.

$$K = \exp\left\{\frac{(2)(96485\,\text{C mol}^{-1})(-2.12\,\text{V})}{(8.314\,\text{J K}^{-1}\,\text{mol}^{-1})(298.15\,\text{K})}\right\} = \mathbf{2.12 \times 10^{-72}}$$

답 (1) $K = 7.2 \times 10^{60}$ (2) $K = 3.72 \times 10^{40}$
(3) $K = 1.7 \times 10^{16}$ (4) $K = 2.12 \times 10^{-72}$

10.11 전지 식에서 표준 환원 전위를 사용하여 전지의 표준 전위를 구하는 문제이다.

(1) $\text{Pt}(s)\,|\,\text{H}_2(g)\,|\,\text{HCl}(aq)\,|\,\text{H}_2(g)\,|\,\text{Pt}(s)$

두 극에 동일한 Pt 전극이 사용되었으므로 Pt는 산화 환원 반응에 관여하지 않는다. 따라서 전지 반응은 다음과 같다.

R: $2\text{H}^+(aq) + 2e^- \rightarrow \text{H}_2(g) \qquad E° = 0\,\text{V}$

L: $2\text{H}^+(aq) + 2e^- \rightarrow \text{H}_2(g) \qquad E° = 0\,\text{V}$

그러므로 이 전지의 표준 전위는 다음과 같다.

$\boldsymbol{E_{cell}°} = E°(R) - E°(L) = \mathbf{0\,V}$ **(평형)**

(2) $\text{Pt}(s)\,|\,\text{Cl}_2(g)\,|\,\text{HCl}(aq)\,||\,\text{HBr}(aq)\,|\,\text{Br}_2(l)\,|\,\text{Pt}(s)$

R: $\text{Br}_2(l) + 2e^- \rightarrow 2\text{Br}^-(aq) \qquad E° = +1.09\,\text{V}$

L: $\text{Cl}_2(g) + 2e^- \rightarrow 2\text{Cl}^-(aq) \qquad E° = +1.36\,\text{V}$

그러므로 이 전지의 표준 전위는 다음과 같다.

$\boldsymbol{E_{cell}°} = E°(R) - E°(L) = 1.09\,\text{V} - 1.36\,\text{V} = \mathbf{-0.27\,V}$ **(비자발적)**

(3) $\text{Fe}(s)\,|\,\text{FeSO}_4(aq)\,||\,\text{MnSO}_4(aq), \text{H}^+(aq)\,|\,\text{MnO}_2(s)\,|\,\text{Pt}(s)$

R: $\text{MnO}_2(s) + 4\text{H}^+(aq) + 2e^- \rightarrow \text{Mn}^{2+}(aq) + 2\text{H}_2\text{O}(l) \qquad E° = +1.23\,\text{V}$

L: $Fe^{2+}(aq) + 2e^- \rightarrow Fe(s)$ $E° = -0.44$ V

그러므로 이 전지의 표준 전위는 다음과 같다.

$\mathbf{E_{cell}°} = E°(R) - E°(L) = 1.23\text{ V} - (-0.44\text{ V}) = \mathbf{+1.67\text{ V}}$ **(자발적)**

답 (1) $E_{cell}° = 0$ V, 평형 (2) $E_{cell}° = -0.27$ V, 비자발적 (3) $E_{cell}° = +1.67$ V, 자발적

10.12 산화·환원 반응으로부터 전지를 고안하고, 고안된 전지의 표준 전위를 구하는 문제이다.

(1) $Fe(s) + PbSO_4(aq) \rightarrow FeSO_4(aq) + Pb(s)$

R: $PbSO_4(aq) + 2e^- \rightarrow Pb(s) + SO_4^{2-}(aq)$ $E° = -0.36$ V

L: $Fe^{2+}(aq) + 2e^- \rightarrow Fe(s)$ $E° = -0.44$ V

그러므로 이 전지 식과 전지의 표준 전위는 다음과 같다.

Fe(*s*) | FeSO$_4$(*aq*) | PbSO$_4$(*aq*) | Pb(*s*)

$\mathbf{E_{cell}°} = E°(R) - E°(L) = -0.36\text{ V} - (-0.44\text{ V}) = \mathbf{+0.08\text{ V}}$

(2) $2H_2(g) + O_2(g) \rightarrow 2H_2O(l)$

R: $O_2(g) + 4H^+(aq) + 4e^- \rightarrow 2H_2O(l)$ $E° = +1.23$ V

L: $4H^+(aq) + 4e^- \rightarrow 2H_2(g)$ $E° = 0$ V

그러므로 이 전지 식과 전지의 표준 전위는 다음과 같다.

Pt(*s*) | H$_2$(*g*) | H$^+$(*aq*), H$_2$O(*l*) | O$_2$(*g*)|Pt(*s*)

$\mathbf{E_{cell}°} = E°(R) - E°(L) = 1.23\text{ V} - 0\text{ V} = \mathbf{+1.23\text{ V}}$

(3) $Hg_2Cl_2(s) + H_2(g) \rightarrow 2HCl(aq) + 2Hg(l)$

R: $Hg_2Cl_2(s) + 2e^- \rightarrow 2Hg(l) + 2Cl^-(aq)$ $E° = +0.27$ V

L: $2H^+(aq) + 2e^- \rightarrow H_2(g)$ $E° = 0$ V

그러므로 이 전지 식과 전지의 표준 전위는 다음과 같다.

Pt(*s*) | H$_2$(*g*) | HCl(*aq*) | Hg$_2$Cl$_2$(*s*) | Hg(*l*)

$\mathbf{E_{cell}°} = E°(R) - E°(L) = 0.27\text{ V} - 0\text{ V} = \mathbf{+0.27\text{ V}}$

답 (1) Fe(*s*) | FeSO$_4$(*aq*) | PbSO$_4$(*aq*) | Pb(*s*), $E_{cell}° = +0.08$ V
(2) Pt(*s*) | H$_2$(*g*) | H$^+$(*aq*), H$_2$O(*l*) | O$_2$(*g*) | Pt(*s*), $E_{cell}° = +1.23$ V
(3) Pt(*s*) | H$_2$(*g*) | HCl(*aq*) | Hg$_2$Cl$_2$(*s*) | Hg(*l*), $E_{cell}° = +0.27$ V

10.13 전지의 표준 전위로부터 $\Delta_r G°$와 $\Delta_r H°$를 구하는 문제이다.

(1) Pt(*s*) | H$_2$(*g*) | HCl(*aq*) | H$_2$(*g*) | Pt(*s*) $E_{cell}° = 0$ V, $v = 2$

알짜 반응: $H_2(g) + 2H^+(aq) \rightarrow 2H^+(aq) + H_2(g)$

$E_{cell}° = -\dfrac{\Delta_r G°}{vF}$ 이므로 $\Delta_r G°$는 다음과 같이 구해진다.

$\mathbf{\Delta_r G°} = -vFE_{cell}° = -(2)(96485\text{ C mol}^{-1})(0\text{ V}) = \mathbf{0}$

또는 $\Delta_r G° = \sum_{\text{생성물}} \Delta_f G° - \sum_{\text{반응물}} \Delta_f G°$

$= 2(0) + 0 - \{0 + 2(0)\} = 0$

$$\boldsymbol{\Delta_r H^o} = \sum_{\text{생성물}} \Delta_f H^\circ - \sum_{\text{반응물}} \Delta_f H^\circ$$

$$= 2(0) + 0 - \{0 + 2(0)\} = \mathbf{0}$$

(2) $Pt(s) \mid Cl_2(g) \mid HCl(aq) \parallel HBr(aq) \mid Br_2(l) \mid Pt(s) \quad E_{cell}^\circ = -0.27\ V,\ v = 2$

알짜 반응: $2Cl^-(aq) + Br_2(l) \rightarrow 2Br^-(aq) + Cl_2(g)$

$\boldsymbol{\Delta_r G^o} = -vFE_{cell}^\circ = -(2)(96485\ C\ mol^{-1})(-0.27\ V) = \mathbf{52\ kJ\ mol^{-1}}$

또는 $\boldsymbol{\Delta_r G^o} = \sum_{\text{생성물}} \Delta_f G^\circ - \sum_{\text{반응물}} \Delta_f G^\circ$

$$= 2(-103.96) + 0 - \{2(-131.23) + 0\} = \mathbf{54.54\ kJ\ mol^{-1}}$$

$$\boldsymbol{\Delta_r H^o} = \sum_{\text{생성물}} \Delta_f H^\circ - \sum_{\text{반응물}} \Delta_f H^\circ$$

$$= 2(-167.16) + 0 - \{2(-211.55) + 0\} = \mathbf{88.78\ kJ\ mol^{-1}}$$

답 (1) $\Delta_r G^\circ = 0$, $\Delta_r H^\circ = 0$
(2) $\Delta_r G^\circ = 52$ 또는 $54.54\ kJ\ mol^{-1}$, $\Delta_r H^\circ = 88.78\ kJ\ mol^{-1}$

II부 반응 속도론

11강 분자의 운동

11.1 기체 분자 운동론의 기본 가정인 기체 분자 운동 모형에 대한 개념을 정확하게 이해하고 있는지를 확인하는 문제이다.

기체 운동 모형은 기체 분자가 병진 운동 에너지만을 갖는다는 전제하에 다음과 같은 가정으로 이루어진다.

1. 기체는 구성 입자의 크기에 비하여 입자가 서로 멀리 떨어져 있어 크기를 무시할 수 있다.
2. 기체는 끊임없이 무작정 운동을 하는 분자로 이루어져 있다.
3. 기체 분자는 탄성 충돌을 하며, 충돌할 때를 제외하고는 상호작용을 하지 않는다.

답 풀이 참조

11.2 수 없이 많은 서로 다른 속력 분포를 가지고 운동하는 분자를 다루는 방법에 관하여 묻는 문제이다.

수 많은 분자들로 구성된 계의 연구에 유용한 제곱평균근 속력은 분자 속력의 평균 척도가 된다. 예를 들어 1 mol의 기체를 다룰 때 모든 분자가 같은 속력으로 움직이는 것도 아니고, 기체 분자 각각의 속력을 추적하여 알 수도 없다. 어떤 분자는 평균 속력보다 매우 느리게 운동하고, 어떤 분자는 평균 속력보다 빠르게 운동한다. 뿐만 아니라 분자들은 충돌에 의하여 끊임없이 속력의 재분포가 일어난다.
따라서 임의의 순간에 특정한 좁은 범위의 속력을 갖는 분자들의 분율은 분자 속력 분포로 나타내어 사용하여 다루어야 하며, 이러한 속력 분포를 나타낼 수 있는 식이 맥스웰 속력 분포식이다.

답 풀이 참조

11.3 충돌 빈도와 평균 자유 행로에 대하여 압력으로 나타낸 식을 유도하여 사용하는 이유를 이해하고 있는지를 묻는 문제이다.
충돌 빈도와 평균 자유 행로에 대하여 압력으로 나타낸 식은 다음과 같다.

$$z = \frac{\sigma \bar{s}_{\text{rel}} P}{kT} \quad \text{(압력으로 나타낸 충돌 빈도)}$$

$$\lambda = \frac{kT}{\sigma P} \quad \text{(압력으로 나타낸 평균 자유 행로)}$$

이 식들은 용기의 부피가 일정한 상태에서 온도를 상승시키면 온도에 비례하여 압력 역시 상승하여(샤를 법칙) $\frac{P}{T}$ 또는 $\frac{T}{P}$는 일정한 값을 유지한다. 따라서 일정한 부피에서 충돌 빈도와 평균 자유 행로는 온도에 무관한 값으로 다루어질 수 있다.

답 풀이 참조

11.4 기체의 점도는 온도에 비례하고 액체의 점도는 온도에 반비례하는 이유를 묻는 문제이다.
기체 분자는 무작정 운동을 하므로 단위 면적당 층을 이동하는 분자의 운동량의 전달 속도에 비례한다. 따라서 온도가 상승하면 운동 속도가 빨라져 분자의 운동량 전달 속도 역시 빨라져 점도가 증가한다.
반면 액체의 점도가 온도가 상승힘에 따라 감소하는 이유는 액체 속의 빈 공간으로 움직여 들어감으로써 흐름이 일어난다. 액체 속에서 분자가 빈 공간으로 이동해 들어가려면 이웃한 분자들로부터 빠져 나오는데 필요한 활성화 에너지 장벽을 넘어야 한다. 액체는 온도가 상승할수록 더 많은 분자들이 활성화 에너지 장벽을 넘을 수 있어 빈 공간으로 빠져나갈 수 있게 되므로 액체는 더 잘 흐르게 되어 점도가 감소한다.

답 풀이 참조

11.5 주어진 온도에서 기체 분자의 여러 가지 속력을 구하는 문제이다.
평균 속력 $\bar{s} = \left(\frac{8RT}{\pi M}\right)^{1/2}$, 가장 잦은 속력 $s_{\text{mp}} = \left(\frac{2RT}{M}\right)^{1/2}$, 상대 평균 속력 $\bar{s}_{\text{rel}} = \sqrt{2}\bar{s}$ 이

므로 각 화학종에 대하여 다음과 같이 계산하여 구한다.

(1) Ne: $M = 0.02018\ \text{kg mol}^{-1}$

$$\bar{s} = \left\{ \frac{(8)(8.314\,\text{J mol}^{-1}\,\text{K}^{-1})(298.15\,\text{K})}{\pi(0.02018\,\text{kg mol}^{-1})} \right\}^{1/2} = \mathbf{559.3\ m\ s^{-1}}$$

$$s_{\text{mp}} = \left\{ \frac{(2)(8.314\,\text{J mol}^{-1}\,\text{K}^{-1})(298.15\,\text{K})}{0.02018\,\text{kg mol}^{-1}} \right\}^{1/2} = \mathbf{495.7\ m\ s^{-1}}$$

$$\bar{s}_{\text{rel}} = \sqrt{2}(559.3\,\text{m s}^{-1}) = \mathbf{790.9\ m\ s^{-1}}$$

(2) Kr: $M = 0.08380\ \text{kg mol}^{-1}$

$$\bar{s} = \left\{ \frac{8(8.314\,\text{J mol}^{-1}\,\text{K}^{-1})(298.15\,\text{K})}{\pi(0.08380\,\text{kg mol}^{-1})} \right\}^{1/2} = \mathbf{274.5\ m\ s^{-1}}$$

$$s_{\text{mp}} = \left\{ \frac{2(8.314\,\text{J mol}^{-1}\,\text{K}^{-1})(298.15\,\text{K})}{0.08380\,\text{kg mol}^{-1}} \right\}^{1/2} = \mathbf{243.2\ m\ s^{-1}}$$

$$\bar{s}_{\text{rel}} = \sqrt{2}(274.5\,\text{m s}^{-1}) = \mathbf{388.1\ m\ s^{-1}}$$

(3) O_2: $M = 0.03200\ \text{kg mol}^{-1}$

$$\bar{s} = \left\{ \frac{8(8.314\,\text{J mol}^{-1}\,\text{K}^{-1})(298.15\,\text{K})}{\pi(0.03200\,\text{kg mol}^{-1})} \right\}^{1/2} = \mathbf{444.1\ m\ s^{-1}}$$

$$s_{\text{mp}} = \left\{ \frac{2(8.314\,\text{J mol}^{-1}\,\text{K}^{-1})(298.15\,\text{K})}{0.03200\,\text{kg mol}^{-1}} \right\}^{1/2} = \mathbf{393.6\ m\ s^{-1}}$$

$$\bar{s}_{\text{rel}} = \sqrt{2}(444.1\,\text{m s}^{-1}) = \mathbf{628.1\ m\ s^{-1}}$$

(4) CH_4: $M = 0.01604\ \text{kg mol}^{-1}$

$$\bar{s} = \left\{ \frac{8(8.314\,\text{J mol}^{-1}\,\text{K}^{-1})(298.15\,\text{K})}{\pi(0.1604\,\text{kg mol}^{-1})} \right\}^{1/2} = \mathbf{627.3\ m\ s^{-1}}$$

$$s_{\text{mp}} = \left\{ \frac{2(8.314\,\text{J mol}^{-1}\,\text{K}^{-1})(298.15\,\text{K})}{0.01604\,\text{kg mol}^{-1}} \right\}^{1/2} = \mathbf{555.9\ m\ s^{-1}}$$

$$\bar{s}_{\text{rel}} = \sqrt{2}(627.3\,\text{m s}^{-1}) = \mathbf{887.1\ m\ s^{-1}}$$

답 (1) Ne: $\bar{s} = 559.3\ \text{m s}^{-1}$, $s_{\text{mp}} = 495.7\ \text{m s}^{-1}$, $\bar{s}_{\text{rel}} = 790.9\ \text{m s}^{-1}$
(2) Kr: $\bar{s} = 274.5\ \text{m s}^{-1}$, $s_{\text{mp}} = 243.2\ \text{m s}^{-1}$, $\bar{s}_{\text{rel}} = 388.1\ \text{m s}^{-1}$
(3) O_2: $\bar{s} = 444.1\ \text{m s}^{-1}$, $s_{\text{mp}} = 393.6\ \text{m s}^{-1}$, $\bar{s}_{\text{rel}} = 628.1\ \text{m s}^{-1}$
(4) CH_4: $\bar{s} = 627.3\ \text{m s}^{-1}$, $s_{\text{mp}} = 555.9\ \text{m s}^{-1}$, $\bar{s}_{\text{rel}} = 887.1\ \text{m s}^{-1}$

11.6 (1) 서로 다른 온도에서의 평균 속력과 질량이 다른 기체 간의 속력 관계를 구하는 문제이다.

몰질량 M

$M(O_2) = 0.03200\ \text{kg mol}^{-1}$, $M(H_2) = 0.002016\ \text{kg mol}^{-1}$

평균 속력 $\bar{s}$

25°C에서

$$\bar{s}\ (\mathbf{O_2, 25°C}) = \left\{\frac{8(8.314\,\text{J mol}^{-1}\,\text{K}^{-1})(298.15\,\text{K})}{\pi(0.03200\,\text{kg mol}^{-1})}\right\}^{1/2} = \mathbf{444.1\ m\ s^{-1}}$$

$$\bar{s}\ (\mathbf{H_2, 25°C}) = \left\{\frac{8(8.314\,\text{J mol}^{-1}\,\text{K}^{-1})(298.15\,\text{K})}{\pi(0.002016\,\text{kg mol}^{-1})}\right\}^{1/2} = \mathbf{1769\ m\ s^{-1}}$$

100°C에서

$$\bar{s}\ (\mathbf{O_2, 100°C}) = \left\{\frac{8(8.314\,\text{J mol}^{-1}\,\text{K}^{-1})(373.15\,\text{K})}{\pi(0.03200\,\text{kg mol}^{-1})}\right\}^{1/2} = \mathbf{496.9\ m\ s^{-1}}$$

$$\bar{s}\ (\mathbf{H_2, 100°C}) = \left\{\frac{8(8.314\,\text{J mol}^{-1}\,\text{K}^{-1})(373.15\,\text{K})}{\pi(0.002016\,\text{kg mol}^{-1})}\right\}^{1/2} = \mathbf{1980\ m\ s^{-1}}$$

두 기체 간의 평균 속력 관계

$$\bar{s}_{O_2} = \left(\frac{8RT}{\pi M_{O_2}}\right)^{1/2} \qquad \bar{s}_{H_2} = \left(\frac{8RT}{\pi M_{H_2}}\right)^{1/2}$$

$$\frac{\bar{s}_{H_2}}{\bar{s}_{O_2}} = \left(\frac{M_{O_2}}{M_{H_2}}\right)^{1/2} = \left(\frac{0.03200\,\text{kg mol}^{-1}}{0.002016\,\text{kg mol}^{-1}}\right)^{1/2}$$

$$\bar{s}_{\mathbf{H_2}} = \left(\frac{M_{O_2}}{M_{H_2}}\right)^{1/2}\bar{s}_{O_2}$$

$$= \left(\frac{0.03200\ \text{kg mol}^{-1}}{0.002016\ \text{kg mol}^{-1}}\right)^{1/2}\bar{s}_{O_2} = \mathbf{3.984\,\bar{s}_{O_2}}$$

(2) 주어진 압력에서 서로 다른 온도에서의 평균 자유 행로와 질량이 다른 기체 간의 평균 자유 행로 관계를 구하는 문제이다.

평균 자유 행로 $\lambda = \dfrac{kT}{\sigma P}$ 이므로 각 기체에 대한 25°C와 100°C에서 평균 자유 행로를 구한다.

부록의 표 11.1로부터 각 기체에 대한 충돌 단면적을 찾으면 다음과 같다.

$\sigma(O_2) = 0.40\ \text{nm}^2$, $\sigma(H_2) = 0.27\ \text{nm}^2$

그러므로 평균 자유 행로 λ는 다음과 같다.

$$\boldsymbol{\lambda}(\mathbf{O_2, 25°C}) = \frac{(1.381\times10^{-23}\,\text{J K}^{-1})(298.15\,\text{K})}{(0.40\times10^{-18}\,\text{m}^2)(1.0\times10^5\,\text{Pa})} = \mathbf{1.0\times10^{-7}\ m}$$

$$\boldsymbol{\lambda}(\mathbf{H_2, 25°C}) = \frac{(1.381\times10^{-23}\,\text{J K}^{-1})(298.15\,\text{K})}{(0.27\times10^{-18}\,\text{m}^2)(1.0\times10^5\,\text{Pa})} = \mathbf{1.5\times10^{-7}\ m}$$

$$\lambda(\mathbf{O_2, 100°C}) = \frac{(1.381\times10^{-23}\,\mathrm{J\,K^{-1}})(373.15\,\mathrm{K})}{(0.40\times10^{-18}\,\mathrm{m^2})(1.0\times10^5\,\mathrm{Pa})} = \mathbf{1.3\times10^{-7}\,m}$$

$$\lambda(\mathbf{H_2, 100°C}) = \frac{(1.381\times10^{-23}\,\mathrm{J\,K^{-1}})(373.15\,\mathrm{K})}{(0.27\times10^{-18}\,\mathrm{m^2})(1.0\times10^5\,\mathrm{Pa})} = \mathbf{1.9\times10^{-7}\,m}$$

두 기체 간의 평균 자유 행로 관계

$$\frac{\lambda_{H_2}}{\lambda_{O_2}}(25°C) = \frac{1.5\times10^{-7}\,\mathrm{m}}{1.0\times10^{-7}\,\mathrm{m}} = 1.50 \quad \therefore\ \boldsymbol{\lambda_{H_2}(25°C) = 1.50\,\lambda_{O_2}(25°C)}$$

$$\frac{\lambda_{H_2}}{\lambda_{O_2}}(100°C) = \frac{1.9\times10^{-7}\,\mathrm{m}}{1.3\times10^{-7}\,\mathrm{m}} = 1.46 \quad \therefore\ \boldsymbol{\lambda_{H_2}(100°C) = 1.46\,\lambda_{O_2}(25°C)}$$

(3) 서로 다른 질량을 가진 두 기체가 동일한 평균 속력을 갖는 온도를 구하는 문제이다. 산소 기체가 298.15 K의 수소 기체와 동일한 평균 속력을 가지면 다음과 같은 관계가 성립된다.

$$\bar{s}\,(O_2, x\,\mathrm{K}) = \bar{s}\,(H_2, 298.15\,\mathrm{K})$$

$$\left(\frac{8Rx}{\pi M_{O_2}}\right)^{1/2} = \left(\frac{8R\times298.15\,\mathrm{K}}{\pi M_{H_2}}\right)^{1/2}$$

$$\frac{x}{M_{O_2}} = \frac{298.15\,\mathrm{K}}{M_{H_2}}$$

$$\boldsymbol{x} = \frac{M_{O_2}}{M_{H_2}}\times298.15\,\mathrm{K} = \frac{32.00}{2.0158}\times298.15\,\mathrm{K} = \mathbf{4733\,K}$$

답 (1) $\bar{s}\,(O_2, 25°C) = 444.1\,\mathrm{m\,s^{-1}}$, $\bar{s}\,(H_2, 25°C) = 1769\,\mathrm{m\,s^{-1}}$,
$\bar{s}\,(O_2, 100°C) = 496.9\,\mathrm{m\,s^{-1}}$, $\bar{s}\,(H_2, 100°C) = 1980\,\mathrm{m\,s^{-1}}$, $\bar{s}_{H_2} = 3.984\,\bar{s}_{O_2}$

(2) $\lambda(O_2, 25°C) = 1.0\times10^{-7}\,\mathrm{m}$, $\lambda(H_2, 25°C) = 1.5\times10^{-7}\,\mathrm{m}$,
$\lambda(O_2, 100°C) = 1.3\times10^{-7}\,\mathrm{m}$, $\lambda(H_2, 100°C) = 1.9\times10^{-7}\,\mathrm{m}$,
$\lambda_{H_2}(25°C) = 1.50\,\lambda_{O_2}(25°C)$, $\lambda_{H_2}(100°C) = 1.46\,\lambda_{O_2}(25°C)$

(3) 4733 K

11.7 용기 속에 들어 있는 이상 기체 분자의 압력에 따른 충돌 유량을 구하는 문제이다. 단위 면적당 단위 시간에 벽면에 충돌하는 충돌수, 즉 충돌 유량 $J_N = \dfrac{P}{(2\pi mkT)^{1/2}}$ 이므로 다음과 같이 계산된다.

$$J_N = \frac{1.0\times10^5\ \mathrm{Pa}}{\left\{2\pi\left(\dfrac{0.03995\ \mathrm{kg\,mol^{-1}}}{6.022\times10^{23}\ \mathrm{mol^{-1}}}\right)(1.381\times10^{-23}\ \mathrm{J\,K^{-1}})(298.15\ \mathrm{K})\right\}^{1/2}}$$
$$= 2.414\times10^{27}\ \mathrm{m^{-2}\,s^{-1}}$$

그러므로 각 변의 길이가 10.0 cm인 용기 벽에 충돌하는 충돌수는 다음과 같다.

용기 벽의 전체 면적 $A = 6 \times (0.1\ \text{m})^2 = 0.06\ \text{m}^2$이므로

$$\boldsymbol{J_N A} = (2.414 \times 10^{27}\ \text{m}^{-2}\ \text{s}^{-1})(0.06\ \text{m}^2) = \mathbf{1.45 \times 10^{26}\ s^{-1}}$$

답 $J_N A = 1.45 \times 10^{26}\ \text{s}^{-1}$

11.8 기체의 분출 속도로부터 주어진 시간에 분출되는 양을 구하는 문제이다.

분출 속도는 충돌 유량에 구멍의 넓이를 곱한 값으로 $v_{\text{effu}} = -J_N A = -\dfrac{PA}{(2\pi mkT)^{1/2}}$ 이므로 다음과 같이 계산된다.[22]

$$v_{\text{effu}}(\text{H}_2) = \frac{(1.0 \times 10^5\ \text{Pa})\{\pi(5.0 \times 10^{-4}\ \text{m})^2\}}{\left\{2\pi\left(\dfrac{0.0020158\ \text{kg mol}^{-1}}{6.022 \times 10^{23}\ \text{mol}^{-1}}\right)(1.381 \times 10^{-23}\ \text{J K}^{-1})(298.15\ \text{K})\right\}^{1/2}}$$
$$= -8.82 \times 10^{21}\ \text{s}^{-1}$$

$$v_{\text{effu}}(\text{O}_2) = \frac{(1.0 \times 10^5\ \text{Pa})\{\pi(5.0 \times 10^{-4}\ \text{m})^2\}}{\left\{2\pi\left(\dfrac{0.03200\ \text{kg mol}^{-1}}{6.022 \times 10^{23}\ \text{mol}^{-1}}\right)(1.381 \times 10^{-23}\ \text{J K}^{-1})(298.15\ \text{K})\right\}^{1/2}}$$
$$= -2.12 \times 10^{21}\ \text{s}^{-1}$$

그러므로 1분 동안에 분출되는 양은 다음과 같다.

$$\boldsymbol{v_{\text{effu}}(\text{H}_2, 1\ \text{min})} = (-8.82 \times 10^{21}\ \text{s}^{-1})(60\ \text{s min}^{-1}) = \mathbf{-5.29 \times 10^{23}\ min^{-1}}$$

$$\boldsymbol{v_{\text{effu}}(\text{O}_2, 1\ \text{min})} = (-2.12 \times 10^{21}\ \text{s}^{-1})(60\ \text{s min}^{-1}) = \mathbf{-1.27 \times 10^{23}\ min^{-1}}$$

답 $v_{\text{effu}}(\text{H}_2, 1\ \text{min}) = -5.29 \times 10^{23}\ \text{min}^{-1}$, $v_{\text{effu}}(\text{O}_2, 1\ \text{min}) = -1.27 \times 10^{23}\ \text{min}^{-1}$

11.9 정해진 면적을 갖는 표면에 충돌하는 기체 분자의 충돌수를 구하는 문제이다.

단위 면적에 단위 시간당 충돌수는 $J_N = \dfrac{P}{(2\pi mkT)^{1/2}}$ 이므로 다음과 같이 계산된다.

$$J_N = \frac{(758 \times 133.32)\ \text{Pa}}{\left\{2\pi\left(\dfrac{0.03995\ \text{kg mol}^{-1}}{6.022 \times 10^{23}\ \text{mol}^{-1}}\right)(1.381 \times 10^{\ 23}\ \text{J K}^{-1})(298.15\ \text{K})\right\}^{1/2}}$$
$$= 2.180 \times 10^{27}\ \text{m}^{-2}\ \text{s}^{-1}$$

그러므로 충돌수 N은 다음과 같다.[23]

$$\boldsymbol{N} = (2.180 \times 10^{27}\ \text{m}^{-2}\ \text{s}^{-1})\{4\pi \times (0.5 \times 10^{-2}\ \text{m})^2\}(60\ \text{s}) = \mathbf{4.11 \times 10^{25}}$$

답 $N = 4.11 \times 10^{25}$

11.10 분출에 의하여 일정 시간 후 감소되는 질량을 구하는 문제이다.

---

[22] 원의 면적: $A = \pi r^2$

[23] 구의 표면적: $A = 4\pi r^2$

분출에 의한 질량 감소는 분출되어 나가는 분자수에 분자의 질량을 곱한 값으로 다음과 같다.

$$\Delta m = (J_N A\Delta t)m = \frac{PA\Delta t}{(2\pi mkT)^{1/2}} m$$

$$= PA\Delta t\left(\frac{m}{2\pi kT}\right)^{1/2} = PA\Delta t\left(\frac{M}{2\pi RT}\right)^{1/2}$$

그러므로 주어진 값들을 대입하여 계산하면 다음과 같다.

$$\boldsymbol{\Delta m} = (0.805\ \text{Pa})(\pi)(1.50\times10^{-3}\ \text{m})^2(3600\ \text{s})\left\{\frac{250\times10^{-3}\ \text{kg mol}^{-1}}{2\pi(8.314\ \text{J K}^{-1}\ \text{mol}^{-1})(300\ \text{K})}\right\}^{1/2}$$

$$= \mathbf{8.18\times10^{-5}\ kg}$$

답 $\Delta m = 8.18\times10^{-5}$ kg

11.11 에너지 유량을 구하는 문제이다.

온도 기울기에 따른 에너지 유량 J(에너지) $= -\kappa\dfrac{dt}{dz}$ 이고, 부록의 표 11.2에서 He의 열전도도 계수 $\kappa = 0.1442\ \text{J K}^{-1}\ \text{m}^{-1}\ \text{s}^{-1}$이므로 다음과 같이 구해진다.

$\boldsymbol{J}$**(에너지)** $= -(0.1442\ \text{J K}^{-1}\ \text{m}^{-1}\ \text{s}^{-1})(2.5\ \text{K m}^{-1}) = \mathbf{-0.36\ J\ m^{-2}\ s^{-1}}$

답 J(에너지) $= -0.36\ \text{J m}^{-2}\ \text{s}^{-1}$

11.12 실험적으로 측정된 점도 자료로부터 분자의 충돌 단면적을 구하는 문제이다.

기체의 점도 $\eta = \frac{1}{3}\tilde{N}\bar{s}\,m\lambda$이다.

여기에서 $\bar{s} = \left(\dfrac{8RT}{\pi M}\right)^{1/2}$ 이고, $\lambda = \left(\dfrac{1}{\sqrt{2}\sigma\tilde{N}}\right)$ 이므로 $\eta = \dfrac{m\bar{s}}{3\sqrt{2}\sigma}$ 이다.

그러므로 충돌 단면적 $\sigma = \dfrac{m\bar{s}}{3\sqrt{2}\eta}$ 이다. 따라서 다음과 같이 계산된다.

$$\bar{s} = \left(\frac{8RT}{\pi M}\right)^{1/2}$$

$$= \left\{\frac{8(8.314\,\text{J K}^{-1}\text{mol}^{-1})(273\,\text{K})}{\pi(44.01\times10^{-3}\,\text{kg mol}^{-1})}\right\}^{1/2} = 3.624\times10^{2}\,\text{m s}^{-1}$$

$$\boldsymbol{\sigma} = \frac{(7.308\times10^{-26}\,\text{kg})(3.624\times10^{2}\,\text{m s}^{-1})}{3\sqrt{2}(1.36\times10^{-5}\,\text{Pa s})}$$

$$= \mathbf{4.59\times10^{-19}\ m^2}$$

답 $\sigma = 4.59\times10^{-19}\ \text{m}^2$

11.13 충돌 단면적으로부터 온도에 따른 기체의 점도를 구하는 문제이다.

기체의 점도 $\eta = \dfrac{m\bar{s}}{3\sqrt{2}\sigma}$ 이므로 먼저 25°C와 100°C에서 평균 속도를 구하면 다음과 같다.

$$\begin{aligned}\text{공기의 평균 질량 } M &= 78\%\ N_2 + 21\%\ O_2 + 1\%\ Ar \\ &= \{(28.02 \times 0.78) + (32.00 \times 0.21) + (39.95 \times 0.01)\ g\ mol^{-1} \\ &= 28.98\ g\ mol^{-1}\end{aligned}$$

$$\bar{s}\,(25°C) = \left(\frac{8RT}{\pi M}\right)^{1/2}$$

$$= \left\{\frac{8(8.314\,J\,K^{-1}\,mol^{-1})(298.15\,K)}{\pi(28.98\times10^{-3}\,kg\,mol^{-1})}\right\}^{1/2} = 4.667 \times 10^2\ m\ s^{-1}$$

$$\bar{s}\,(100°C) = \left\{\frac{8(8.314\,J\,K^{-1}\,mol^{-1})(373.15\,K)}{\pi(28.98\times10^{-3}\,kg\,mol^{-1})}\right\}^{1/2} = 5.221 \times 10^2\ m\ s^{-1}$$

그러므로 점도는 다음과 같다.

$$\boldsymbol{\eta\,(25°C)} = \frac{m\bar{s}}{3\sqrt{2}\sigma}$$

$$= \frac{(28.98\times10^{-3}\,kg\,mol^{-1}/\,6.022\times10^{23}\,mol^{-1})(4.677\times10^{2}\,m\,s^{-1})}{3\sqrt{2}(0.40\times10^{-18}\,m^2)}$$

$$= 1.3 \times 10^{-5}\ kg\ m^{-1}\ s^{-1} = \mathbf{1.3 \times 10^{-5}\ Pa\ s}$$

$$\boldsymbol{\eta\,(100°C)} = \frac{m\bar{s}}{3\sqrt{2}\sigma}$$

$$= \frac{(28.98\times10^{-3}\,kg\,mol^{-1}/\,6.022\times10^{23}\,mol^{-1})(5.221\times10^{2}\,m\,s^{-1})}{3\sqrt{2}(0.40\times10^{-18}\,m^2)}$$

$$= 1.5 \times 10^{-5}\ kg\ m^{-1}\ s^{-1} = \mathbf{1.5 \times 10^{-5}\ Pa\ s}$$

답 $\eta(25°C) = 1.3 \times 10^{-5}$ Pa s, $\eta(100°C) = 1.5 \times 10^{-5}$ Pa s

11.14 원통관을 흐르는 액체의 점도를 구하는 문제이다.

액체의 점도 $\boldsymbol{\eta} = \dfrac{\pi P R^4 t}{8VL}$

$$= \frac{\pi(56\times133.32\,Pa)(0.10\times10^{-2}\,m)^4(60\,s)}{8(355\times10^{-6}\,m^3)(0.25\,m)}$$

$$= \mathbf{1.9 \times 10^{-3}\ Pa\ s}$$

답 $\eta = 1.9 \times 10^{-3}$ Pa s

11.15 이온의 이동도로부터 특정 이온이 운반하는 전류의 분율을 구하는 문제이다.

부록의 표 11.4에서 이온의 이동도를 찾으면 다음과 같다.

$u(Na^+) = 5.19 \times 10^{-8}\ m^2\ V^{-1}\ s^{-1}$

$u(Cl^-) = 7.91 \times 10^{-8}\ m^2\ V^{-1}\ s^{-1}$

그러므로 양이온 Na^+에 의하여 운반되는 전류의 분율은 다음과 같다.

$$t_+^\circ = \frac{u_+}{u_+ + u_-} = \frac{5.19\times 10^{-8}\ m^2\ V^{-1}\ s^{-1}}{(5.19+7.91)10^{-8}\ m^2\ V^{-1}\ s^{-1}} = \mathbf{0.396}$$

답 $t_+^\circ = 0.396$

12강 반응의 속도

12.1 $A \rightarrow P$가 되는 반응에 대하여 모든 차수의 속도 법칙에 적용되는 반감기 일반식을 유도하는 문제이다.

$A \rightarrow P$ 반응에서 반응 속도는 다음과 같다.

$$-\frac{d[A]}{dt} = k_r[A]^n$$

이 식을 [A]와 t에 대하여 변수 분리하여 시간은 $t=0$에서 $t=t$까지, 농도는 $[A]_0$에서 $[A]_t$까지 변하는 구간에 대하여 적분하면 다음과 같이 된다.

$$-\int_{[A]_0}^{[A]_t} \frac{1}{[A]^n} d[A] = \int_0^t k_r\, dt$$

$$-\frac{[A]_t^{1-n}}{1-n} + \frac{[A]_0^{1-n}}{1-n} = k_r t$$

시간 $t = t_{1/2}$, 농도 $[A]_t = \frac{[A]_0}{2}$ 을 대입하면

$$k_r t_{1/2} = -\frac{([A]_0/2)^{1-n}}{1-n} + \frac{[A]_0^{1-n}}{1-n} = \frac{1-2^{n-1}}{1-n}[A]_0^{1-n}$$

$$t_{1/2} = \frac{2^{n-1}-1}{k_r(n-1)}\frac{1}{[A]_0^{n-1}}$$

그러므로 $t_{1/2} \propto \frac{1}{[A]_0^{n-1}}\ (n \neq 1)$

답 풀이 참조

12.2 서로 다른 온도와 농도(기체 반응의 경우 압력)에서 결정된 반응 속도로부터 얻을 수 있는 정보가 어떤 것이 있는지를 묻는 문제이다.

반응 속도는 온도와 농도(기체 반응의 경우 압력)에 의존하는 함수이다. 서로 다른 압력과 온도에서 결정된 반응 속도로부터 다음과 같은 정보를 얻을 수 있다.

1. 반응 진행 과정에서의 반응물과 생성물의 농도

2. 반응 속도를 최적화하는 조건
3. 반응 메커니즘의 타당성 판별

답 풀이 참조

12.3 전이 상태 이론에 의한 아이링 식의 장점을 파악하고 있는지를 묻는 문제이다.
충돌 이론은 기체의 충돌에 근거하며 반응물은 단단한 구형으로 가정하여 분자의 구조는 무시한다. 따라서 분자 수준에서 입체 인자를 만족스럽게 설명할 수 없다. 그러나 전이 상태 이론으로 유도된 아이링 식 $k_r = \kappa \frac{kT}{h} \bar{K}^{\ddagger}$ 는 2분자도 반응의 속도 상수를 반응물의 결합 길이, 원자 질량, 진동수와 같은 기본적인 분자 매개변수로부터 구함으로써 활성화물의 구조, 활성화 에너지, 투과 계수 등을 얻을 수 있는 경우, 단단한 구형이 아닌 분자에 대하여 보다 합당한 반응 속도 상수를 얻을 수 있게 한다.

답 풀이 참조

12.4 반응의 초기 속도로부터 속도 법칙을 결정하는 문제이다.
초기 속도로 속도 법칙을 결정하는 다른 반응물의 농도가 일정한 상태에서 한 반응물의 농도 변화에 따른 반응 속도 비를 구함으로써 그 반응물에 대한 반응 차수를 결정한다.
동일한 $[B]_0$에서 $[A]_0$에 대한 속도 법칙은 다음과 같이 쓸 수 있다.

$v_0 = k_r' [A]_0^x$

이 식에 log를 취하면 다음과 같이 된다.

$\log v_0 = \log k_r' + x\log[A]_0$

$\log v_{01} = \log k_r' + x\log[A]_{01}$ (1)

$\log v_{0n} = \log k_r' + x\log[A]_{0n}$ (2)

(1) − (2): $\log v_{01} - \log v_{0n} = x(\log[A]_{01} - \log[A]_{0n})$

그러므로 $x = \dfrac{\log v_{01} - \log v_{on}}{\log[A]_{01} - \log[A]_{on}}$

따라서 주어진 자료 중 (ㄱ)을 $\log v_0$와 $\log[A]_0$로 변환하여 x 값을 구하면 다음과 같다.

$\log[A]_{0n}$		**−5.0**	**−4.7**	**−4.4**	**−4.2**
$\log v_{0n}$	(ㄱ)	−3.1	−2.5	−1.9	−1.5
x		−	2.0	2.0	2.0

마찬가지로 $[A]_0 = 1.0 \times 10^{-5}$ M일 때 $[B]_0$에 대하여 $\log v_0$와 $\log[B]_0$로 변환하여 x 값을 구하면 다음과 같다.

$\log[B]_{0n}$	**−3.0**	**−2.3**	**−2.0**
$\log v_{0n}$	−3.1	−2.4	−2.1
x	−	1.0	1.0

그러므로 이 반응에 대한 속도 법칙은 다음과 같다.

$$\boldsymbol{v = k_r[A]^2[B]}$$

(ㄴ) 또는 (ㄷ)을 선택하여 구하여도 같은 결과를 얻는다.

답 $v = k_r[A]^2[B]$

12.5 기체 분해 반응에 대하여 전체 압력 P_{tot}의 변화 자료로부터 속도 법칙과 속도 상수를 결정하는 문제이다.

(1) 초기 압력을 P_0, 반응 진척도를 ξ라 놓으면, 반응의 진행에 따른 전체 압력은 다음과 같이 나타낼 수 있다.

$$P_{tot} = P(SO_2Cl_2) + P(SO_2) + P(Cl_2)$$
$$= (P_0 - \xi) + \xi + \xi = P_0 + \xi$$

그러므로 속도 법칙에 따라 시간에 대하여 $\ln P(SO_2Cl_2)$를 도시한 것이 직선이면 1차 반응이고, $1/P(SO_2Cl_2)$를 도시한 것이 직선이면 2차 반응이므로 주어진 자료를 $\ln P(SO_2Cl_2)$와 $1/P(SO_2Cl_2)$에 대하여 정리하여 다음과 같이 된다.

t/min	ξ/Pa	$P(SO_2Cl_2)$/Pa	$\ln P(SO_2Cl_2)$	$1/P(SO_2Cl_2)$
0	0.0	1.11×10^4	9.31	9.01×10^{-5}
180	3.70×10^3	7.40×10^3	8.91	1.35×10^{-4}
360	6.20×10^3	4.90×10^3	8.50	2.04×10^{-4}
540	7.80×10^3	3.30×10^3	8.10	3.03×10^{-4}
720	8.90×10^3	2.20×10^3	7.70	4.55×10^{-4}

여기에서 시간 t와 $\ln P(SO_2Cl_2)$를 도시하면 다음과 같이 직선이 되므로 이 반응의 속도 법칙은 다음과 같다.

$$\boldsymbol{v = k_r P(SO_2Cl_2)}$$

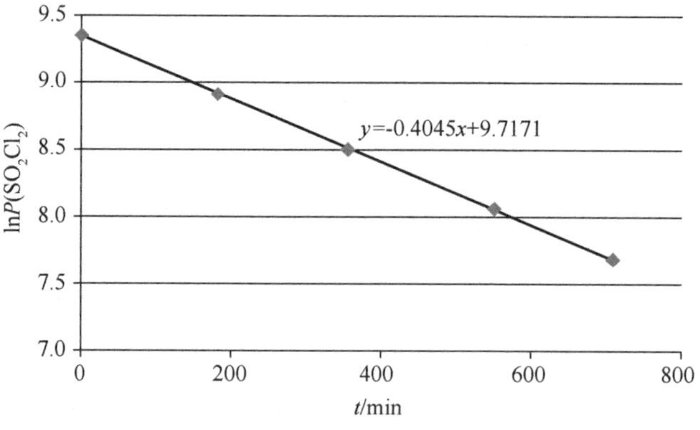

(2) 위 그림에서 기울기가 −0.4045이므로 속도 상수는 다음과 같다.

$$k_r = 0.4040\ \text{min}^{-1} = 0.4040\ \text{min}^{-1} \times \frac{1\text{min}}{60\text{s}} = \mathbf{6.73 \times 10^{-3}\ s^{-1}}$$

답 (1) $v = k_r P(SO_2Cl_2)$ (2) $k_r = 6.73 \times 10^{-3}\ s^{-1}$

12.6 반감기로부터 특정 양까지 분해되는 데 걸리는 시간을 구하는 문제이다.

1차 반응의 반감기 $t_{1/2} = \frac{1}{k_r}\ln 2$로부터 속도 상수를 구하면 다음과 같다.

$$k_r = \frac{1}{t_{1/2}}\ln 2 = \frac{\ln 2}{2.05 \times 10^4} = 3.38 \times 10^{-5}\ s^{-1}$$

그러므로 1차 적분 속도 법칙 $[A]_t = [A]_0 e^{-k_r t}$ 로부터 시간 t에서 N_2O_5 80%가 분해되었을 때의 농도는 다음과 같다.

$$[N_2O_5]_t = 0.2[N_2O_5]_0 = [N_2O_5]_0 e^{-(3.38\times10^{-5}\ s^{-1})t}$$

$$\therefore\ 0.2 = e^{-(3.38\times10^{-5}\ s^{-1})t}$$

$$\therefore\ t = \frac{-\ln 0.2}{3.38\times10^{-5}\ s^{-1}} = \mathbf{4.76 \times 10^4\ s}$$

답 $t = 4.76 \times 10^4$ s

12.7 $v = k_r[A][B]$인 2차 반응의 적분 속도 법칙을 적용하여 속도 상수와 반감기를 구하는 문제이다.

(1) $v = k_r[A][B]$인 2차 반응의 적분 속도 법칙은 다음과 같다.

$$\ln\left(\frac{[B]_t/[B]_0}{[A]_t/[A]_0}\right) = ([B]_0 - [A]_0)k_r t$$

이 식을 정리하여 계산하면 속도 상수는 다음과 같이 구해진다.

$$k_r = \ln\left(\frac{[B]_t/[B]_0}{[A]_t/[A]_0}\right)/([B]_0 - [A]_0)t \qquad (1)$$

여기에서 $\Delta[A] = (0.075 - 0.025)M = 0.050\ M$이므로 $\Delta[B] = 0.050\ M$이다. 따라서 $[B]_t = (0.090 - 0.050)M = 0.040\ M$이고, k_r을 계산하면 다음과 같다.

$$\mathbf{k_r} = \ln\left(\frac{0.040/0.090}{0.025/0.075}\right)/(0.090\ M - 0.075\ M)(3600\ s)$$
$$= \mathbf{5.3 \times 10^{-3}\ M^{-1}\ s^{-1}}$$

(2) 위의 (1)식을 t에 대하여 정리하면 다음과 같다.

$$t = \ln\left(\frac{[B]_t/[B]_0}{[A]_t/[A]_0}\right)/([B]_0 - [A]_0)k_r$$

그러므로 각 반응물의 반감기는 다음과 같다.

[A]가 절반이 될 때까지 걸리는 시간

$[A]_0/2 = 0.075/2\ M = 0.0375\ M$

$[A]_0/2$일 때 $[B]_t = (0.090 - 0.0375)M = 0.0525\ M$

$$t_{1/2,A} = \ln\left(\frac{[B]_t/[B]_0}{[A]_0/2[A]_0}\right)/([B]_0 - [A]_0)k_r$$

$$= \ln\left(\frac{0.0525/0.090}{0.50}\right)/(0.015\ M)(5.3\times10^{-3}\ M^{-1}\ s^{-1})$$

$$= \mathbf{1.9\times10^3\ s}$$

[B]가 절반이 될 때까지 걸리는 시간

$[B]_0/2 = 0.090/2\ M = 0.045\ M$

$[B]_0/2$일 때 $[A]_t = (0.075 - 0.045)M = 0.030\ M$

$$t_{1/2,B} = \ln\left(\frac{[B]_0/2[B]_0}{[A]_t/[A]_0}\right)/([B]_0 - [A]_0)k_r$$

$$= \ln\left(\frac{0.50}{0.030/0.075}\right)/(0.015\ M)(5.3\times10^{-3}\ M^{-1}\ s^{-1})$$

$$= \mathbf{2.8\times10^3\ s}$$

답 (1) $k_r = 5.3\times10^{-3}\ M^{-1}\ s^{-1}$ (2) $t_{1/2,A} = 1.9\times10^3$ s, $t_{1/2,B} = 2.8\times10^3$ s

12.8 A + 2B → P형의 2차 반응 적분 속도 법칙을 사용하여 일정 시간 후 생성물의 농도를 구하는 문제이다.

A + 2B → P의 반응이 2차 반응이므로 속도 법칙과 적분 속도 법칙은 다음과 같다.

$$v = k_r[A][B]$$

$$\ln\left(\frac{[A]_0([B]_0 - 2\xi)}{([A]_0 - \xi)/[B]_0}\right) = ([B]_0 - 2[A]_0)k_r t \qquad (1)$$

여기에서 [A]가 ξ만큼 감소하면 [P]가 ξ만큼 생성되므로 ξ = [P]로 놓을 수 있다. 그러므로 (1)식은 다음과 같이 된다.

$$\ln\left(\frac{[A]_0([B]_0 - 2[P])}{([A]_0 - [P])/[B]_0}\right) = ([B]_0 - 2[A]_0)k_r t$$

(1) 위 식을 [P]에 대하여 정리하여 계산하면 다음과 같다.

$$\mathbf{[P]} = \frac{[A]_0[B]_0\{\exp[k_r t([B]_0 - 2[A]_0)] - 1\}}{[B]_0\exp[k_r t([B]_0 - 2[A]_0)] - 2[A]_0}$$

$$= \frac{(0.015M)(0.050M)\{\exp[(0.25M^{-1}s^{-1}\times600s)(0.050 - 2\times0.015)M] - 1\}}{(0.050M)\exp[(0.25M^{-1}s^{-1}\times600s)(0.050 - 2\times0.015)M] - 2(0.015)M}$$

$$= \frac{(0.00075M^2)\{\exp(3.00)-1\}}{(0.050M)\exp(3.00)-0.030M} = \mathbf{0.014\ M}$$

(2) 반응물 A의 농도가 0.015 M에서 0.005 M로 감소하였으므로 $\xi = 0.010\ M$이다. 그러므로 위의 (1)식을 시간 t에 대하여 정리하여 계산하면 다음과 같이 구해진다.

$$\boldsymbol{t} = \ln\left(\frac{[\mathrm{A}]_0([\mathrm{B}]_0-2\xi)}{([\mathrm{A}]_0-\xi)[\mathrm{B}]_0}\right)/([\mathrm{B}]_0-2[\mathrm{A}]_0)k_\mathrm{r}$$

$$= \ln\left(\frac{0.015(0.050-0.020)}{(0.015-0.010)050}\right)/\{(0.050\ M-0.030\ M)(0.25\ M^{-1}\ \mathrm{s}^{-1})\}$$

$$= \ln(1.8)/(0.0050\ \mathrm{s}^{-1}) = \mathbf{120\ s}$$

답 (1) $[\mathrm{P}] = 0.014\ M$ (2) $t = 120$ s

12.9 아레니우스 식으로부터 서로 다른 활성화 에너지를 갖는 반응계에 대한 속도 상수를 구하는 문제이다.

속도 상수에 대한 아레니우스 식은 다음과 같다.

$$k_\mathrm{r} = Ae^{-Ea/RT}$$

그러므로 각각의 활성화 에너지 E_a를 갖는 반응계에 속도 상수는 다음과 같이 구해진다.

(1) $E_\mathrm{a} = 0$일 때

$$\boldsymbol{k}_\mathbf{r} = (10^{10}\ \mathrm{s}^{-1})e^{-0} = \mathbf{1.0 \times 10^{10}\ s^{-1}}$$

(2) $E_\mathrm{a} = 10\ \mathrm{kJ\ mol^{-1}}$일 때

$$\boldsymbol{k}_\mathbf{r} = (10^{10}\ \mathrm{s}^{-1})\exp\{-10\ \mathrm{kJ\ mol^{-1}}/(8.314\ \mathrm{J\ K^{-1}\ mol^{-1}} \times 298.15\ \mathrm{K})\}$$

$$= \mathbf{1.8 \times 10^{8}\ s^{-1}}$$

(3) $E_\mathrm{a} = 50\ \mathrm{kJ\ mol^{-1}}$일 때

$$\boldsymbol{k}_\mathbf{r} = (10^{10}\ \mathrm{s}^{-1})\exp\{-50\ \mathrm{kJ\ mol^{-1}}/(8.314\ \mathrm{J\ K^{-1}} \times 298.15\ \mathrm{K\ mol^{-1}})\}$$

$$= \mathbf{17\ s^{-1}}$$

답 (1) $k_\mathrm{r} = 1.0 \times 10^{10}\ \mathrm{s}^{-1}$ (2) $k_\mathrm{r} = 1.8 \times 10^{8}\ \mathrm{s}^{-1}$ (3) $k_\mathrm{r} = 17\ \mathrm{s}^{-1}$

12.10 여러 온도에서 측정된 속도 상수 자료로부터 아레니우스 식을 활용하여 빈도 인자와 활성화 에너지를 구하는 문제이다.

아레니우스 식 $k_\mathrm{r} = Ae^{-E_\mathrm{a}/RT}$에 ln을 취하면 다음과 같이 된다.

$$\ln k_\mathrm{r} = \ln A - \frac{E_\mathrm{a}}{RT}$$

이 식을 ln$A$와 $\frac{1}{T}$에 대하여 도시하면 다음과 같은 절편이 ln A이고, 기울기가 $-\frac{E_\mathrm{a}}{R}$인 직선이 된다.

$1/T\,(K^{-1})$	3.60×10^{-3}	3.47×10^{-3}	3.35×10^{-3}	3.25×10^{-3}
$\ln k_r/s^{-1}$	-5.32	-3.82	-2.35	-1.11

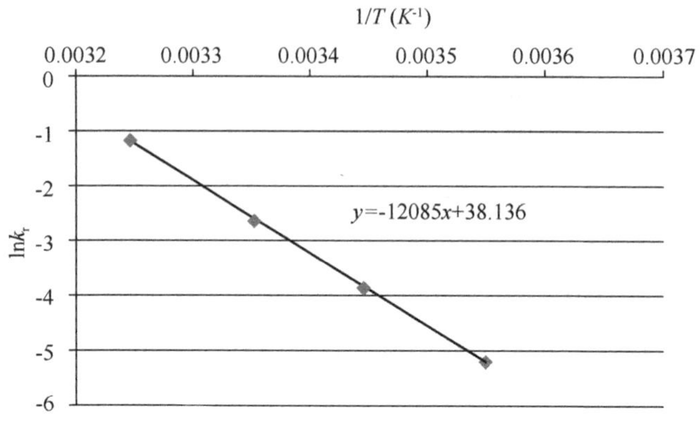

위 도표에서 회귀직선의 기울기 = −12085, 절편 = 38.136이므로 빈도 인자 A와 활성화 에너지 E_a는 다음과 같이 구해진다.

$\ln A = 38.136$이므로

$$\boldsymbol{A} = e^{38.136} = \mathbf{3.65 \times 10^{16}\ s^{-1}}$$

$-\dfrac{\boldsymbol{E_a}}{\boldsymbol{R}} = -12085$이므로

$$\boldsymbol{E_a} = -(-12085\ \mathrm{K})(8.314\ \mathrm{J\ K^{-1}\ mol^{-1}}) = \mathbf{1.00 \times 10^5\ J\ mol^{-1}}$$

답 $A = 3.65 \times 10^{16}\ \mathrm{s^{-1}}$, $E_a = 1.00 \times 10^5\ \mathrm{J\ mol^{-1}}$

12.11 빈도 인자와 활성화 에너지 자료를 사용하여 속도 상수를 구하는 문제이다.

아레니우스 식에서 $k_r = Ae^{-E_a/RT}$이다. 따라서 속도 상수는 다음과 같이 구한다.

$$\boldsymbol{k_r} = (1.24 \times 10^3\ \mathrm{m^3\ mol^{-1}\ s^{-1}})\exp\left\{\frac{-180\ \mathrm{kJ\ mol^{-1}}}{(8.314\ \mathrm{J\ K^{-1}\ mol^{-1}})(298.15\ \mathrm{K})}\right\}$$

$$= \mathbf{3.61 \times 10^{-29}\ m^3\ mol^{-1}\ s^{-1} = 3.61 \times 10^{-26}\ \boldsymbol{M}^{-1}\ s^{-1}}$$

답 $k_r = 3.61 \times 10^{-29}\ \mathrm{m^3\ mol^{-1}\ s^{-1}} = 3.61 \times 10^{-26}\ M^{-1}\ \mathrm{s^{-1}}$

12.12 빈도 인자와 활성화 에너지로부터 화학적으로 대단히 중요한 자유 라디칼 반응에 대한 활성화물의 열역학적 값들을 구하는 문제이다.

(1) 2분자도 반응이므로 $E_a = \Delta H^{\ddagger} + 2RT$이다. 따라서 $\Delta H^{\ddagger}$는 다음과 같이 구해진다.

$$\boldsymbol{\Delta H^{\ddagger}} = E_a - 2RT$$

$$= (42\ \mathrm{kJ\ mol^{-1}}) - 2(8.314\ \mathrm{J\ mol^{-1}\ K^{-1}})(298.15\ \mathrm{K}) = \mathbf{37\ kJ\ mol^{-1}}$$

(2) 2분자도 반응에 대한 빈도 인자 $A = \dfrac{kT}{h}e^2 e^{\Delta S^{\ddagger}/R}$ 이므로 $\Delta S^{\ddagger}$에 대하여 정리하면 다음

과 같이 $\Delta S^{\ddagger}$를 구할 수 있다.

$$\boldsymbol{\Delta S^{\ddagger}} = R\ln\left(\frac{Ah}{e^2kT}\right)$$

$$= (8.314\ \mathrm{J\ mol^{-1}\ K^{-1}}) \times \ln\left\{\frac{(8.0\times10^{13})(6.626\times10^{-34})}{e^2(1.381\times10^{-23})(298.15)}\right\}$$

$$\mathbf{= 4.6 J\ mol^{-1}\ K^{-1}}$$

(3) $\Delta G^{\ddagger} = \Delta H^{\ddagger} - T\Delta S^{\ddagger}$이므로 활성화 깁스 에너지는 다음과 같다.

$$\boldsymbol{\Delta G^{\ddagger}} = 3.7 \times 10^4\ \mathrm{J\ mol^{-1}} - (298.15\ \mathrm{K})(4.6\ \mathrm{J\ mol^{-1}\ K^{-1}})$$

$$= 3.6 \times 10^4\ \mathrm{J\ mol^{-1}} \mathbf{= 36\ kJ\ mol^{-1}}$$

답 (1) $\Delta H^{\ddagger} = 37\ \mathrm{kJ\ mol^{-1}}$ (2) $\Delta S^{\ddagger} = 4.6\ \mathrm{J\ mol^{-1}\ K^{-1}}$ (3) $\Delta G^{\ddagger} = 36\ \mathrm{kJ\ mol^{-1}}$

12.13 어떤 온도에서 속도 상수와 활성화 에너지로부터 다른 온도에서의 속도 상수를 구하는 문제이다.

서로 다른 두 온도에 대한 속도 상수로부터 활성화 에너지의 관계는 다음과 같다.

$$\ln\frac{k_1}{k_2} = \frac{E_a}{R}\left(\frac{1}{T_2} - \frac{1}{T_1}\right)$$

이 식을 k_2에 대하여 정리하면 다음과 같이 된다.

$$\frac{k_1}{k_2} = \exp\left\{\frac{E_a}{R}\left(\frac{1}{T_2} - \frac{1}{T_1}\right)\right\}$$

$$k_2 = k_1/\exp\left\{\frac{E_a}{R}\left(\frac{1}{T_2} - \frac{1}{T_1}\right)\right\}$$

그러므로 645 K에서 반응 속도는 다음과 같이 구해진다.

$$\mathbf{k_r(645\ K)} = (4.15 \times 10^{-4}\ \mathrm{s^{-1}})/\exp\left\{\frac{102\ \mathrm{kJ\ mol^{-1}}}{8.314\ \mathrm{J\ K^{-1}\ mol^{-1}}}\left(\frac{1}{645\mathrm{K}} - \frac{1}{625\mathrm{K}}\right)\right\}$$

$$\mathbf{= 7.63 \times 10^{-4}\ s^{-1}}$$

답 $k_r(645\ \mathrm{K}) = 7.63 \times 10^{-4}\ \mathrm{s^{-1}}$

13강 다양한 형태의 반응과 촉매 작용

13.1 반응 메커니즘의 정의와 반응 메커니즘의 결정 방법을 묻는 문제이다.

반응 메커니즘은 일련의 연속된 반응에서 화학적 변화가 일어나는 일련의 단일 단계 반응들을 순서에 따라 모아 놓은 가상적 반응이다. 따라서 제시된 반응 메커니즘이 반응에 대한 속도 법칙과 잘 맞는지와 반응물과 중간체에 대한 사실과도 잘 일치하는지를 확인하여 결정한다.

답 풀이 참조

13.2 연속된 일련의 화학적 변화에서 반응 속도를 결정하는 단계에 대한 개념을 이해하고 있는지를 묻는 문제이다.

속도 결정 단계는 일련의 연속 반응에서 반응 속도가 가장 느린 단계를 말한다. 이 속도 결정 단계는 반응에서 가장 느리고 전체 반응의 속도를 좌우하므로 반응의 속도 법칙을 결정하게 된다.

답 풀이 참조

13.3 일정 상태 근사법의 개념과 일정 상태 근사법을 적용할 수 있는 경우를 말하는 문제이다.

일정 상태 근사는 하나 또는 둘 이상의 중간체가 존재하는 반응에서 중간체의 농도가 거의 변하지 않는 것으로 취급하여 $\frac{d[I]}{dt}=0$으로 놓아 근사적으로 속도 법칙을 다루는 방법을 말한다. 이 근사법은 중간체를 생성하는 단계가 속도 결정 단계이고, 이후 중간체가 분해되는 반응은 매우 빠르게 일어나 전체 반응 시간에 걸쳐 중간체의 농도가 일정하게 유지되는 경우에 사용할 수 있다.

답 풀이 참조

13.4 1분자도 반응이 1차 속도 법칙을 따르는 이유를 린더만-힌쉘우드 메커니즘으로 설명하는 문제이다.

1분자도 반응은 린더만-힌쉘우드 메커니즘에 의하면 다음과 같은 단계로 진행된다.

1단계: $A + A \xrightarrow{k_{r,1}} A^* + A \qquad \frac{d[A^*]}{dt} = k_{r,1}[A]^2$

2단계: $A^* + A \xrightarrow{k_{r,-1}} A + A \qquad \frac{d[A^*]}{dt} = -k_{r,-1}[A][A^*]$

$A^* \xrightarrow{k_{r,2}} P \qquad \frac{d[A^*]}{dt} = -k_{r,2}[A^*]$

여기에서 A^*는 에너지가 들뜬 상태의 화학종으로 매우 불안정한 중간체이므로 일정 상태 근사법을 적용하면 다음과 같이 된다.

$$\frac{\mathrm{d}[\mathrm{A}^*]}{\mathrm{d}t} = k_{\mathrm{r},1}[\mathrm{A}]^2 - k_{\mathrm{r},-1}[\mathrm{A}][\mathrm{A}^*] - k_{\mathrm{r},2}[\mathrm{A}^*] = 0$$

이 미분 방정식을 풀어서 생성물에 대한 속도 법칙을 구하면 다음과 같이 된다.

$$\frac{\mathrm{d}[\mathrm{P}]}{\mathrm{d}t} = k_{\mathrm{r},2}[\mathrm{A}^*] = \frac{k_{\mathrm{r},1}k_{\mathrm{r},2}[\mathrm{A}]^2}{k_{\mathrm{r},2} + k_{\mathrm{r},-1}[\mathrm{A}]}$$

여기에서 $k_{\mathrm{r},-1}[\mathrm{A}] \gg k_{\mathrm{r},2}$이면 $\frac{\mathrm{d}[\mathrm{P}]}{\mathrm{d}t}$는 다음과 같이 되어 반응물 A에 대한 1분자도 반응은 1차 속도 법칙을 따른다.

$$\frac{\mathrm{d}[\mathrm{P}]}{\mathrm{d}t} = \frac{k_{\mathrm{r},1}k_{\mathrm{r},2}}{k_{\mathrm{r},1}}[\mathrm{A}] = k_{\mathrm{r}}[\mathrm{A}] \qquad k_{\mathrm{r}} = \frac{k_{\mathrm{r},1}k_{\mathrm{r},2}}{k_{\mathrm{r},1}}$$

반면에 $k_{\mathrm{r},-1}[\mathrm{A}] \ll k_{\mathrm{r},2}$이면 $\frac{\mathrm{d}[\mathrm{P}]}{\mathrm{d}t}$는 다음과 같이 되어 반응물 A에 대한 1분자도 반응은 2차 속도 법칙을 따른다.

$$\frac{\mathrm{d}[\mathrm{P}]}{\mathrm{d}t} = \frac{k_{\mathrm{r},1}k_{\mathrm{r},2}}{k_{\mathrm{r},2}}[\mathrm{A}]^2 = k_{\mathrm{r}}[\mathrm{A}]^2 \qquad k_{\mathrm{r}} = \frac{k_{\mathrm{r},1}k_{\mathrm{r},2}}{k_{\mathrm{r},2}}$$

답 풀이 참조

13.5 효소 촉매 반응에 대한 미하엘리스-멘텐 속도 법칙을 설명하는 문제이다.
미하엘리스-멘텐 메커니즘은 다음과 같다.

$$\mathrm{E} + \mathrm{S} \underset{k_{\mathrm{r},-1}}{\overset{k_{\mathrm{r},1}}{\rightleftharpoons}} \mathrm{ES} \xrightarrow{k_{\mathrm{r},2}} \mathrm{E} + \mathrm{P}$$

여기에서 E는 효소, S는 기질, ES는 효소-기질 착물, P는 생성물이다. 일반적으로 효소의 반응 속도는 효소의 농도가 대단히 낮은 용액 속에서 생성물이 형성되는 초기 반응 속도를 추적하여 결정하며 다음과 같다.

$$v_0 = \frac{k_{\mathrm{r},2}[\mathrm{S}]_0[\mathrm{E}]_0}{[\mathrm{S}]_0 + K_{\mathrm{m}}} \quad \left(K_{\mathrm{m}} = \frac{k_{\mathrm{r},1}}{k_{\mathrm{r},-1} + k_{\mathrm{r},2}}\right)$$

답 풀이 참조

13.6 불균일 촉매 작용에 대한 랭뮤어 흡착 모형을 설명하는 문제이다.
흡착에 대한 반응 속도론적 해석을 위한 **랭뮤어 모형**은 다음과 같다.

1. 모든 흡착 자리는 동등하고 표면은 균일하다.
2. 흡착 자리의 점유 상태는 이웃한 자리의 흡착 또는 탈착 확률에 영향을 받지 않는다. 즉 흡착된 분자들 사이에는 상호작용이 없다.
3. 흡착은 단분자층 흡착율에 도달하면 완료된다.

답 풀이 참조

13.7 완화 시간으로부터 속도 상수를 구하는 문제이다.
물의 자체 양성자 이전 반응은 $A + B \rightleftarrows P$ 반응의 역반응이므로 완화 시간과 속도 상수 관계는 다음과 같다.

$$1/\tau = k_{r,1} + k_{r,-1}([A] + [B])$$

$$\frac{1}{3.7\times10^{-5}\ s} = k_{r,1} + k_{r,-1}([H^+] + [OH^-])$$

또한 물의 농도 $[H_2O]$ = 1000 g L^{-1}/18.0158 g mol^{-1} = 55.51 M이므로 물의 평형 상수는 다음과 같다.

$$K = \frac{k_{r,1}}{k_{r,-1}} = \frac{[H^+][OH^-]}{[H_2O]}$$

$$= \frac{[1.0\times10^{-7}M][1.0\times10^{-7}M]}{[55.51M]} = 1.80\times10^{-16}\ M$$

따라서 $k_{r,1} = (1.80\times10^{-16}\ M)k_{r,-1}$이므로

$$1/\tau = k_{r,1} + k_{r,-1}([H^+] + [OH^-])$$

$$\frac{1}{3.7\times10^{-5}\ s} = k_{r,-1}(1.80\times10^{-16}\ M + 2.0\times10^{-7}\ M)$$

그러므로 역반응의 속도 상수 $k_{r,-1}$과 정반응의 속도 상수 $k_{r,1}$은 다음과 같이 구해진다.

$$\boldsymbol{k_{r,-1}} = \frac{1}{\left(3.7\times10^{-5}\ s\right)\left(2.0\times10^{-7}\ M\right)} = 1.35\times10^{11}\ M^{-1}\ s^{-1} = \mathbf{1.4\times10^{11}}\ \boldsymbol{M^{-1}}\ \mathbf{s^{-1}}$$

$$\boldsymbol{k_{r,1}} = (1.80\times10^{-16}\ M)(1.35\times10^{11}\ M^{-1}\ s^{-1}) = \mathbf{2.4\times10^{-5}\ s^{-1}}$$

답 $k_{r,1} = 2.4\times10^{-5}\ s^{-1}$, $k_{r,-1} = 1.4\times10^{11}\ M^{-1}\ s^{-1}$

13.8 연속 반응 $A \rightarrow B \rightarrow C$에 대하여 중간체 B의 농도가 최대가 되는 시간을 구하는 문제이다.
이 반응은 다음과 같은 연속 1차 반응으로 나타낼 수 있다.

$$A \xrightarrow{k_{r,1}} B \xrightarrow{k_{r,2}} C$$

여기에서 시간 t에서의 농도 $[B]_t$는 다음과 같다.

$$[B]_t = \frac{k_{r,1}}{k_{r,2} - k_{r,1}}(e^{-k_{r,1}t} - e^{-k_{r,2}t})[A]_0$$

중간체가 최대 농도가 되는 시간은 다음과 같이 구한다.

$$\frac{d[B]_t}{dt} = \frac{d}{dt}\left(\frac{k_{r,1}}{k_{r,2} - k_{r,1}}\right)\left(e^{-k_{r,1}t} - e^{-k_{r,2}t}\right)[A]_0$$

$$= -\frac{k_{r,1}}{k_{r,2} - k_{r,1}}\left(k_{r,1}e^{-k_{r,1}t} - k_{r,2}e^{-k_{r,2}t}\right)[A]_0 = 0$$

이 식은 $k_{r,1}e^{-k_{r,1}t} = k_{r,2}e^{-k_{r,2}t}$ 일 때 0이 되므로 양변을 $k_{r,1}e^{-k_{r,2}t}$ 로 나누고 t에 대하여 정리하면, 최대 농도가 되는 시간 t_{max}를 다음과 같이 얻을 수 있다.

$$\begin{aligned} t_{max} &= \frac{1}{k_{r,1} - k_{r,2}} \ln\left(\frac{k_{r,1}}{k_{r,2}}\right) \\ &= \frac{1}{(5.0\times10^5\ s^{-1}) - (6.0\times10^5\ s^{-1})} \ln\left(\frac{5.0\times10^5\ s^{-1}}{6.0\times10^5\ s^{-1}}\right) \\ &= \mathbf{1.8\times10^{-6}\ s} \end{aligned}$$

답 $t_{max} = 1.8\times10^{-6}$ s

13.9 사전 평형이 있는 연속 반응의 속도 법칙을 유도하는 문제이다.

$k_{r,-1} \gg k_{r,2}$로 사전 평형이 이루어지므로 다음과 같은 관계가 성립된다.

$$K = \frac{[I]}{[A][B]} = \frac{k_{r,1}}{k_{r,-1}} \quad (K\text{: 평형 상수})$$

그러므로 P의 생성 속도는 다음과 같이 된다.

$$\frac{d[P]}{dt} = k_{r,2}[I] = k_{r,2}K[A][B]$$

이 식은 다음과 같이 고쳐 쓸 수 있다.

$$\frac{d[P]}{dt} = k_r[A][B] \qquad k_r = \frac{k_{r,1}k_{r,2}}{k_{r,-1}}$$

답 풀이 참조

13.10 1분자도 반응에 대하여 린더만-힌쉘우드 메커니즘을 활용하여 측정된 초기 속도 상수로부터 측정하기 어려운 단일 단계의 속도 상수를 구하는 문제이다.

린더만-힌쉘우드 메커니즘에 따른 1차 반응에 대한 속도 법칙은 다음과 같다.

$$\frac{d[P]}{dt} = \frac{k_{r,1}k_{r,2}[A]^2}{k_{r,2} + k_{r,-1}[A]} = k_r[A]$$

이 식을 $k_r[A]$로 나누어, $\frac{1}{k_r}$에 대하여 정리하면 다음과 같이 된다.

$$\frac{1}{k_r} = \frac{1}{k_{r,1}}\frac{1}{[A]} + \frac{k_{r,-1}}{k_{r,1}k_{r,2}}$$

기체 반응에서 $[A] = P/RT$이므로 이 식은 다음과 같이 고쳐 쓸 수 있다.

$$\frac{1}{k_r} = \frac{1}{k_{r,1}}\frac{RT}{P} + \frac{k_{r,-1}}{k_{r,1}k_{r,2}}$$

따라서 이 식으로부터 $\frac{1}{k_r}$과 $\frac{1}{P}$을 도시하면 기울기 $= \frac{RT}{k_{r,1}}$, 절편 $= \frac{k_{r,-1}}{k_{r,1}k_{r,2}}$이 된다.

그러므로 주어진 자료를 $\frac{1}{k_r}$과 $\frac{1}{P}$에 대하여 정리하여 도시하면 다음과 같다.

$1/P_0(\text{kPa}^{-1})$	6.80×10^{-2}	3.57×10^{-2}	1.92×10^{-2}	1.19×10^{-2}	9.90×10^{-3}
$1/k_r(\text{s})$	0.104	0.0971	0.0926	0.0909	0.0901

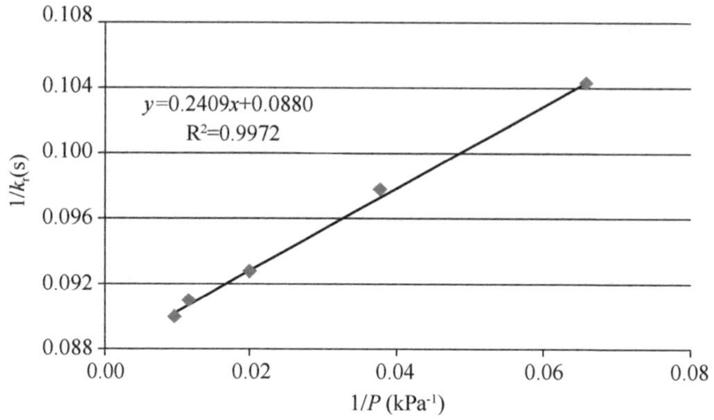

(1) 기울기$=\frac{RT}{k_{r,1}}$ 이므로 $k_{r,1}$은 다음과 같이 구해진다.

$$k_{r,1} = \frac{RT}{\text{기울기}} = \frac{(8.314 \times 10^{-2}\ \text{L bar K}^{-1}\ \text{mol}^{-1})(350\ \text{K})}{0.2409\ \text{s kPa}}$$

$$= 1.21 \times 10^2\ \text{L mol}^{-1}\ \text{s}^{-1}\ \text{bar/kPa} = \mathbf{1.21 \times 10^4}\ \boldsymbol{M^{-1}}\ \mathbf{s^{-1}}$$

(2) 절편$=\frac{k_{r,-1}}{k_{r,1}k_{r,2}}$ 이므로 $\frac{k_{r,-1}}{k_{r,2}}$은 다음과 같이 구해진다.

$$\frac{k_{r,-1}}{k_{r,2}} = (\text{절편}) \times k_{r,1} = (0.0880\ \text{s})(1.21 \times 10^4\ M^{-1}\ \text{s}^{-1})$$

$$= \mathbf{1.06 \times 10^3}\ \boldsymbol{M^{-1}}$$

답 (1) $k_{r,1} = 1.21 \times 10^4\ M^{-1}\ \text{s}^{-1}$ (2) $\frac{k_{r,-1}}{k_{r,2}} = 1.06 \times 10^3\ M^{-1}$

13.11 주어진 메커니즘으로부터 속도 법칙을 예측하는 문제이다.

이 메커니즘에서 HX의 생성 속도가 반응 결정 단계로 HX의 생성 속도는 다음과 같다.

$$v = \frac{\text{d[HX]}}{\text{d}t} = k_{r,2}[\cdot\text{X}][\text{RH}]$$

중간체 ·X와 ·R에 대하여 일정 상태 근사법을 적용하면 다음과 같이 쓸 수 있다.

$$\frac{\text{d}[\cdot\text{X}]}{\text{d}t} = 2k_{r,1}[\text{X}_2] - k_{r,2}[\cdot\text{X}][\text{RH}] + k_{r,3}[\cdot\text{R}][\text{X}_2] - k_{r,4}[\cdot\text{X}][\cdot\text{R}] = 0$$

$$\frac{\text{d}[\cdot\text{R}]}{\text{d}t} = k_{r,2}[\cdot\text{X}][\text{RH}] - k_{r,3}[\cdot\text{R}][\text{X}_2] - k_{r,4}[\cdot\text{X}][\cdot\text{R}] = 0$$

이 두 식을 더하면 다음과 같이 된다.

$$2k_{r,1}[X_2] - 2k_{r,4}[\cdot X][\cdot R] = 0$$

$$[\cdot X] = \frac{k_{r,1}}{k_{r,4}}\frac{[X_2]}{[\cdot R]} \qquad (1)$$

$\frac{d[\cdot R]}{dt}$에서 종결 단계는 매우 빠르게 진행되므로 무시하면 다음과 같은 관계를 얻는다.

$$k_{r,2}[\cdot X][RH] - k_{r,3}[\cdot R][X_2] = 0$$

$$k_{r,2}\left(\frac{k_{r,1}}{k_{r,4}}\frac{[X_2]}{[\cdot R]}\right)[RH] - k_{r,3}[\cdot R][X_2] = 0$$

이 식을 $[\cdot R]$에 대하여 정리하면 다음과 같이 된다.

$$[\cdot R]=\left(\frac{k_{r,1}k_{r,2}}{k_{r,3}k_{r,4}}[RH]\right)^{1/2} \qquad (2)$$

(2)식을 (1)식에 대입하면 $[\cdot X]$는 다음과 같이 된다.

$$[\cdot X] = \left(\frac{k_{r,1}}{k_{r,4}}\frac{[X_2]}{\left(\frac{k_{r,1}k_{r,2}}{k_{r,3}k_{r,4}}[RH]\right)^{1/2}}\right) = \left(\frac{k_{r,1}k_{r,3}}{k_{r,2}k_{r,4}}\right)^{1/2}\frac{[X_2]}{[RH]^{1/2}}$$

그러므로 반응 속도 v는 다음과 같이 된다.

$$v = \frac{d[HX]}{dt} = k_{r,2}[\cdot X][RH] = k_{r,2}\left(\frac{k_{r,1}k_{r,3}}{k_{r,2}k_{r,4}}\right)^{1/2}\frac{[X_2]}{[RH]^{1/2}}[RH]$$

$$= \left(\frac{k_{r,1}k_{r,2}k_{r,3}}{k_{r,4}}\right)^{1/2}[X_2][RH]^{1/2}$$

따라서 이 메커니즘에 의한 속도 법칙은 다음과 같다.

$$\boldsymbol{v = k_r[X_2][RH]^{1/2}}$$

답 $v = k_r[X_2][RH]^{1/2}$

13.12 균일 촉매 반응의 최대 속도를 구하는 문제이다.

촉매가 작용하는 반응의 최대 속도와 초기 속도는 다음과 같다.

$$v_{max} = k_{r,2}[C]_0 \quad ([C]_0\text{: 촉매의 초기 농도})$$

또한 반응의 속도는 다음과 같으므로

$$v_0 = \frac{k_{r,2}[S]_0[C]_0}{[S]_0 + K_m} \quad ([S]_0\text{: 기질의 초기 농도}, K_m\text{: 복합 상수})$$

이 식을 $[C]_0$에 대하여 정리하면 다음과 같이 된다.

$$[C]_0 = \left(\frac{[S]_0 + K_m}{k_{r,2}[S]_0}\right)v_0$$

그러므로 최대 속도는 다음과 같이 구한다.

$$v_{max} = k_{r,2}[C]_0 = \left(\frac{[S]_0 + K_m}{[S]_0}\right) v_0$$

$$= \left(\frac{0.105M + 0.025M}{0.105M}\right)(1.10 \times 10^{-3}\ M\,s^{-1}) = \mathbf{1.36 \times 10^{-3}\ M\,s^{-1}}$$

답 $v_{max} = 1.36 \times 10^{-3}\ M\,s^{-1}$

13.13 미하엘리스 상수와 최대 반응 속도로부터 효소 촉매의 전환 빈도와 촉매 효율을 구하는 문제이다.

(1) 전환 빈도 $k_{cat} = k_{r,2} = \frac{v_{max}}{[E]_0}$ 이므로 주어진 값을 사용하여 구하면 다음과 같다.

$$k_{cat} = \frac{v_{max}}{[E]_0} = \frac{1.7\times10^{-3}\ M\,s^{-1}}{0.020M} = \mathbf{8.5 \times 10^{-2}\ s^{-1}}$$

(2) 촉매 효율 $\eta = \frac{k_{cat}}{K_m}$ 이므로 다음과 같이 구한다.

$$\eta = \frac{k_{cat}}{K_m} = \frac{8.5\times10^{-2}\ s^{-1}}{50.0M} = \mathbf{1.7 \times 10^{-3}\ M^{-1}\,s}$$

답 (1) $k_{cat} = 8.5 \times 10^{-2}\ s^{-1}$ (2) $\eta = 1.7 \times 10^{-3}\ M^{-1}\,s$

13.14 라인위버-버크 식 $\frac{1}{v_0} = \left(\frac{K_m}{v_{max}}\right)\frac{1}{[S]} + \frac{1}{v_{max}}$ 을 도시하여 억제제가 없을 때와 억제제가 있을 때에 대한 최대 속도, 미하엘리스 상수, 평형 상수 K_I를 구하는 문제이다.

라인위버-버크 도시를 하기 위해서 주어진 자료를 $\frac{1}{v_0}$ 과 $\frac{1}{[S]}$ 에 대하여 자료를 변환하여 나타내면 다음과 같은 결과를 얻는다.

$1/[S]\ (M^{-1})$	2.0×10^3	1.0×10^3	2.0×10^2	1.0×10^2
$1/v_0\ (M^{-1}\,s)$ (I가 없을 때)	7.7×10^5	5.0×10^5	2.6×10^5	2.2×10^5
$1/v_0\ (M^{-1}\,s)$ (I가 있을 때)	1.7×10^6	1.0×10^6	3.6×10^5	2.8×10^5

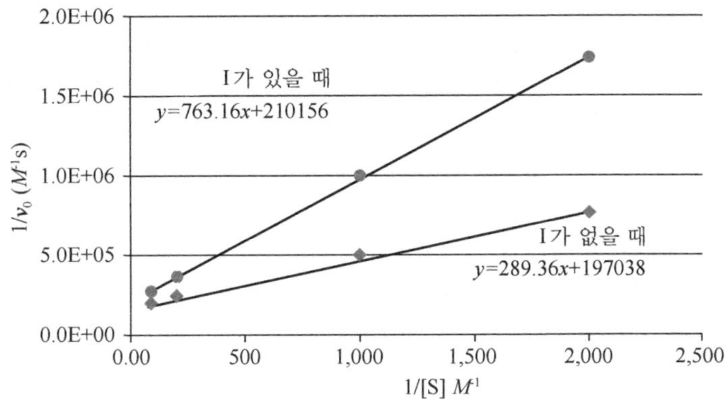

(1) 위 그래프에서 절편 = $\dfrac{1}{v_{max}}$ 이므로 v_{max}는 다음과 같다.

$$v_{max} = \frac{1}{\text{절편}}$$

그러므로 각 경우에 대한 v_{max}는 다음과 같이 구한다.

$$\boldsymbol{v_{max}}\textbf{(I가 없을 때)} = \frac{1}{197038\ \mathrm{s}} = \mathbf{5.1 \times 10^{-6}\ s^{-1}}$$

$$\boldsymbol{v_{max}}\textbf{(I가 있을 때)} = \frac{1}{210156\ \mathrm{s}} = \mathbf{4.8 \times 10^{-6}\ s^{-1}}$$

한편 기울기=$\left(\dfrac{K_m}{v_{max}}\right)$이므로 K_m은 다음과 같다.

$$K_m = (\text{기울기}) \times v_{max}$$

따라서 각 경우에 대한 v_{max}는 다음과 같이 구한다.

$$\boldsymbol{K_m}\textbf{(I가 없을 때)} = (289.36\ \mathrm{s})(5.1 \times 10^{-6}\ \mathrm{s}^{-1}) = \mathbf{1.5 \times 10^{-3}}$$

$$\boldsymbol{K_m}\textbf{(I가 있을 때)} = (763.16\ \mathrm{s})(4.8 \times 10^{-6}\ \mathrm{s}^{-1}) = \mathbf{3.6 \times 10^{-3}}$$

(2) 익제된 효소 반응에 대한 미하엘리스 상수 $K_m^* = K_m\left(1 + \dfrac{[I]}{K_I}\right)$이다. 이 식을 K_I에 대하여 정리하면 다음과 같이 된다.

$$K_I = \frac{[I]}{(K_m^* / K_m - 1)}$$

그러므로 K_I는 다음과 같이 구해진다.

$$\boldsymbol{K_I} = \frac{[I]}{(K_m^* / K_m - 1)} = \frac{8.0 \times 10^{-3}\ \mathrm{M}}{(3.6 \times 10^{-3} / 1.5 \times 10^{-3} - 1)}$$
$$= \mathbf{5.4 \times 10^{-3}}\ \boldsymbol{M}$$

답 (1) v_{max}(I가 없을 때) = $5.1 \times 10^{-6}\ s^{-1}$, v_{max}(I가 있을 때) = $4.8 \times 10^{-6}\ s^{-1}$
K_m(I가 없을 때) = 1.5×10^{-3}, K_m(I가 있을 때) = 3.6×10^{-3}
(2) $K_I = 5.4 \times 10^{-3}\ M$

13.15 랭뮤어 모형을 사용하여 두 가지 기체가 경쟁적으로 고체 표면에 흡착하는 경우에 대한 각 기체의 덮임 분율 식을 유도하는 문제이다.

기체 1과 2가 동시에 흡착될 때, 빈 흡착 자리는 $N(1-\theta_1-\theta_2)$이므로 랭뮤어 모형에 의한 흡착 속도는 다음과 같이 된다.

$$\frac{d[\theta_1]}{dt} = k_{r,a1}P_1N(1-\theta_1-\theta_2)$$

$$\frac{d[\theta_2]}{dt} = k_{r,a2}P_2N(1-\theta_1-\theta_2)$$

한편 각 기체에 대한 탈착 속도는 다음과 같이 된다.

$$\frac{d[\theta_1]}{dt} = -k_{r,d1}N\theta_1$$

$$\frac{d[\theta_2]}{dt} = -k_{r,d2}N\theta_2$$

흡착이 평형에 도달했을 때 실효 변화가 없으므로 다음과 같은 관계가 성립된다.

$$k_{r,d1}\theta_1 - k_{r,a1}P_1(1\quad \theta_1 - \theta_2)$$

$$k_{r,d2}\theta_2 = k_{r,a2}P_2(1-\theta_1-\theta_2)$$

여기에서 $k_{r,a}$, $k_{r,d}$, θ, P는 각각 흡착 속도, 탈착 속도, 흡착률, 기체의 압력을 나타낸다. 아울러 아래 첨자 1, 2는 기체의 종류를 나타낸다.

위 두 식을 연립하여 풀면 다음과 같이 각 기체에 대한 흡착 분율 식을 얻을 수 있다.

$$\boldsymbol{\theta_1 = \frac{K_1P_1}{1+K_1P_1+K_2P_2}}$$

$$\boldsymbol{\theta_2 = \frac{K_2P_2}{1+K_1P_1+K_2P_2}}$$

$$\boldsymbol{K_1 = \frac{k_{r,a1}}{k_{r,d1}},\ K_2 = \frac{k_{r,a2}}{k_{r,d2}}}$$

답 $\theta_1 = \dfrac{K_1P_1}{1+K_1P_1+K_2P_2}$, $\theta_2 = \dfrac{K_2P_2}{1+K_1P_1+K_2P_2}$ 여기에서 $K_1 = \dfrac{k_{r,a1}}{k_{r,d1}}$, $K_2 = \dfrac{k_{r,a2}}{k_{r,d2}}$

빠른 답 확인

I부 화학 열역학

1강 에너지와 열역학 기본 변수

1.1 (1) 풀이 참조 (2) 풀이 참조
(3) 풀이 참조

1.2 $E_k = 100$ J

1.3 $E_p = -4.37 \times 10^{-18}$ J

1.4 $w = -100$ J

1.5 $w = 1780$ J

1.6 (1) $C = 0.28$ kJ K^{-1} (2) $C_s = 1.9$ J K^{-1} g^{-1}
(3) $C_m = 220$ J K^{-1} mol^{-1}

1.7 $q = 627$ MJ

2강 이상 기체

2.1 (1) 풀이 참조 (2) 풀이 참조
(3) 풀이 참조

2.2 풀이 참조

2.3 $R = 0.041$ L bar K^{-1} mol^{-1} = = 4.1 J K^{-1} mol^{-1}

2.4 (1) $P_f = 1.4$ bar (2) $w = 0$ (3) $q = 18.41$ J

2.5 (1) $V_f = 2026$ mL (2) $w = -52.6$ J

2.6 $T_f = 40$°C

2.7 $R = 8.314\,27$ J K^{-1} mol^{-1}

2.8 $M = 40.7$ g mol^{-1}

2.9 (1) $P(N_2) = 0.91$ bar, $P(O_2) = 1.4$ bar
(2) $P_{tot} = 2.3$ bar

2.10 (1) $x(CH_4) = 0.895$, $x(N_2) = 0.0855$,
$x(O_2) = 0.0186$
(2) $P(CH_4) = 677$ Torr, $P(N_2) = 65$ Torr,
$P(O_2) = 14$ Torr

2.11 (1) $x(N_2) = 0.8204$, $x(O_2) = 0.1795$
(2) $P(N_2) = 0.745$ bar, $P(O_2) = 0.163$ bar

2.12 (1) $P = 3.010$ bar
(2) $P(N_2) = 1.003$ bar, $P(O_2) = 2.007$ bar

2.13 (1) $w(N_2) = 0$, $w(O_2) = 20.07$ kJ
(2) $w_{tot} = 20.07$ kJ

2.14 (1) $w = -118$ J (2) $w = -72.0$ J

2.15 $w = -20.66$ kJ

3강 실제 기체

3.1 (1) 풀이 참조 (2) 풀이 참조

3.2 (1) 풀이 참조 (2) 풀이 참조

3.3 풀이 참조

3.4 풀이 참조

3.5 풀이 참조

3.6 풀이 참조

3.7 풀이 참조

3.8 (1) $P = 0.9079$ bar (2) $P = 0.9071$ bar
(3) $P = 0.8549$ bar

3.9 (1) $P = 1.858$ bar (2) $P = 1.860$ bar
(3) $P = 1.860$ bar

3.10 (1) $V_m = 16.69$ L mol^{-1}, $Z = 0.9999$
(2) $V_m = 16.69$ L mol^{-1}, $Z = 1.000$

3.11 (1) V_m(응축 시작) = 0.3710 L mol^{-1}
V_m(응축 완료) = 0.06602 L mol^{-1}
(2) $w_{tot} = 1678$ J mol^{-1}

3.12 $r = 1.622 \times 10^{-10}$ m

3.13 (1) $a = 3.319$ L^2 bar mol^{-2}, $b = 0.0390$ L mol^{-1}
(2) $R = 0.04836$ L bar K^{-1} mol^{-1}

4강 열역학 제1법칙

4.1 풀이 참조

4.2 (1) 풀이 참조 (2) 풀이 참조

4.3 풀이 참조

4.4 풀이 참조

4.5 풀이 참조

4.6 (1) 풀이 참조 (2) 풀이 참조

4.7 (1) $P_f = 1.37$ bar (2) $w = 0$ (3) $q = 1.25$ kJ (4) $\Delta U = 1.25$ kJ

4.8 (1) $w = -17.2$ kJ (2) $\Delta U = 208.8$ kJ

4.9 (1) $q = 0$ (2) $w = -2.72$ kJ (3) $\Delta U = -2.72$ kJ

4.10 (1) $q = 0$ (2) $w = -2.71$ kJ (3) $\Delta U = -2.71$ kJ

4.11 (1) $w_{tot} = 1476$ J (2) $\Delta U = 1476$ J

4.12 풀이 참조

4.13 (1) $\pi_T = \dfrac{an^2}{V^2}$ (2) $\Delta U_T = an^2\left(\dfrac{1}{V_i} - \dfrac{1}{V_f}\right)$

4.14 (1) $\pi_T = 2.21$ bar (2) $\Delta U_T = -132$ J

5강 엔탈피와 열화학

5.1 풀이 참조

5.2 풀이 참조

5.3 풀이 참조

5.4 풀이 참조

5.5 (1) 풀이 참조 (2) 풀이 참조

5.6 (1) $\Delta U = 1.60$ kJ (2) $q = 1.60$ kJ

5.7 (1) $\Delta H = 5.07$ kJ (2) $\Delta U = 3.88$ kJ (3) $q_P = 5.07$ kJ (4) $w = -1.19$ kJ

5.8 $\Delta U = 23.15$ kJ

5.9 $\Delta H = 46.99$ kJ

5.10 (1) $w = -2000$ J (2) $\Delta U = -2000$ J (3) $\Delta T = -30.0$ K (4) $\Delta H = -2620$ J

5.11 (1) $V_f = 26.40$ L (2) $T_f = 387.2$ K (3) $w = 1854$ J

5.12 $\alpha(300\ \text{K}) = 1.25 \times 10^{-3}\ \text{K}^{-1}$

5.13 $\Delta P = 958$ bar

5.14 $\Delta P = -4.5$ atm

5.15 (1) $\Delta H = 244.3$ kJ (2) $\Delta U = 230.5$ kJ

5.16 $\Delta H^\circ = -1152\ \text{kJ mol}^{-1}$

5.17 $\Delta_r H^\circ(298.15\ \text{K}) = -1194.66\ \text{kJ mol}^{-1}$

5.18 (1) $\Delta_r H^\circ(298.15\ \text{K}) = -114.46$ kJ (2) $\Delta_r H^\circ(T_f) = -115.35$ kJ

6강 열역학 제2법칙

6.1 풀이 참조

6.2 풀이 참조

6.3 풀이 참조

6.4 풀이 참조

6.5 (1) $\Delta S = 110\ \text{J K}^{-1}$ (2) $\Delta S = 80\ \text{J K}^{-1}$

6.6 $w = -554.8$ J

6.7 $q_h = 1240$ J

6.8 $S_m^\circ(350.0\ \text{K}) = 219.69\ \text{J K}^{-1}\ \text{mol}^{-1}$

6.9 $S_m^\circ(350.0\ \text{K}) = 221.02\ \text{J K}^{-1}\ \text{mol}^{-1}$

6.10 $\Delta S = -14.8\ \text{J K}^{-1}$

6.11 $\Delta S = 0.6407\ \text{J K}^{-1}\ \text{mol}^{-1}$, 자발적

6.12 (1) $\Delta_{vap} S^\circ = 102.9\ \text{J K}^{-1}\ \text{mol}^{-1}$
(2) $\Delta_{fus} S^\circ = 37.48\ \text{J K}^{-1}\ \text{mol}^{-1}$
(3) $\Delta_{sub} S^\circ = 129.65\ \text{J K}^{-1}\ \text{mol}^{-1}$
(4) $\Delta_{vap} S^\circ = 104.6\ \text{J K}^{-1}\ \text{mol}^{-1}$

6.13 $\Delta_r S^\circ = 24.77\ \text{J K}^{-1}\ \text{mol}^{-1}$

6.14 $\Delta_r S^\circ = 87.7\ \text{J K}^{-1}\ \text{mol}^{-1}$

6.15 $\Delta_r S^\circ = -973\ \text{J K}^{-1}\ \text{mol}^{-1}$

6.16 $\Delta_r S^\circ = 608.8\ \text{J K}^{-1}\ \text{mol}^{-1}$

7강 자유 에너지와 변화의 방향

7.1 풀이 참조

7.2 풀이 참조

7.3 풀이 참조

7.4 풀이 참조

7.5 풀이 참조

7.6 풀이 참조

7.7 풀이 참조

7.8 (1) $\Delta_r G^\circ = -93.06\ \text{kJ mol}^{-1}$, 자발적
(2) $\Delta_r G^\circ = -74.03\ \text{kJ mol}^{-1}$, 자발적

7.9 $w_{max} = -5707\ \text{J mol}^{-1}$

7.10 (1) $V_m = 0.1033\ \text{L mol}^{-1}$

(2) $\Delta V_{m,mix} = 0.01007\ L\ mol^{-1}$

7.11 $\Delta G_m = 898\ J\ mol^{-1}$

7.12 $\Delta G_m = -15405\ J\ mol^{-1}$

7.13 $\Delta G_m = -1718\ J\ mol^{-1}$

$\Delta_{mix}S = 5.763\ J\ K^{-1}\ mol^{-1}$

7.14 $f = 48.4$ bar

7.15 $\Delta\mu = 1.01\ kJ\ mol^{-1}$

7.16 $\Delta\mu = 14.15\ kJ\ mol^{-1}$

8강 순물질의 물리적 변화

8.1 풀이 참조

8.2 풀이 참조

8.3 풀이 참조

8.4 풀이 참조

8.5 풀이 참조

8.6 풀이 참조

8.7 풀이 참조

8.8 (1) $P = 3$ (2) $P = 4$ (3) $P = 5$ (4) $P = n + 2$

8.9 (1) $F = 2$, T와 P (2) $F = 1$, T 또는 P

(3) $F = 2$, T와 P

8.10 $\frac{dP}{dT} = -134.8\ bar\ K^{-1}$, 얼음의 녹는점을 1 K 변화시키기 위해서는 134.8 bar의 압력이 필요

8.11 $P = 0.03164$ bar

8.12 (1) $\Delta_{vap}H_m = 30.7\ kJ\ mol^{-1}$

(2) $\Delta_{vap}S_m = 86.9\ J\ K^{-1}\ mol^{-1}$

8.13 $\Delta T \approx -9.83 \times 10^{-5}\ K$

8.14 $T_{tp} = 278.0\ K$, $P_{tp} = 5984\ Pa$

9강 혼합물의 물리적 변화

9.1 풀이 참조

9.2 풀이 참조

9.3 풀이 참조

9.4 풀이 참조

9.5 $V_A = 18.08\ mL\ mol^{-1} - 0.109\ kg\ mol^{-1}\ b^{3/2}$

9.6 (1) $\Delta_{mix}G = -6.9\ kJ$ (2) $\Delta_{mix}G = -5.6\ kJ$

9.7 (1) $\Delta_{mix}G = -13.1\ kJ$ (2) $\Delta_{mix}S = 44.0\ J\ K^{-1}$

(3) $\Delta_{mix}H = 0$

9.8 $x_{A,vap} = 0.29$, $x_{B,vap} = 0.71$

9.9 $M = 78.1\ g\ mol^{-1}$

9.10 (1) 풀이 참조

(2) $K_A = 175$ Torr, $K_B = 200$ Torr

9.11 $a_{벤젠} = 0.300$, $a_{톨루엔} = 0.700$

9.12 (1) $M_{용질} = 274\ g\ mol^{-1}$ (2) $\Delta T_f = -4.81\ K$

(3) 증기압 강하율 = 0.976

9.13 (1) 풀이 참조 (2) $x_A = 0.68$

9.14 최소 이론단수 = 4

9.15 풀이 참조

9.16 풀이 참조

10강 화학 반응과 화학 평형

10.1 (1) $Q = 1.0$ (2) $\Delta_r G = -16.4\ kJ\ mol^{-1}$

(3) 암모니아가 생성되는 방향

10.2 $\Delta_r H° = 57.7\ kJ\ mol^{-1}$

10.3 (1) 28% (2) 0.060% (3) 0.18% (4) 0.20%

10.4 pH = 1.86

10.5 $pK_a = 4.7$

10.6 (1) $\Lambda_m°(KCl) = 14.99\ mS\ m^2\ mol^{-1}$

$\Lambda_m°(KNO_3) = 14.50\ mS\ m^2\ mol^{-1}$

(2) $\Lambda_m°(AgCl) = 13.83\ mS\ m^2\ mol^{-1}$

10.7 (1) $\Lambda_m° = 12.6\ mS\ m^2\ mol^{-1}$

(2) $\mathcal{K} = 7.65\ mS\ m^2\ mol^{-1}\ M^{-1/2}$

10.8 $\Lambda_m = 3.8\ mS\ m^2\ mol^{-1}$

10.9 3.72 V

10.10 (1) $K = 7.2 \times 10^{60}$ (2) $K = 3.72 \times 10^{40}$

(3) $K = 1.7 \times 10^{16}$ (4) $K = 2.12 \times 10^{-72}$

10.11 (1) $E_{cell}° = 0\ V$, 평형

(2) $E_{cell}^{\circ} = -0.27$ V, 비자발적

(3) $E_{cell}^{\circ} = +1.67$ V, 자발적

10.12 (1) $Fe(s) | FeSO_4(aq) | PbSO_4(aq) | Pb(s)$

$E_{cell}^{\circ} = +0.08$ V

(2) $Pt(s) | H_2(g) | H^+(aq), H_2O(l) | O_2(g) | Pt(s)$

$E_{cell}^{\circ} = +1.23$ V

(3) $Pt(s) | H_2(g) | HCl(aq) | Hg_2Cl_2(s) | Hg(l)$

$E_{cell}^{\circ} = +0.27$ V

10.13 (1) $\Delta_r G^{\circ} = 0, \Delta_r H^{\circ} = 0$

(2) $\Delta_r G^{\circ} = 52$ 또는 54.54 kJ mol^{-1}

$\Delta_r H^{\circ} = 88.78$ kJ mol^{-1}

II부 반응 속도론

11강 분자의 운동

11.1 풀이 참조

11.2 풀이 참조

11.3 풀이 참조

11.4 풀이 참조

11.5 (1) Ne: $\bar{s} = 559.3$ m s^{-1}, $s_{mp} = 495.7$ m s^{-1}

$\bar{s}_{rel} = 790.9$ m s^{-1}

(2) Kr: $\bar{s} = 274.5$ m s^{-1}, $s_{mp} = 243.2$ m s^{-1}

$\bar{s}_{rel} = 388.1$ m s^{-1}

(3) O_2: $\bar{s} = 444.1$ m s^{-1}, $s_{mp} = 393.6$ m s^{-1}

$\bar{s}_{rel} = 628.1$ m s^{-1}

(4) CH_4: $\bar{s} = 627.3$ m s^{-1}, $s_{mp} = 555.9$ m s^{-1}

$\bar{s}_{rel} = 887.1$ m s^{-1}

11.6 (1) $\bar{s}$ (O_2, 25°C) = 444.1 m s^{-1}

$\bar{s}$ (H_2, 25°C) = 1769 m s^{-1}

$\bar{s}$ (O_2, 100°C) = 496.9 m s^{-1}

$\bar{s}$ (H_2, 100°C) = 1980 m s^{-1}

$\bar{s}_{H_2} = 3.984\,\bar{s}_{O_2}$

(2) $\lambda(O_2, 25°C) = 1.0 \times 10^{-7}$ m

$\lambda(H_2, 25°C) = 1.5 \times 10^{-7}$ m

$\lambda(O_2, 100°C) = 1.3 \times 10^{-7}$ m

$\lambda(H_2, 100°C) = 1.9 \times 10^{-7}$ m

$\lambda_{H_2}(25°C) = 1.50\, \lambda_{O_2}(25°C)$

$\lambda_{H_2}(100°C) = 1.46\, \lambda_{O_2}(25°C)$

(3) 4733 K

11.7 $J_N A = 1.45 \times 10^{26}$ s^{-1}

11.8 $v_{effu}(H_2, 1\ min) = -5.29 \times 10^{23}$ min^{-1}

$v_{effu}(O_2, 1\ min) = -1.27 \times 10^{23}$ min^{-1}

11.9 $N = 4.11 \times 10^{25}$

11.10 $\Delta m = 8.18 \times 10^{-5}$ kg

11.11 J(에너지) = −0.36 J m^{-2} s^{-1}

11.12 $\sigma = 4.59 \times 10^{-19}$ m^2

11.13 $\eta(25°C) = 1.3 \times 10^{-5}$ Pa s

$\eta(100°C) = 1.5 \times 10^{-5}$ Pa s

11.14 $\eta = 1.9 \times 10^{-3}$ Pa s

11.15 $t_+^{\circ} = 0.396$

12강 반응의 속도

12.1 풀이 참조

12.2 풀이 참조

12.3 풀이 참조

12.4 $v = k_r[A]^2[B]$

12.5 (1) $v = k_r P(SO_2Cl_2)$ (2) $k_r = 6.73 \times 10^{-3}$ s^{-1}

12.6 $t = 4.76 \times 10^4$ s

12.7 (1) $k_r = 5.3 \times 10^{-3}$ M^{-1} s^{-1}

(2) $t_{1/2,A} = 1.9 \times 10^3$ s, $t_{1/2,B} = 2.8 \times 10^3$ s

12.8 (1) [P] = 0.014 M (2) t = 120 s

12.9 (1) $k_r = 1.0 \times 10^{10}$ s^{-1}

(2) $k_r = 1.8 \times 10^8$ s^{-1} (3) $k_r = 17$ s^{-1}

12.10 $A = 3.65 \times 10^{16}$ s^{-1}, $E_a = 1.00 \times 10^5$ J mol^{-1}

12.11 $k_r = 3.61 \times 10^{-29}$ m^3 mol^{-1} s^{-1}

$= 3.61 \times 10^{-26}$ M^{-1} s^{-1}

12.12 (1) $\Delta H^{\ddagger} = 37$ kJ mol^{-1}

(2) $\Delta S^{\ddagger} = 4.6\ \text{J mol}^{-1}\ \text{K}^{-1}$

(3) $\Delta G^{\ddagger} = 36\ \text{kJ mol}^{-1}$

12.13 $k_r(645\ \text{K}) = 7.63 \times 10^{-4}\ \text{s}^{-1}$

13강 다양한 형태의 반응과 촉매 작용

13.1 풀이 참조

13.2 풀이 참조

13.3 풀이 참조

13.4 풀이 참조

13.5 풀이 참조

13.6 풀이 참조

13.7 $k_{r,1} = 2.4 \times 10^{-5}\ \text{s}^{-1}$, $k_{r,-1} = 1.4 \times 10^{11}\ M^{-1}\ \text{s}^{-1}$

13.8 $t_{max} = 1.8 \times 10^{-6}\ \text{s}$

13.9 풀이 참조

13.10 (1) $k_{r,1} = 1.21 \times 10^{4}\ M^{-1}\ \text{s}^{-1}$

(2) $\dfrac{k_{r,-1}}{k_{r,2}} = 1.06 \times 10^{3}\ M^{-1}$

13.11 $v = k_r[X_2][RH]^{1/2}$

13.12 $v_{max} = 1.36 \times 10^{-3}\ M\,\text{s}^{-1}$

13.13 (1) $k_{cat} = 8.5 \times 10^{-2}\ \text{s}^{-1}$

(2) $\eta = 1.7 \times 10^{-3}\ M^{-1}\ \text{s}$

13.14 (1) v_{max}(I가 없을 때) $= 5.1 \times 10^{-6}\ \text{s}^{-1}$

v_{max}(I가 있을 때) $= 4.8 \times 10^{-6}\ \text{s}^{-1}$

K_m(I가 없을 때) $= 1.5 \times 10^{-3}$

K_m(I가 있을 때) $= 3.6 \times 10^{-3}$

(2) $K_I = 5.4 \times 10^{-3}\ M$

13.15 $\theta_1 = \dfrac{K_1P_1}{1 + K_1P_1 + K_2P_2}$

$\theta_2 = \dfrac{K_2P_2}{1 + K_1P_1 + K_2P_2}$

여기에서 $K_1 = \dfrac{k_{r,a1}}{k_{r,d1}}$, $K_2 = \dfrac{k_{r,a2}}{k_{r,d2}}$

찾아보기

ㅅ

ㅇ

ㅈ

ㅊ

ㅋ

ㅍ

ㅎ

기타

| 저자 소개 |

이 민 주

인하대학교 이과대학 화학과 이학사(1984)

인하대학교 대학원 화학과 이학석사(1986)

미국 Univ. of South Calolina, Dept. of Chemistry PhD(1991)

창원대학교 자연과학대학 화학과 교수(1993~2015)

창원대학교 자연과학대학 생물학·화학 융합학부 교수(2015~현재)

화학 열역학과 반응 속도론

물리화학연습

| 저　　자 이민주

| 발 행 인 김지영

| 발 행 처 자유아카데미

| 주　　소 경기도 파주시 회동길 37-42
파주출판도시

저자와의
협의하에
인지생략

| 전　　화 031-955-1321

| 팩　　스 031-955-1322

| 홈페이지 www.freeaca.com

| 전자우편 main@freeaca.com(대표)
editor@freeaca.com(편집)
crm@freeaca.com(영업)

| 등　　록 제406-2003-017호, 1980. 7. 12

| 제1판1쇄 2015년 3월 30일 발행

| 제1판4쇄 2023년 12월 26일 발행

| 정　　가 22,000원

ISBN 979-11-5808-022-8　93430

주기율표

원소 기호 → C 6 ← 원자 번호
영어명 → Carbon
한글명 → 탄소
원자량 → 12.011

금속 (Metal)
준금속 (Semimetal)
비금속 (Nonmetal)

주기 \ 족	1	2	3	4	5	6	7	8	9
1	H 1 Hydrogen 수소 1.007								
2	Li 3 Lithium 리튬 6.941	Be 4 Beryllium 베릴륨 9.0122							
3	Na 11 Sodium 소듐(나트륨) 22.9898	Mg 12 Magnesium 마그네슘 24.305							
4	K 19 Potassium 포타슘(칼륨) 39.0983	Ca 20 Calcium 칼슘 40.078	Sc 21 Scandium 스칸듐 44.9559	Ti 22 Titanium 타이타늄 47.867	V 23 Vanadium 바나듐 50.9415	Cr 24 Chromium 크로뮴 51.9961	Mn 25 Manganese 망가니즈 54.938	Fe 26 Iron 철 55.845	Co 27 Cobalt 코발트 58.9332
5	Rb 37 Rubidium 루비듐 85.4678	Sr 38 Strontium 스트론튬 87.62	Y 39 Yttrium 이트륨 88.9059	Zr 40 Zirconium 지르코늄 91.224	Nb 41 Niobium 나이오븀 92.9064	Mo 42 Molybdenum 몰리브데넘 95.94	Tc 43 Technetium 테크네튬 98.9063	Ru 44 Ruthenium 루테늄 101.07	Rh 45 Rhodium 로듐 102.9055
6	Cs 55 Cesium 세슘 132.9055	Ba 56 Barium 바륨 137.327		Hf 72 Hafnium 하프늄 178.49	Ta 73 Tantalum 탄탈럼 180.9479	W 74 Tungsten 텅스텐 183.84	Re 75 Rhenium 레늄 186.207	Os 76 Osmium 오스뮴 190.23	Ir 77 Iridium 이리듐 192.217
7	Fr 87 Francium 프랑슘 223.0197	Ra 88 Radium 라듐 226.0254		Rf 104 Rutherfordium 러더포듐 261.1088	Db 105 Dubnium 더브늄 262.1142	Sg 106 Seaborgium 시보귬 266.1219	Bh 107 Bohrium 보륨 264.1247	Hs 108 Hassium 하슘 269.13	Mt 109 Meitnerium 마이트너륨 268.1388

	주기						
란타넘족 (Lanthanides)	6	La 57 Lanthanum 란타넘 138.9055	Ce 58 Cerium 세륨 140.116	Pr 59 Praseodymium 프라세오디뮴 140.9077	Nd 60 Neodymium 네오디뮴 144.24	Pm 61 Promethium 프로메튬 146.9151	Sm 62 Samarium 사마륨 150.36
악티늄족 (Actinides)	7	Ac 89 Actinium 악티늄 227.0278	Th 90 Thorium 토륨 232.0381	Pa 91 Protactinium 프로트악티늄 231.0359	U 92 Uranium 우라늄 238.0289	Np 93 Neptunium 넵투늄 237.0482	Pu 94 Plutonium 플루토늄 244.0642

Periodic Table of the Elements

10	11	12	13	14	15	16	17	18
								He 2 Helium 헬륨 4.0026
			B 5 Boron 붕소 10.811	C 6 Carbon 탄소 12.011	N 7 Nitrogen 질소 14.0067	O 8 Oxygen 산소 15.9994	F 9 Fluorine 플루오린 18.9984	Ne 10 Neon 네온 20.1797
			Al 13 Aluminium 알루미늄 26.9815	Si 14 Silicon 규소 28.0855	P 15 Phosphorus 인 30.9738	S 16 Sulfur 황 32.0650	Cl 17 Chlorine 염소 35.4533	Ar 18 Argon 아르곤 39.948
Ni 28 Nickel 니켈 58.6934	Cu 29 Copper 구리 63.546	Zn 30 Zinc 아연 65.409	Ga 31 Gallium 갈륨 69.723	Ge 32 Germanium 저마늄 72.64	As 33 Arsenic 비소 74.9216	Se 34 Selenium 셀레늄 78.96	Br 35 Bromine 브로민 79.904	Kr 36 Krypton 크립톤 83.798
Pd 46 Palladium 팔라듐 06.421	Ag 47 Silver 은 107.8682	Cd 48 Cadmium 카드뮴 112.411	In 49 Indium 인듐 114.818	Sn 50 Tin 주석 118.71	Sb 51 Antimony 안티모니 121.76	Te 52 Tellurium 텔루륨 127.6	I 53 Iodine 아이오딘 126.9045	Xe 54 Xenon 제논 131.293
Pt 78 Platinum 백금 95.078	Au 79 Gold 금 196.9666	Hg 80 Mercury 수은 200.59	Tl 81 Thallium 탈륨 204.3833	Pb 82 Lead 납 207.2	Bi 83 Bismuth 비스무트 208.9804	Po 84 Polonium 폴로늄 208.9824	At 85 Astatine 아스타틴 209.9871	Rn 86 Radon 라돈 222.0176
Ds 110 Darmstadtium 다름스타튬 271.15	Rg 111 Roentgenuim 뢴트게늄 272.1535	Cn 112 Copernicium 코페르니슘 (277)	Nh 113 Nihonium 니호늄 (284.18)	Fl 114 Flerovium 플레로븀 (289.19)	Mc 115 Moscovium 모스코븀 (288.19)	Lv 116 Livermorium 리버모륨 (293)	Ts 117 Tennessine 테네신 (294)	Og 118 Oganesson 오가네손 (294)

Eu 63 Europium 유로퓸 51.964	Gd 64 Gadolinium 가돌리늄 157.25	Tb 65 Terbium 터븀 22.9898	Dy 66 Dysprosium 디스프로슘 162.5	Ho 67 Holmium 홀뮴 164.93	Er 68 Erbium 어븀 167.259	Tm 69 Thulium 툴륨 168.9342	Yb 70 Ytterbium 이터븀 173.04	Lu 71 Lutetium 루테튬 174.967
Am 95 Americium 아메리슘 243.0614	Cm 96 Curium 퀴륨 247.0703	Bk 97 Berkelium 버클륨 247.0703	Cf 98 Californium 캘리포늄 251.0796	Es 99 Einsteinium 아인슈타이늄 252.083	Fm 100 Fermium 페르뮴 257.0951	Md 101 Mendelevium 멘델레븀 258.0984	No 102 Nobelium 노벨륨 259.101	Lr 103 Lawrencium 로렌슘 262.1097